EIT图像重构的正则化方法

Regularization methods for EIT image reconstruction

王 静 著

哈爾濱工業大學出版社
HARBIN INSTITUTE OF TECHNOLOGY PRESS

内容简介

本书系统地介绍了 EIT 的基本原理、数学物理基础、正问题的数值计算以及逆问题的图像重构方法,较全面地总结了 EIT 图像重构正则化算法方面的研究进展,重点论述了基于正则化技术的重构模型,并通过数值模拟验证了可行性和有效性. 全书共分 8 章:绪论、正则化理论与凸优化基础、电阻抗成像理论基础、基于 ℓ_1-范数正则化的快速稀疏重构方法、基于弹性网正则化的稀疏重构方法、基于非凸 ℓ_p-正则化的稀疏重构方法、基于光滑约束迭代正则化的重构方法、基于多参数非光滑混合约束迭代正则化的稀疏重构方法. 本书重点介绍了作者十余年来在 EIT 图像重构正则化算法方面的研究成果,层次分明,系统性强.

本书可供 EIT 领域的科研工作者、从事科学与工程计算领域中反问题数值计算方法研究的科研人员、对图像重构方法有兴趣的一般数学工作者以及对图像重构问题有兴趣的一般研究人员参考阅读.

图书在版编目(CIP)数据

EIT 图像重构的正则化方法/王静著. —哈尔滨:
哈尔滨工业大学出版社,2024.5
ISBN 978-7-5767-1376-3

Ⅰ.①E… Ⅱ.①王… Ⅲ.①数字图像处理 Ⅳ.
①TN911.73

中国国家版本馆 CIP 数据核字(2024)第 093668 号

EIT TUXIANG CHONGGOU DE ZHENGZEHUA FANGFA

策划编辑 刘培杰 张永芹
责任编辑 张永芹 李 欣
封面设计 孙茵艾
出版发行 哈尔滨工业大学出版社
社 址 哈尔滨市南岗区复华四道街 10 号 邮编 150006
传 真 0451-86414749
网 址 http://hitpress.hit.edu.cn
印 刷 哈尔滨圣铂印刷有限公司
开 本 787 mm×1 092 mm 1/16 印张 14 字数 300 千字
版 次 2024 年 5 月第 1 版 2024 年 5 月第 1 次印刷
书 号 ISBN 978-7-5767-1376-3
定 价 98.00 元

前 言

EIT技术是一种功能成像技术，具有设备轻便、成本低廉、无损伤检测等特点，广泛应用于医学成像、地球物理勘探、工业无损检测，以及地下目标探测等领域. EIT在数学上可看作二阶椭圆型偏微分方程参数识别逆问题，目的是根据边界测量数据来重构椭圆型偏微分方程的参数. 但由于传感器电极的数量有限和EIT成像“软场”特性等问题，使得EIT逆问题存在非线性性、欠定性、不适定性和计算量大等难点，往往难以保证成像的精度和稳定性. 图像重构是EIT的核心技术，直接影响着成像的空间分辨率和实时性. 到目前为止，EIT图像重构方法种类繁多，正则化理论是EIT图像重构的重要方法，本书的目的是探讨基于正则化理论的图像重构方法，其本质都是对数据拟合项引入若干先验信息，其好处是不仅将具有严重不适定性的重构问题转化为适定性的重构问题，而且实现拟合数据保真和结构保持的高分辨率图像重构. 作者自硕士研究生阶段以来一直从事反问题正则化方法及EIT图像重构算法的相关研究. 本书拟系统地总结作者十余年来在EIT图像重构正则化算法方面的研究成果，以近年公开发表的科研论文作为基础内容.

全书共分8章：第1章绪论部分包括EIT技术的背景介绍、研究难点与重点、图像重构研究现状及其应用发展；第2章简要介绍了逆问题的正则化理论与具有代表性的正则化技术，并简单回顾了凸分析中的一些基础概念；第3章系统地概述了EIT技术相关的理论基础，包括EIT技术的数学模型、正向算子的性质、有限元离散、Jacobian矩阵计算的方法、逆问题的描述以及两类典型正则化方法，并介绍了数值模拟通用配置以及图像质量评价指标，用于验证和评价后续章节所提出的各种正则化方法；第4章系统地论述了基于线性化EIT图像重构问题的三种常见正则化模型，分别是ℓ_2-范数正则化、TV正则化、ℓ_1-范数正则化，通过数值模拟分别对三种正则化模型以及相关算法进行了验证与比较；第5章在稀疏表示的框架下，利用稀疏性度量探讨了弹性网正则化在非线性EIT图像重构中的应用，理论上讨论了弹性网正则化格式的稳定性与收敛性，数值上基于分裂Bregman技术提出了一种简单且快速的交替方向迭代算法；第6章在非凸非光滑ℓ_p-正则化框架下，建立光滑化逼近模型，探索电导率参数的有效稀疏表示，结合同伦摄动迭代优化技术，研究了非线性EIT图像重构问题的非凸稀疏模型重构；第7章针对非线性EIT图像重构问题，从光滑性迭代正则化角度介绍了几种迭代正则化重构方法，主要包括LDI方法、HPI方法、INLDI方法和INHPI方法；第8章针对线性化EIT图像重构问题，在空间域稀疏性先验假设下，基于多参数非光滑混合约束，从迭代正则化的角度探讨了几种快速、高效的稀疏重构算法，丰富和发展了EIT图像重构的非光滑迭代正则化算法的研究. 希望通过这几章的介绍，能够使读者对EIT图像重构问题的正则化方法有一个大概的了解，同时也希望本书能够抛砖引玉，使读者提出更有效的正则化重构方法用于EIT图像重构问题以及更多领域的实际问题.

感谢黑龙江大学数学科学学院给作者提供了一个优越的工作环境；感谢作者的博士生导师哈尔滨工业大学数学学院韩波教授对一名普通青年教师的培养与大力支持，博士研究生阶段的学习研究经历让作者终生受益；感谢哈尔滨工业大学出版社张永芹主任及相关工作人员为本书的出版而付出的辛勤劳动；感谢曾经所有合作过的老师、朋友、讨论班的全体成员. 本书的撰写和出版得到了国家自然科学基金[12101204]和黑龙江省自然科学基金[LH2023A018]等项目的资助，在此衷心表示感谢. 向本书引用的参考文献的众多作者一并致谢.

限于作者水平和时间所限，书中难免存在疏漏之处，恳请各位同行专家和读者批评指正，并表示诚挚的谢意.

作　者
2024 年 1 月
于哈尔滨

符 号

本书包含了大量的数学符号，一些符号的表示习惯和缩略词说明如下：

$\mathbb{R}$	实数集
$\mathbb{R}_+$	正实数集
$\mathbb{R}^n$	n维欧氏空间
$\boldsymbol{x} \in \mathbb{R}^n$	n维欧氏空间中的向量$\boldsymbol{x}$
x_i	向量$\boldsymbol{x}$的第i个分量
max	最大
min	最小
s.t.	subject to的简写，表示满足······的条件
$\lambda_{\max}(\cdot)$	矩阵的最大特征值
$\operatorname{sign}(\cdot)$	符号函数
$\langle\cdot,\cdot\rangle$	内积
$\operatorname{diag}(\cdot)$	对角矩阵
$\operatorname{tr}(\cdot)$	迹
$(\cdot)^{-1}$	逆
$(\cdot)^{\mathrm{T}}$	转置
$(\cdot)^*$	共轭
$\int$	积分
lim	极限
sup	上确界
inf	下确界
$\sum$	求和
$\|\cdot\|_0$	向量的ℓ_0-范数
$\|\cdot\|_1$	向量的ℓ_1-范数

$\|\cdot\|_2$	向量的ℓ_2-范数
$\|\cdot\|_p$	向量的ℓ_p-范数
$\|\cdot\|_\infty$	向量的ℓ_∞-范数
∇	梯度算子
$:=$	定义
$\Leftrightarrow$	等价于
$\Rightarrow$	推出
$\forall$	任意的
$\subseteq$	包含于
$\supseteq$	包含
$\in$	属于
$\notin$	不属于
$\square$	证明结束符
$\mathit{\Omega}$	场域
Ω	阻抗单位欧姆
$\partial\mathit{\Omega}$	边界
e_l	第l个电极
z_l	第l个电极的接触阻抗
u	内部电位分布
σ	电导率分布
ρ	电阻率分布
$F(\sigma)$	正向算子
$\boldsymbol{I}$	注入电流
$\boldsymbol{U}$	测量电压
$\boldsymbol{U}^\delta$	含噪声的观测数据
$\boldsymbol{\sigma}$	有限元离散电导率
$\boldsymbol{\sigma}_0$	初始/背景电导率
$\boldsymbol{\delta\sigma}$	包含物/异常体
$\boldsymbol{J}$	Jacobian矩阵
$\boldsymbol{\vartheta}$	非均匀电导率
$\boldsymbol{f}$	线性化的观测数据
$\boldsymbol{R}$	正则化矩阵
$\mathcal{R}(\cdot)$	正则化项
α	正则化参数
EIT	电阻抗成像
CT	计算机断层扫描成像

MRI	磁共振成像
CEM	全电极模型
FEM	有限元方法
GCV	广义交叉准则
RE	相对误差
CC	相关系数
MAE	平均绝对值误差
RMSE	均方根误差
NP-hard	非确定性多项式时间难
TR	Tikhonov正则化
TV	全变差
PDIPM	主对偶内点法
SBM	分裂Bregman方法
LDM	滞后扩散系数(Lagged Diffusivity)方法
IST	迭代收缩阈值
FIST	快速迭代收缩阈值
LDI	Landweber迭代
HPI	同伦摄动迭代
INLDI	非精确Newton-Landweber迭代
INHPI	非精确Newton同伦摄动迭代
CL	经典Landweber迭代
CLT	Landweber型迭代
ACLT	加速Landweber型迭代
TSLT	两步Landweber型迭代
ATSLT	加速两步Landweber型迭代
HPIN	N阶同伦摄动迭代
AHPIN	加速N阶同伦摄动迭代
HPIN-ℓ_1/TV	带ℓ_1/TV约束的N阶同伦摄动迭代
AHPIN-ℓ_1/TV	带ℓ_1/TV约束的加速N阶同伦摄动迭代
ITR	迭代Tikhonov正则化
NITR	非定常迭代Tikhonov正则化
PNITR	一步近端NITR
LDGD	Lagrange对偶梯度下降

目 录

第1章 绪论

作为一种多学科交叉的无损伤功能成像技术，电阻抗断层成像(electrical impedance tomography, 简称EIT)技术可认为是低频段(包括直流)的电磁逆散射问题，以目标体内部电导率(或电阻率)的分布或变化为成像目标，通过测量导电目标体表面的电流和电压数据来估计目标体内部电导率的分布情况. 电阻抗成像分为传统的外加电流式(Applied-Current)电阻抗成像(ACEIT)和相对较新的感应电流式(Induced-Current)电阻抗成像(ICEIT). ACEIT中，低频正弦电流被施加在与目标体表面相接触的电极上，然后测量目标体边界上的电压. ICEIT中，各感应线圈环绕目标体周围，并被置于不同位置，感应线圈产生的具有不同空间场模式的时变磁场在导电目标体内产生感应电流，然后在目标体表面的电极上测量电压. 本书主要关注ACEIT图像重构算法的研究进展.

尽管EIT技术的图像分辨率还不能与现有的X射线电子计算机断层扫描成像(computed tomography，CT)、磁共振成像(magnetic resonance imaging，MRI)等技术所达到的图像分辨率相比拟，但是由于EIT技术是一种功能性成像技术，具有设备轻便、成本低廉、无损伤检测、无电离辐射等优势，该技术一经提出就引起各国研究人员的广泛关注. 有研究表明：处于“亚临床期”的肿瘤，尚未发生明显的形态学改变，采用现有的影像学检查手段(如X-CT)不容易检查出来，但其阻抗特征已经发生明显改变，EIT在对疾病的预防和早期诊断等阶段独具优势. 例如，高分辨率CT可以发现相对较小的肿瘤组织，而EIT能够确定大范围的组织性能的变化. 若以分辨率而论，CT的结构图像分辨率要明显高于EIT，但EIT功能成像所发现的组织性能的改变是在肿瘤形成之前，此时组织结构尚未发生变化，高分辨率CT也无法探知肿瘤潜伏期的组织性能或功能性改变，而EIT所给出的是预测性或前瞻性的信息，其所具有的重要临床意义显而易见. 这也正是众多生物医学研究者以及医学专家寄希望于EIT技术的原因所在. 在过去的几十年里，EIT技术得到了广泛而深入的研究，其研究涉及了硬件采集系统、基础理论、数值计算与实验研究等几个方面[1–12]，横跨数学、物理、生物医学、电子信息等多个交叉学科，在医学成像[13–18]、地球物理勘探[24,25]、地下目标探测[19,26–28]，以及工业无损检测[20–23]等领域有着诱人的应用前景. 因此，EIT技术是近年来地球物理勘探和生物医学工程领域中研究的热点问题之一.

1.1 电阻抗成像的背景介绍

完整的EIT系统包括数据测量系统及图像重构软件两大部分. 数据测量系统包括用于激励和测量的电极阵列(激励器)、高稳定性的交流激励源、高精度的测量电路、及相应控制电路. 图像重构软件具有包括由计算机系统进行总体控制的数据采集、数据处理、图像重构、图像显示等功能.

在激励方式上，由于电流源激励模式受未知接触阻抗的影响较小，且施加到电极处的电流最大值易控制，不至于引起安全问题，目前EIT系统采用较多的是“电流激励，电压测量”的工作方式. 其基本原理是根据目标体内不同组织间具有不同电特性的物理原理，通过对目标体表面设置的模拟电极施加一定的安全激励电流，同时在其他模拟电极处测量得到响应电压数据，然后利用计算机依据某种图像重构方法估计目标体内部电导率的分布，包括激励、测量、图像重构三个部分，其原理框图如图1.1所示.

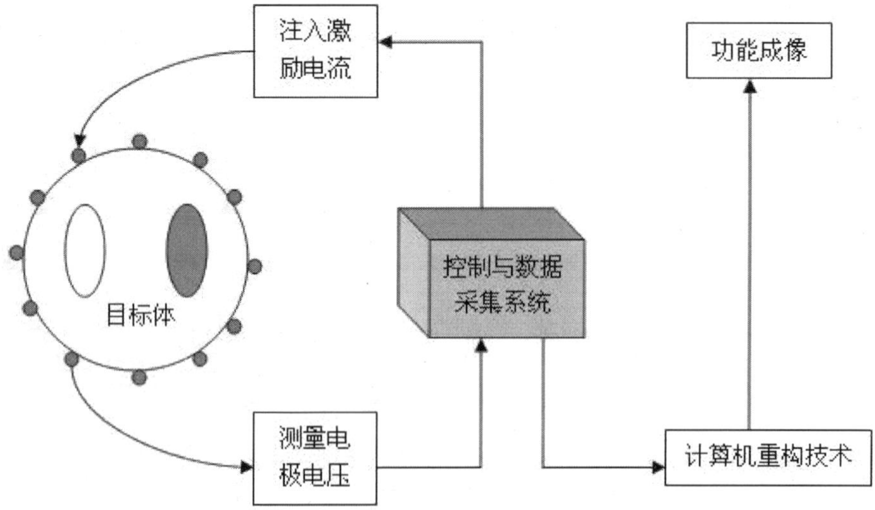

图 1.1 EIT系统的基本原理框图

电阻抗，即电导率的倒数，是评价介质电特性的主要指标. 不同的介质具备不同的电阻抗，其电特性呈现显著的差异性，可以通过阻抗值来区分介质，EIT便是基于这一物理特性展开的研究. 例如，表1.1列举了人体多项组织/器官在20～100kHz时的电阻抗常规值，从表1.1中可以看出，组织器官的含水量越高，电阻抗越低. 血液、脑脊液的电阻抗较低；骨骼、脂肪的电阻抗较高. 在地球物理勘探、工业检测领域中不同的介质(如金属、溶液等)也同样具有不同的电特性，如表1.2所示. 这种电阻抗特性保证了EIT能够根据电导率分布情况对待测目标区域内不同包含物进行识别重构.

作为基于电特性敏感机理的过程成像技术，其理论依据为稳态电磁场理论，其物理基础是不同的介质具有不同的电特性，判断出场域内的电特性分布便可推知被测物场域内介质的分布情况. 当场域内介质电导率分布发生变化时，电流场的分布也会随之发生变化，导致场域内电势分布发生变化，从而使得敏感场边界电极的测量电压也随之发生变化. 边界测量电压的变化情况反映了场域内介质电导率分布的变化信息. 利用边界测量电压数据，通过某种成像算法，便可重构出敏感场域内介质电导率分布情况，实现可视化测量.

EIT作为一种无创的成像手段，目前均采用外部激励、体表测量的技术，致使EIT的测量数据为微弱的或微小变化的电压信号，因而要求EIT数据采集系统必须具有较高的灵敏度和信噪比. 同时，由于敏感场具有“软场”特性，敏感场的分布极易受到测量场域内介质电导率分布的影响，导致图像重构与分析困难，主要包括求解方程的病态性、逆问题解的收敛性以及有效的图像重构算法.

表 1.1 20～100kHz下人体部分器官/组织的电阻抗分布值 [29]

器官/组织	脑脊液	血液	肝脏	心肌	脂肪	骨骼
阻抗(Ω/cm)	65	150	350	410～750	2 060	16 600

表 1.2 岩石和液态物体的电阻抗分布值 [30]

岩石或液体	海洋沙石	陆地沙石/黏土石	火山岩	花岗岩	石灰石	油田中的硫酸盐液体
阻抗(Ω/cm)	1～10	15～20	10～200	500～2 000	50～5 000	1.2

1.2 电阻抗成像的研究难点与重点

EIT技术实际上可看作二阶椭圆型偏微分方程参数识别逆问题，目的是根据边界测量数据来重构椭圆型偏微分方程的参数. 目前，EIT技术的研究主要面临以下几个难点：

（1）非线性性

传统的CT、MRI技术为“硬场”成像技术，其敏感场不受待测区域内介质分布变化的影响. 而EIT技术为“软场”成像技术，被测目标体场域内部的电场分布具有“软场”特性，其电场分布受介质电导率分布的影响，使得边界测量数据与电导率分布之间呈现复杂的非线性关系，这是电磁场在激励和测量环境中表现出的本质属性，这种非线性效应在一定程度上增加了EIT逆问题的求解难度.

（2）欠定性

由于实际测量中受放置在目标体表面的电极的尺寸、位置及数目的限制，在边界电极上获得的信息量十分有限，测得的电压数据维度远远小于待重构的未知参数的维度，不足以确定内部电导率的分布. 信息量不足成为影响EIT成像质量的主要因素，虽然理论上可通过增加测量数据解决，但实际应用中受测量系统的影响不可能过多地增加电极数. 这就需要发展更为有效的图像重构算法，尽可能利用有限的信息量来获得高质量的成像效果.

（3）严重不适定性

其不适定性主要包括模型固有的以及重构过程中遇到的. 模型固有的不适定性表现为边界电压的变化对目标体内部中心位置的电导率分布的变化不敏感. 重构过程中的不适定性主要受测量数据误差的影响，因为边界测量数据不可能精确获得，不可避免地含有噪声. 理论研究发现，测量数据的微小扰动将被以指数倍地放大到解(电导率)的估计中，从而引起内部电导率分布发生非常大的变化，也就是说，对于测量数据的噪声高度敏感，重构过程具有不稳定性. 这也是EIT问题的主要困难，需要设计更为稳定的图像重构算法.

（4）计算量大

随着电极数量的增多，有限元网格剖分规模增大，其计算量呈几何级数增加，从而需要从成像算法理论以及实现上努力，在保证图像分辨率的前提下尽可能减少计算时间，提高计算效率.

综上所述，由于传感器电极的数量有限和EIT成像“软场”特性等问题，EIT技术存在非线性性、欠定性、不适定性和计算量大等难点，成像的精度和稳定性难以保证，往往造成重构图像的分辨率不高和对比度差的结果. 图像重构是EIT的核心技术，直接影响着成像的空间分辨率和实时性. 在硬件采集系统满足一定测量精度的前提下，聚焦克服EIT技术固有的“欠定”和“软场”效应等关键问题，引入有效的图像重构算法对于高精度、高分辨率的EIT成像研究至关重要. 目前，EIT图像重构存在的主要问题在于使用当前现有方法，成像分辨率相对较低、对比度差、速度较慢，这在很大程度上限制了EIT技术在工业、医学临床等领域的实际应用和发展，也成为该技术应用的瓶颈. 图像重构的分辨率、稳定性和实时性是当前亟待解决的问题. 因此，根据问题本身的特点，如何提高图像重构的分辨率，改进重构算法的稳定性，以及加快重构速度实现实时成像，即设计精确、快速、高效的图像重构方法，仍是EIT问题研究的难点与重点，这对进一步推动EIT技术的发展具有重要的现实意义.

1.3 电阻抗成像图像重构的研究现状

图像重构是EIT的核心技术，也是关键技术之所在，直接影响着成像的空间分辨率和实时性. 数学上，EIT图像重构问题是一个典型的不适定逆问题. 因此，图像重构的核心任务就是处理逆问题的不适定性并对EIT中所涉及的大规模数值问题进行求解. 如前所述，图像重构的分辨率、稳定性和实时性是当前亟待解决的问题. 为了获得高分辨率的快速成像，许多学者进行了不懈的努力，提出了多种求解EIT逆问题的图像重构算法，并且取得了很大进展. 目前EIT逆问题研究中广泛使用的重构方法如图1.2所示. 本节针对EIT图像重构的主要算法从分类描述的角度给出一个综述.

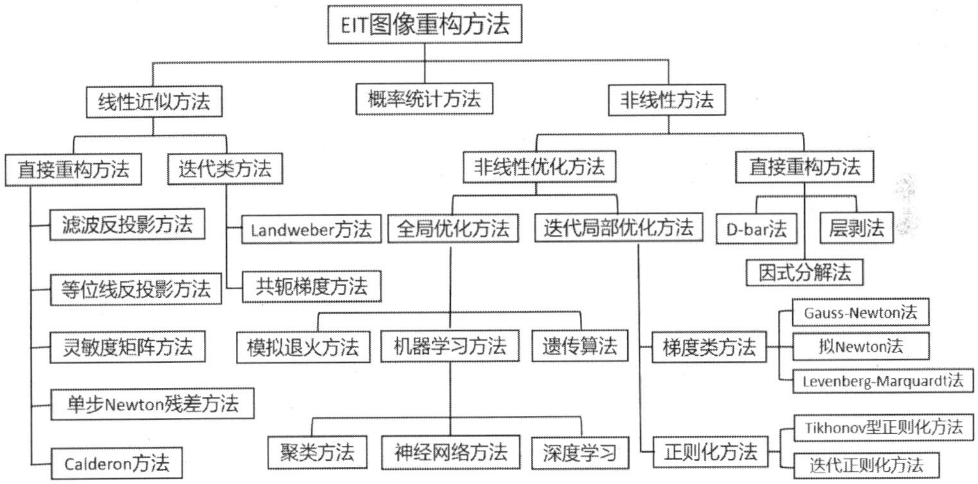

图 1.2 EIT图像重构方法分类图

1.3.1 动态成像和静态成像

目前，EIT技术按照成像特点存在两种不同形式的图像重构方法：动态成像和静态成像. 动态成像以场域内介质电导率分布的相对值为成像目标，利用两个不同时刻的边界测量电压数据估计两个时刻场域内介质电导率分布的差值，重构图像为差分图像，反映了系统的实时电导率变化. 动态成像包括时差成像和频差成像. 动态成像的原理决定了它可以有效削弱测量数据中噪声的干扰，所有动态成像类的算法对系统测量数据的精度要求不是很高，实现起来计算量较小，成像速度较快，可实现实时成像，但如果在两个不同时刻场域内介质电导率分布没有变化，则无法成像，使得应用范围狭窄，并且难以推广至三维情况. 动态成像是发展较早的一类图像重构方法，其中具有代表性的是线性反投影算法、灵敏度矩阵法等. 静态成像，也称绝对成像，以场域内介质电导率分布的绝对值为成像目标，利用某一时刻的测量电压数据估计该时刻场域内介质电导率分布的绝对值，重构图像为真值图像，用于重建整个场域的电导率分布，一直是EIT技术的研究热点. 相比动态成像，静态成像能获取的被测场域内信息更多，应用范围更广，但静态成像的图像重构算法存在对系统测量数据要求较高、抗噪性能较差、计算量大、成像速度较慢等问题. 常用的静态成像算法有改进的Newton-Raphson算法、层剥法、全局优化类算法等. 图1.3给出了静态成像系统图像重构的基本流程图. 由于静态成像算法易受噪声影响，对硬件要求高，暂时无法满足实际应用的需求，因此，当前商用EIT系统或实验室EIT设备中大多采用动态成像算法.

1.3.2 确定性方法和统计类方法

EIT图像重构算法还可简单分为概率统计方法和确定性方法. 概率统计方法在EIT中的应用可参考文献[31–33]，从概率的角度求解逆问题，主要基于Bayes理论，例如采用最小、最大熵随机估计算法，将场域内电导率分布看成一种随机分布的概率事件，采用最大似然估计迭代求解满足边界条件件最大概率事件时的电导率分布[34]. 但由于目前较为实用的图像重构方法多为确定性方法，根据物理模型的不同可将其分为线性近似方法和非线性重构方法两大类.

EIT图像重构的本质为非线性逆问题的求解. 然而，由于非线性EIT成像问题求解的复杂性，在某些条件下，例如假设成像区域内电导率分布有微小扰动的情况下，通常将该问题近似为线性问题来简化求解过程. 线性近似方法，即一类通过求解非线性EIT逆问题的线性近似问题得到EIT图像的算法，主要包括滤波反投影方法(filtered back-projection method)[35]、等位线反投影方法[36]、灵敏度矩阵方法(sensitivity matrix method)[37,38]、单步Newton残差重构(Newton's one step error reconstruction, NOSER)方法[39,40]、Calderón近似方法[41]等，仅适用于动态成像的情形，其局限性在于仅限于求解与均匀分布较为接近的电导率分布(电导率小范围变化)，并且求解精度较差.

如果不满足电导率分布有微小扰动的条件，EIT成像问题就不能

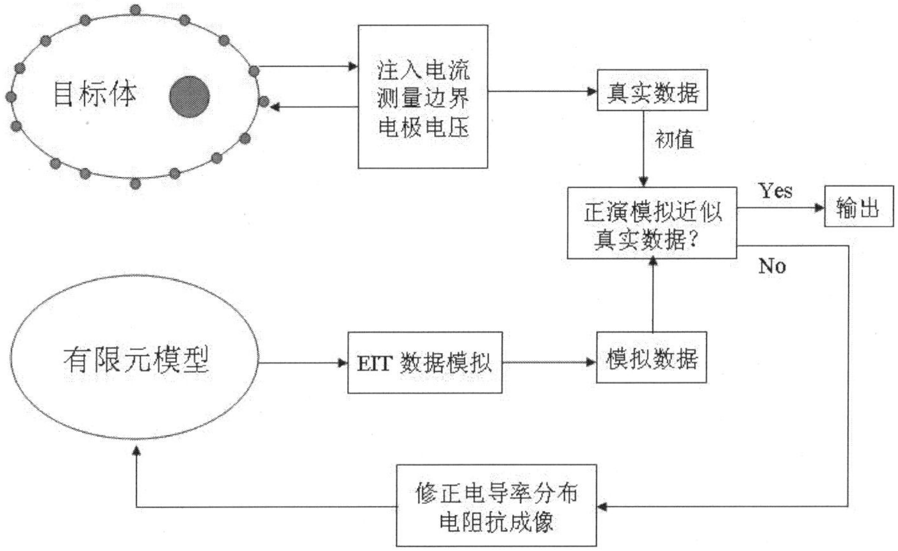

图 1.3 EIT静态成像系统图像重构的基本流程图

进行线性化近似，必须采用非线性方法求解. 通常包括两类非线性方法：直接重构方法(direction reconstruction methods)和非线性优化重构方法(nonlinear optimization reconstruction methods).

直接重构方法指的是不需迭代优化而直接求解非线性逆问题的方法，无须反复计算正问题从而节约了计算成本，主要有基于非物理散射变换的D-bar法[42,43]，层剥法[44–47]和因子分解法[48,49]. D-bar重构法最主要的特点在于其将非线性重构转化为两个线性积分方程的求解. 层剥法由Cheney[44]提出，基本思想是先利用一圆形区最外层边界的电流和电位数据确定边界上的电导率分布，从而估计出内一层区域边界的电位分布，剥去第一层；然后再利用估计出的内一层电位数据计算该层的电导率分布，依次逐层重复即可求出整个圆形区域的电导率分布. 层剥法的主要优点是克服了迭代类局部优化方法易陷入局部极值的缺陷，存储和计算量远小于优化类方法，并且易于推广到三维问题. 但是，在对实际数据进行重构时，层剥法重构效果不甚理想，Cheney等人[47]认为，实际数据存在一定的噪声，问题本身严重病态，对于病态问题应该采用正则化技术处理，而层剥法在计算过程中随着电导率分布的逐层求解使得误差也由外到里层层累积，在原本已经病态的问题中引入了更多的不稳定因素，这就使得重构图像的质量受到了影响，同时其重构图像也丢失了关键的尖锐特征，效果自然不好. Bastian等人[48]和Nuutti等人[49]将因子分解法应用于EIT问题当中，用于确定多个目标的位置. 首先定义电导率的NtD映射Λ和背景电导率的NtD映射Λ_0，通过边界电位测量来定位目标区域，在微小扰动下从$(\Lambda_0-\Lambda)^{1/2}$中获得重构的准确信息，即利用$\Lambda_0-\Lambda$的性质对其进行因式分解，并进一步考察$(\Lambda_0-\Lambda)^{1/2}$的值域. 该算法的优势在于不涉及最小化函数，因而无须求解正问题，无须计算梯度等，但该算法在缺乏包含物尺寸先验信息的情况下，仅能得到包含物的位置信息，在应用中具有一定的局限性.

非线性优化重构方法主要包括全局优化搜索方法和迭代局部优化方法.

全局优化搜索方法根据目标函数值对整个待测目标区域进行全局搜索，无须计算目标函数的梯度或导数，主要包括遗传算法(genetic algorithm，GA) [50,51]、模拟退火算法(simulated annealing，SA) [52]、神经网络方法(neural network，NN) [53]、蒙特卡洛(Monte Carlo，MC)方法 [54]等，但该类算法需要进行大量迭代计算，收敛速度较慢，解的稳定性也较差. 迭代局部优化方法是采用典型的迭代计算求解非线性EIT问题的一类算法，通常利用观测数据与理论模拟数据之差构造目标泛函，并采用迭代的方式最小化目标函数以求解得到最优的目标参数.

常见的迭代局部优化方法包括梯度类算法和正则化方法. 其中最为成熟的是梯度类算法，主要包括Newton法、Gauss-Newton法、Levenberg-Marquardt法、拟Newton法等. Yorkey等人 [55]在1987年将Gauss-Newton法引入到EIT问题中，并与当时较为流行的扰动法、反投影法和双限定法进行比较，证明了Gauss-Newton法的优越性. 拟Newton法主要用于一阶/二阶微分计算复杂度很大时进行近似计算的情况 [56]. Levenberg-Marquardt法相比传统的Gauss-Newton法具有很好的鲁棒性，是在Gauss-Newton法的基础上应用正则化技术并通过阻尼因子和单位矩阵对其进行加权得到的，在EIT的早期研究中也起到了重要的推动作用 [57,58]. 后期研究发现，Levenberg-Marquardt法可认为是将特定正则化技术应用于Gauss-Newton法，因此，该方法也就并入对正则化技术的研究中. 梯度类算法虽计算相对简单，具有较高的鲁棒性，但都属于局部优化算法，仅对凸问题才能求出全局最优解，而且初值对算法的收敛性能具有很大的影响. 正则化方法是所有基于灵敏度矩阵求解的算法中最受关注的一类算法. 常见的正则化方法是将先验信息以惩罚项的形式加入到重构过程中，可在一定程度上改进成像的严重不适定性. 正则化方法大致可分为Tikhonov型正则化和迭代正则化两种，将在3.3.2节详细介绍. Tikhonov型正则化是一种有效的方法，该方法通过在目标函数中增加电导率先验信息从而得到合理的电阻抗图像. 无论电导率分布是连续变化还是跳跃变化，都可以通过特定的先验罚函数对重构图像进行先验性假设. Tikhonov型泛函的最小化通常通过优化技术来实现，其中正则化参数的选取一直是研究的一个难题. 选择合适的正则化参数对成像质量的提高至关重要，通常需要经过多次实验才能得到较好的正则化参数，这就增加了计算成本，特别是在处理大规模问题时尤为明显. 迭代正则化方法则不涉及正则化参数的选取，迭代步数起着正则化参数的作用，停止准则起到参数选择的作用，容易数值实现且计算成本低，在EIT图像重构中有着广阔的应用前景.

除此之外，EIT图像重构算法还有其他种类的正则化方法. 例如，范文茹等人[59]结合归一化灵敏度映射提出了最大熵正则化方法，提供了一种从不完整数据中获取信息的无偏差方法，并将其与共轭梯度法和Tikhonov正则化方法进行对比，该方法成像效果较好. Chung等人[60]将水平集方法和TV正则化成功结合，用于EIT图像重构问题，主要解决了分片常数电导率分布问题，提高了EIT对噪声的鲁棒性，取得了很好的重构结果. 水平集方法的优势是能够高精度地重构具有不同电导率介质的边界，具有很大的应用潜力，但需要大量的计算，时间分辨率低. Tanushev等人[61]将分段常值图像分割模型引入到EIT问题中，通过构造新的能量泛函进行EIT图像重构研究. Liu等人[62–66]提出了融合形状拓扑优化方法的先验驱动形状重构策略，将更多的几何和先验信息直接整合到形状和拓扑优化中，避免了重构方法对于待测目标体数量这一先验信息的要求，揭示了形状先验对于改善EIT图像重构问题的病态性具有优异的表现能力，显著提升了成像质量，主要包括参数化水平集方法、可移动变形组件方法、B样条水平集方法等. 基于形状的重建方法的优点在于它可以直接合并异常的几何先验信息，保留更清晰的边缘，也减少了重构问题的计算量. 稀疏Bayes学习方法在提供模型参数的不确定性估计时非常有用，该方法的一个吸引点是其全局极小值总是最稀疏的. Liu等人[67–70]使用Bayes学习方法从模拟的EIT数据集中获取结构感知稀疏性，显著改进了空间分辨率，突出了在空间结构相关性方面的探索.

1.3.3 非智能算法和智能算法

EIT图像重构算法根据求解方式的不同还可划分为非智能方法和智能方法两大类.

非智能方法通常将EIT逆问题近似为一个线性或非线性模型进行求解，根据求解过程是否需要迭代又可划分为直接重构方法和迭代重构方法，详细参见确定性方法里面的介绍. 非智能方法中，采用线性化模型的算法要求初始模型离真实模型不能太远，而且大部分的重构图像失真较大；采用非线性最小二乘模型的算法，虽对问题采用了非线性处理方法，但仍属于迭代的局部优化，容易陷入局部最小化问题，也将造成重构的图像失真.

智能方法是一类近几年关注较多的主流算法，一方面因其可在特定场合下选择具有针对性的样本进行训练，有利于充分利用先验信息，提高模型估计的准确性，进而提高成像质量；另一方面在成像速度方面，虽然训练模型需要花费一定时间，但是在模型训练好后，实际的图像重构过程为一步成像，从而提高了成像效率. 智能方法属于全局优化方法，无须计算目标函数的导数以及正问题，主要包括遗传算法、神经网络算法、机器学习算法，以及深度学习算法等[71]. 由于神经网络具有非线性、非常定、非局限和非凹凸等独特性质，使其能够自主学习，具有自动适应能力，能够实现智能化和多样性，并且有能力处理多种信息，是目前EIT图像重构智能类算法中研究较多的. Adler等人[72]较早将神经网络应用于EIT问题，数值结果表明神经网络方法可与反投影法媲美，速度更快. 神经网络可直接建立边界测量电压数据与电导率分布之间的非线性映射关系，简化了建立EIT模型的过程，降低了EIT图像重构问题的求解难度. 但因其属于浅层学习，往往只有很少的隐层，对大量数据的学习并不能达到预期效果，具有容易过拟合、对参数过于敏感，以及对复杂函数的表示能力有限等缺点，导致重构出的图像分辨率不高.

深度神经网络(deep neural network，DNN)属于一种深层次的非线性网络结构，拥有比神经网络更多的隐层，具有极强的特征表达能力和学习能力，是在人工神经网络的基础上发展而来的，在许多领域得到了广泛的发展，如图像检索、语音识别、地震数据处理等方面，现已取得了初步研究成果. 由于EIT的高病态性和非线性，使得将深度学习应用于EIT问题更具挑战性. Kosowski等人[73]提出了一种具有全连接层和卷积层的深度神经网络方法. Hamilton等人[74]使用卷积神经网络(convolutional neural network，CNN)与D-bar法相结合，增强了D-bar重构的成像质量，展现了高分辨率的成像结果. Li等人[75]使用了一种包括自动编码器和逻辑回归的两层新型深度神经网络框架，使用大量样本进行训练，实现了具有高抗噪性能的图像重构. Tan等人[76]端到端地利用卷积神经网络进行EIT重构，实验证明基于深度神经网络学习的EIT重构伪影较少. 近些年，Lin等人[77]根据先验信息获得训练数据，提出了基于神经网络的监督下降方法在EIT图像重构中的应用. Ren等人[78]提出了一种包含预重构块和卷积神经网络的两级深度神经网络方法来减少建模误差带来的成像误差. Fan等人[79]将深度神经网络方法用于2D和3D的EIT成像. Wei等人[80]提出了一种可靠的深度学习方案(RDLS)，将物理信息与Bayes卷积神经网络结合起来，处理典型的非线性EIT重构问题，获得了快速、稳定的高质量成像结果. Liu[81]等人提出了一种无须预训练的深度先验驱动的图像重构方法，为电阻抗成像技术在病变组织特异性判断中的应用开辟了新道路。因此，应用深度神经网络能够更准确地学习电导率分布的特征，能更好地表征边界测量电压与电导率分布之间的非线性映射关系. 虽然已有一些令人鼓舞的研究成果，但在将基于深度学习的方法有效地应用于实际EIT问题之前，还需要进行更多的研究.

1.4 电阻抗成像技术的应用

电阻抗成像技术具有设备轻便、成本低廉、无损伤检测、无电离辐射、功能成像等特点. 所谓功能成像，是相对于结构成像而言的，具有该特点的成像方式可反映出被测目标除几何结构之外的信息. 目前，主要应用于医学成像、地球物理勘探、工业无损检测，以及地下目标探测等研究领域. 本节主要简单介绍电阻抗成像技术在这几个方面的应用.

在医学领域中，EIT技术属于一种功能成像技术，利用生物体阻抗所携带的丰富生理和病理信息实现功能成像，在研究人体生理功能与疾病诊断方面具有重要的临床价值，特别适合于对相关疾病进行普查、预防、监测等医学辅助诊断，主要用于胸、肺和脑部病灶及生理活动的检测和监测等[13–18]. 例如检测人体的肺栓塞、检测乳腺肿瘤、监测脑部血量、监测呼吸紧迫症、监测心脏动脉血流情况等. EIT最初是为检测肺部疾病提出的，最常应用于肺功能成像. 肺部组织的阻抗会随着呼气、吸气而发生变化. 由于空气的导电性几乎为零，与胸腔内其他组织的电导率值差异明显，在肺充气过程中，肺内的空气量同局部阻抗有很好的线性关系，可定量估计通气量变化与阻抗间的关系，所以EIT技术可用于实时监测肺通气量变化. 肺部组织的病变也会导致肺部组织的阻抗发生变化，EIT技术也可作为一种检测肺部组织发生病变的手段. 同时，由于血液在心脏、肺部等部位的流动使得心动周期过程中胸部的阻抗发生周期性变化，EIT技术也可应用于心血管功能及其相关疾病的检测. 由于脑功能的变化和大脑疾病的生理、病理改变都伴随生物电阻抗的变化，EIT技术也可作为脑功能成像的辅助诊疗手段，用于脑科学研究和大脑疾病诊断，尤其是脑部出血或缺血情况监测、定位癫痫发生位置等. 此外，EIT技术还可用于乳腺肿瘤的早期诊断，研究人员开发了多种可用于乳腺诊断的EIT系统，提高了乳腺疾病检测及早期筛查的准确性. 乳房X光检查是乳腺肿瘤筛查的重要技术，但恶性乳腺肿瘤的X线衰减系数与健康乳腺组织大致相同，因此在X光检查中恶性肿瘤组织并不像光斑或黑斑那样清晰可见，而恶性肿瘤与健康组织的电导率差异却高达四倍. EIT技术可以检测到组织与器官在尚未出现结构性改变之前而实际上却已发生的组织特性或功能性变化，提供反映分子与细胞生物学变化的预报性或前瞻性信息. 这正是功能成像与结构成像的本质区别. 基于此，研究人员开发了多种用于乳腺诊断的EIT系统，提高了恶性乳腺肿瘤检测以及早期筛查的准确性.

在工业领域中，EIT技术主要应用于无损检测及过程层析成像[19–23]. 通过对混凝土结构进行电阻抗成像，可判别其内部是否存在裂缝等情况，从而对现有建筑物的安全性做出判断. 通过EIT技术对陶瓷基复合材料高温部件电阻率分布的实时计算结果，结合电阻率随温度变化关系，可同步准确地间接测量高温部件的温度分布. 同时，通过对无法进行拆除检测的古建筑物进行电导率分布重构，可判别其结构损坏和侵蚀的程度. EIT技术还可应用于工业中高温炼炉的炉壁厚度检测，当炉壁厚度小于一定安全值时便可及时对其进行更换，从而保证工作人员的安全. 将EIT技术应用于气液两相流和气液油三相流的检测中，也获得了较好的检测结果. 针对碳纤维增强复合材料(CFRP)层压板结构，利用碳纤维的自传感特点及结构损伤的电学敏感特性，可将EIT技术用于各向异性电导率分布的材料结构健康无损探测.

在地球物理和环境科学领域中，EIT技术主要用于检测火山活动、确定地下岩矿沉淀情况、探测地质矿物存储情况、检测地下储存罐泄漏、监测地下污染物、监测地下水流情况、监测注入地内液体的流动情况等，应用于石油工业或环境保护等领域[24–28].

1.5 小结

本章首先从系统构成和基本原理入手概述了EIT技术的背景知识. 其次分析了EIT技术的研究难点与重点，明确图像重构是EIT的核心技术，直接影响着成像的空间分辨率和实时性. 再次从一个相对综合的角度详细阐述了EIT图像重构方法的国内外研究现状. 应该指出的是，关于EIT图像重构的文献浩如烟海，大量研究者为之付出了不懈的努力，由于无法兼顾工作的方方面面，这里主要遴选一些具有代表性的方法. 最后展开叙述了EIT技术在医学领域、工业领域、地球物理和环境科学领域中的应用.

第 2 章　正则化理论与凸优化基础

正问题可简单看作由“模型参数”计算“数据”，而与之相对应的另一个由“数据”分析“模型参数”的问题则为逆问题，这样的问题绝大部分都是不适定的，往往需要借助稳定的方法获得有意义的解. 逆问题存在于医学成像、地球物理、工业控制、遥感技术、图像处理、模式识别等工程和科学技术领域的多个分支中.

本章首先简单介绍逆问题的正则化理论以及具有代表性的正则化方法. 大多数正则化方法往往可归结为求解光滑/非光滑凸优化问题. 对于非光滑凸优化问题，不能利用传统的光滑优化技术. 众所周知，重构模型的非光滑项对目标函数的优化求解造成了一定的困难，虽然有些时候可以通过光滑化进行逼近，但光滑化带来的一个严重问题就是获得的解的准确性会有所下降，为摆脱对算法收敛速度和解的精确性造成的不利影响，需要新的理论处理非光滑目标函数的优化问题，于是“近端算子”应运而生. 为此，本章将简单介绍一类高效非光滑凸优化方法，其数学基础是凸分析和近端微积分. 这类方法通过“近端算子”对非光滑函数进行优化. 尽管近端算子方法可追溯到20世纪70年代，但是近几年在信号和图像处理领域已经发展为非常流行和高效的求解方法，并迅速被应用于众多的图像重构问题中. 本章仅就近端算子理论和相关算法做一些抛砖引玉的介绍.

2.1　数学抽象

在数学上，对于一个物理观测系统来说，观测系统内部的特性可用模型参数$\boldsymbol{x}$表示，属于模型参数域$\boldsymbol{X}$. 观测系统外部的观测数据用$\boldsymbol{y}$表示，属于测量数据域$\boldsymbol{Y}$. 正问题就是根据已知的模型参数$\boldsymbol{x}$来求观测数据$\boldsymbol{y}$的过程，即从$\boldsymbol{x} \mapsto \boldsymbol{y}$的映射过程. 不失一般性，定义观测系统为某种映射$F$使得$\boldsymbol{X} \to \boldsymbol{Y}$成立. 对于线性模型，正问题可归结为如下线性算子方程形式：

$$\boldsymbol{F}\boldsymbol{x} = \boldsymbol{y}, \tag{2.1.1}$$

此时，$\boldsymbol{F}$通常可表示为矩阵算子. 对于非线性模型，正问题可归结为如下非线性算子方程形式：

$$F(\boldsymbol{x}) = \boldsymbol{y}, \tag{2.1.2}$$

也称映射$F : \boldsymbol{X} \to \boldsymbol{Y}$为正演算子.

事实上，模型参数$\boldsymbol{x}$的信息通常难以直接由观察得到，但可通过物理观测系统获得的观测数据$\boldsymbol{y}$来推断，即从$\boldsymbol{Y}$到$\boldsymbol{X}$的映射过程，称为逆问题. 然而，工程实际应用中由于模型或测量误差的影响，观测数据$\boldsymbol{y}$不能精确得到，不可避免地含有噪声，一般只能得到其具有噪声水平为δ的扰动数据$\boldsymbol{y}^\delta$，且满足条件：

$$\left\|\boldsymbol{y}^\delta - \boldsymbol{y}\right\| \leqslant \delta. \tag{2.1.3}$$

要获得有意义的解存在很大困难，因为大多数逆问题都是不适定的.

不适定性是相对于适定性而言的. 所谓适定性的概念最早是由著名数学家Hadamard在1923 年针对数学物理方程的定解问题提出的，即一个物理系统的定解问题是适定的(well-posed)，若问题的解同时满足：

- 存在性：对于给定数据，问题的解存在；
- 唯一性：对于给定数据，问题的解唯一；
- 稳定性：问题的解连续依赖于给定数据.

若上述三个条件之一不满足，则称该问题在Hadamard意义下是不适定的(ill-posed). 其中，解的稳定性，即解连续依赖于数据这一条件，对于数值计算尤为重要，否则数据的微小扰动(实际物理模型中测量数据含有误差不可避免)会引起解估计的剧烈改变，使得逆问题的解对于数据不具有连续依赖性，很难获得近似解.

2.2 最小二乘法

最小二乘法是处理逆问题最为流行的方法.

线性模型(2.1.1)对应的最小二乘问题为

$$\min_{\boldsymbol{x}} \frac{1}{2}\left\|\boldsymbol{F}\boldsymbol{x} - \boldsymbol{y}\right\|_2^2, \tag{2.2.1}$$

相应的正规化方程为$\boldsymbol{F}^*\boldsymbol{F}\boldsymbol{x} = \boldsymbol{F}^*\boldsymbol{y}$. 该问题存在唯一解的充要条件是$\mathcal{N}(\boldsymbol{F}) = \{\boldsymbol{0}\}$，其中$\mathcal{N}(\boldsymbol{F}) = \{\boldsymbol{y} \in \mathbb{R}^N | \boldsymbol{F}\boldsymbol{y} = \boldsymbol{0}\}$，此时可得

$$\boldsymbol{x}_{\mathrm{LS}} = \boldsymbol{F}^\dagger \boldsymbol{y}, \tag{2.2.2}$$

其中，矩阵$\boldsymbol{F}^{\dagger}=\left(\boldsymbol{F}^{*}\boldsymbol{F}\right)^{-1}\boldsymbol{F}^{*}$为$\boldsymbol{F}$的Moore-Penrose广义逆. 否则，该问题不适定.

事实上，定义$\boldsymbol{F}$的奇异系统为$(\lambda_i;\boldsymbol{u}_i,\boldsymbol{v}_i)$，则$\boldsymbol{F}$的奇异值分解为

$$\boldsymbol{F}\boldsymbol{x}=\sum_{i=1}^{+\infty}\lambda_i(\boldsymbol{x},\boldsymbol{u}_i)\boldsymbol{v}_i,\quad \boldsymbol{x}\in\boldsymbol{X};\quad \boldsymbol{F}^{*}\boldsymbol{y}=\sum_{i=1}^{+\infty}\lambda_i(\boldsymbol{y},\boldsymbol{v}_i)\boldsymbol{u}_i,\quad \boldsymbol{y}\in\boldsymbol{Y},\tag{2.2.3}$$

其中，λ_i为$\boldsymbol{F}^{*}\boldsymbol{F}$和$\boldsymbol{F}\boldsymbol{F}^{*}$的特征值的平方根，称之为矩阵$\boldsymbol{F}$的特征值，$\lambda_1\geqslant\lambda_2\geqslant\cdots$且$\lim\limits_{i\to+\infty}\lambda_i=0$，$\boldsymbol{u}_i$和$\boldsymbol{v}_i$分别为矩阵$\boldsymbol{F}$关于特征值$\lambda_i$的左特征向量和右特征向量. 再将$\boldsymbol{F}$的奇异值分解代入到式(2.2.2)中得

$$\boldsymbol{x}_{\mathrm{LS}}=\sum_{i=1}^{+\infty}\frac{(\boldsymbol{y},\boldsymbol{v}_i)}{\lambda_i}\boldsymbol{u}_i.\tag{2.2.4}$$

由上式可知，当特征值谱分析中i较大时，对应的特征值λ_i很小，$\dfrac{1}{\lambda_i}$则会很大，这时观测数据$\boldsymbol{y}$的任意误差都被剧烈放大后累加到解$\boldsymbol{x}_{\mathrm{LS}}$上，这说明噪声对于逆问题的解影响非常大，使得逆问题的解变得不稳定或者失去意义.

对于非线性模型(2.1.2)也有类似的结论，其对应的最小二乘问题为

$$\min_{\boldsymbol{x}}\left\{\Theta(\boldsymbol{x})=\frac{1}{2}\left\|F(\boldsymbol{x})-\boldsymbol{y}\right\|_2^2\right\}.\tag{2.2.5}$$

当非线性性比较弱时，将模型$F(\boldsymbol{x})$在$\boldsymbol{x}_0$处线性化为

$$F(\boldsymbol{x})=F(\boldsymbol{x}_0)+F'(\boldsymbol{x}_0)\big(\boldsymbol{x}-\boldsymbol{x}_0\big)+O(\|\boldsymbol{x}-\boldsymbol{x}_0\|^2),\tag{2.2.6}$$

其中，$F'(\boldsymbol{x}_0)$为$F(\boldsymbol{x})$在$\boldsymbol{x}=\boldsymbol{x}_0$处的Jacobian矩阵(或灵敏度矩阵). 然后忽略掉高阶项，代入到式(2.2.5)中，利用Moore-Penrose广义逆求得解为

$$\tilde{\boldsymbol{x}}_{\mathrm{LS}}=\boldsymbol{x}_0+\left(F'(\boldsymbol{x}_0)^{*}F'(\boldsymbol{x}_0)\right)^{-1}F'(\boldsymbol{x}_0)^{*}\big(\boldsymbol{y}-F(\boldsymbol{x}_0)\big).\tag{2.2.7}$$

而完全非线性的逆问题则需采用迭代方法来求解(如Gauss-Newton法). 首先将目标函数$\Theta(\boldsymbol{x})$在前一步迭代值(或初始估计值)$\boldsymbol{x}^k$处二阶Taylor展开如下：

$$\Theta(\boldsymbol{x})\approx\Theta(\boldsymbol{x}_k)+\Theta'(\boldsymbol{x}_k)\big(\boldsymbol{x}-\boldsymbol{x}_k\big)+\frac{1}{2}\big(\boldsymbol{x}-\boldsymbol{x}_k\big)^{\mathrm{T}}\Theta''(\boldsymbol{x}_k)\big(\boldsymbol{x}-\boldsymbol{x}_k\big)=G(\boldsymbol{x}),\tag{2.2.8}$$

其中，$\Theta'(\boldsymbol{x})=F'(\boldsymbol{x})^{*}(F(\boldsymbol{x})-\boldsymbol{y})$表示$\Theta$的梯度，$\Theta''(\boldsymbol{x})=F'(\boldsymbol{x})^{*}F'(\boldsymbol{x})+F''(\boldsymbol{x})(F(\boldsymbol{x})-\boldsymbol{y})$表示$\Theta$的Hessian矩阵.

其次，对$G(\boldsymbol{x})$极小化，得到下一步迭代值：

$$\boldsymbol{x}_{k+1}=\boldsymbol{x}_k-(\Theta''(\boldsymbol{x}_k))^{-1}\Theta'(\boldsymbol{x}_k), \tag{2.2.9}$$

并依次迭代下去，直到满足给定的收敛准则为止. Gauss-Newton法是指忽略Hessian矩阵的高阶项，其迭代格式为

$$\boldsymbol{x}_{k+1}=\boldsymbol{x}_k-\omega(F'(\boldsymbol{x}_k)^*F'(\boldsymbol{x}_k))^{-1}F'(\boldsymbol{x}_k)^*(F(\boldsymbol{x}_k)-\boldsymbol{y}), \tag{2.2.10}$$

这里，ω为步长参数. 当取Hessian矩阵为恒等矩阵时，迭代格式变为著名的最速下降法，即

$$\boldsymbol{x}_{k+1}=\boldsymbol{x}_k-\omega F'(\boldsymbol{x}_k)^*(F(\boldsymbol{x}_k)-\boldsymbol{y}). \tag{2.2.11}$$

事实上，Jacobian矩阵的性质直接决定了迭代格式(2.2.10)和(2.2.11)中每一步迭代的病态程度. 病态程度越严重，逆问题的解就越不稳定. 这里需要说明的是，病态性是针对离散系统而言的，而不适定性是针对连续系统而言的. 因此，直接采用最小二乘法求解逆问题(2.1.2)或(2.1.1)很难获得有意义的解. 为克服这一困难，通常需要借助正则化技术对最小二乘法进行改造，以克服病态性引起的解不适定的问题.

2.3 正则化理论

问题的适定性依赖于算子F的性质、解空间$\boldsymbol{X}$和数据空间$\boldsymbol{Y}$以及它们之间的拓扑关系. 因此，对于不适定的问题，可以通过改变空间以及拓扑来恢复解的稳定性. 但该方法一般并不适用，因为一般情况下解空间和数据空间及其上赋予的范数是根据实际需求提出来的，尤其是数据空间和它的范数必须适合描述测量数据. 目前解决不适定问题的最基本与普适性的手段是采用正则化方法，即用一簇与原问题相近似的适定的问题去逼近原不适定问题. 通俗地讲，由扰动数据恢复问题(2.1.1)或(2.1.2)的解的稳定性的数值方法便称为正则化方法.

关于不适定问题正则化的严格定义，大多遵从专著[82]中的定义. 而关于不适定问题的正则化理论的其他专著还有很多，比如国外的经典著作[83–85]等，国内肖庭延等人的著作[86]、刘继军的著作[87]，以及王彦飞的著作[88]等. 为给出正则化方法的定义，下面首先需要引入最小范数解的概念.

定义 2.3.1[82] 设$\boldsymbol{\xi}\in\boldsymbol{X}$，且$\boldsymbol{x}^*$是问题(2.1.1)的解. 若$\boldsymbol{x}^*$满足

$$\left\|\boldsymbol{x}^*-\boldsymbol{\xi}\right\|_{\boldsymbol{X}}=\inf\{\left\|\bar{\boldsymbol{x}}-\boldsymbol{\xi}\right\|_{\boldsymbol{X}}:\bar{\boldsymbol{x}}\text{是问题(2.1.1)的解}\},$$

则称$\boldsymbol{x}^*$为问题(2.1.1)的$\boldsymbol{\xi}$-最小范数解. 特别地，当$\boldsymbol{\xi}=0$时，$\boldsymbol{x}^*$简称为问题(2.1.1)的最小范数解.

有了最小范数解的定义，就可以定义如下的正则化方法：

定义 2.3.2[82] 设$F:\boldsymbol{X}\to\boldsymbol{Y}$为有界线性算子，$\boldsymbol{X},\boldsymbol{Y}$均为Hilbert空间，值域$\mathfrak{R}(F)$非闭，且$\alpha_0\in(0,+\infty)$. 对任意固定的$\alpha\in(0,\alpha_0)$，设

$$\boldsymbol{R}_\alpha:\boldsymbol{Y}\to\boldsymbol{X}$$

是一个连续的(不一定是线性的)算子. 称一簇算子$\{\boldsymbol{R}_\alpha\}$为无界算子$F^{-1}$的正则化算子，如果存在参数选择准则$\alpha=\alpha(\delta,\boldsymbol{y}^\delta)$，使得对任意的$\boldsymbol{y}\in\mathfrak{R}(F)$都有

$$\lim_{\delta\to 0}\sup\{\|\boldsymbol{R}_{\alpha(\delta,\boldsymbol{y}^\delta)}\boldsymbol{y}^\delta-\boldsymbol{x}^*\|:\boldsymbol{y}^\delta\in\boldsymbol{Y},\|\boldsymbol{y}^\delta-\boldsymbol{y}\|\leqslant\delta\}=0 \tag{2.3.1}$$

成立，其中$\boldsymbol{x}^*$为问题(2.1.1)的$\bar{\boldsymbol{x}}$-最小范数解，$\alpha:\mathbb{R}_+\times\boldsymbol{Y}\to(0,\alpha_0)$被称为正则化参数，且满足

$$\lim_{\delta\to 0}\sup\{\alpha(\delta,\boldsymbol{y}^\delta):\boldsymbol{y}^\delta\in\boldsymbol{Y},\|\boldsymbol{y}^\delta-\boldsymbol{y}\|\leqslant\delta\}=0. \tag{2.3.2}$$

若$\alpha(\delta,\boldsymbol{y}^\delta)$仅依赖于$\delta$，则称其为先验参数准则. 否则，称$\alpha(\delta,\boldsymbol{y}^\delta)$为后验参数准则. 对于具体的$\boldsymbol{y}\in\mathfrak{D}(F^{-1})$，若式(2.3.1)和(2.3.2)成立，则称$(\boldsymbol{R}_\alpha,\alpha)$是求解(2.1.1)的一个收敛的正则化方法.

2.4 正则化技术

逆问题中Jacobian矩阵广义逆的条件数很大，呈现严重的病态特性，这实际上也正是逆问题病态的根源所在. 为克服这种病态特性给解带来的

影响，通常需要借助正则化技术，即利用解的先验附加信息(如光滑性、稀疏性、单调性、有界性或数据的噪声水平，等等)来改造最小二乘问题，以此来获得有意义的近似稳定解. 这是目前克服逆问题不适定性最为普遍的方法. 大致可分为两类：直接正则化方法(引入约束罚项或将解空间投影到子空间)和迭代正则化方法(引入迭代正则化). 下面介绍几种具有代表性的正则化方法.

2.4.1 Tikhonov正则化方法

Tikhonov正则化方法[89, 90]最早由Tikhonov院士提出，突破了以往仅利用最小二乘法处理不适定反问题的局限性，是不适定反问题研究的里程碑. 其基本思想是在最小二乘问题的目标函数上添加解的光滑性先验信息来实现对解的稳定作用，达到使解稳定的目的，同时调节先验信息的权重又在一定程度上保证了解的准确度，是所有正则化方法中最为经典的一类正则化方法，理论上容易理解，算法设计相对容易，应用最为广泛.

数学上，Tikhonov正则化方法实际上就是通过构造极小化问题

$$\min_{\boldsymbol{x}} \Theta_\alpha(\boldsymbol{x}) = \frac{1}{2}\left\|F(\boldsymbol{x}) - \boldsymbol{y}^\delta\right\|_2^2 + \alpha\left\|\boldsymbol{x} - \bar{\boldsymbol{x}}\right\|_2^2, \quad \alpha > 0 \tag{2.4.1}$$

的极小解$\boldsymbol{x}_\alpha^\delta$来逼近原问题(2.1.2)的解，其中，$\alpha$为正则化参数，$\bar{\boldsymbol{x}}$是关于$\boldsymbol{x}$的一个先验选择标准.

当F为线性算子时，$F(\boldsymbol{x}) := \boldsymbol{F}\boldsymbol{x}$，根据Tikhonov正则化目标泛函的凸性可知，极小解$\boldsymbol{x}_\alpha^\delta$满足如下等价的Euler方程：

$$\left(\boldsymbol{F}^*\boldsymbol{F} + \alpha\boldsymbol{I}\right)\boldsymbol{x} = \boldsymbol{F}^*\boldsymbol{y}^\delta, \tag{2.4.2}$$

从而得到正则逼近解为

$$\boldsymbol{x}_\alpha^\delta = \boldsymbol{R}_\alpha\boldsymbol{y}^\delta, \tag{2.4.3}$$

其中，$\boldsymbol{R}_\alpha := (\boldsymbol{F}^*\boldsymbol{F} + \alpha\boldsymbol{I})^{-1}\boldsymbol{F}^*$称为Tikhonov正则化算子.

当F为非线性算子时，优化问题(2.4.1)相应的Euler方程为

$$F'(\boldsymbol{x})^*(F(\boldsymbol{x}) - \boldsymbol{y}^\delta) + \alpha(\boldsymbol{x} - \bar{\boldsymbol{x}}) = 0, \tag{2.4.4}$$

其中，$F'(\boldsymbol{x})$为$F(\boldsymbol{x})$的Fréchet导数. 直接采用Newton法求解式(2.4.4)，在迭代过程中将会出现非线性算子F的二阶导数，给计算带来难度. 为了避免出现算子F的二阶导数，Bakushinskii[91]考虑逐步线性化方法，提出了如下的正则Gauss-Newton迭代格式：

$$\boldsymbol{x}_{k+1}^\delta = \boldsymbol{x}_k^\delta + (F'(\boldsymbol{x}_k^\delta)^*F'(\boldsymbol{x}_k^\delta) + \alpha\boldsymbol{I})^{-1}[F'(\boldsymbol{x}_k^\delta)^*(\boldsymbol{y}^\delta - F(\boldsymbol{x}_k^\delta)) + \alpha(\bar{\boldsymbol{x}} - \boldsymbol{x}_k^\delta)]. \tag{2.4.5}$$

可见，无论是线性逆问题还是非线性逆问题，借助Tikhonov正则化技术处理后，矩阵求逆部分均由Jacobian矩阵的直接求逆变成了对$\left(\boldsymbol{F}^*\boldsymbol{F}+\alpha\boldsymbol{I}\right)$或$\left(F'(\boldsymbol{x}_k^\delta)^*F'(\boldsymbol{x}_k^\delta)+\alpha\boldsymbol{I}\right)$的求逆，选择足够大的正则化参数$\alpha$，这样逆问题的病态性得到极大改善，使得每次迭代的解数值稳定，从而保证迭代收敛.

2.4.2 全变差正则化方法

全变差正则化方法[93]源于最先由Rudin，Osher和Fatemi提出的ROF模型，将一阶有界变差函数用于图像处理中的图像降噪技术，克服了Sobolev空间不能有效刻画“跳跃间断”或者阶跃边缘结构的问题，开创了非光滑正则化方法发展的里程碑，为后续非光滑正则化方法的发展指明了方向. 随后，该方法被广泛应用于求解不连续的逆问题[94–97]. 其基本思想和Tikhonov正则化方法类似，区别在于正则化项的选择不同，它以全变差函数(total variation，TV)作为罚函数，属于有界变差函数类，计算的是相邻区域的未知量值的变化, 因此该方法可以有效重构带“角点”的非光滑图像，即解不连续的情况，能够重构分片常值区域以及尖锐边界具有较好的保边缘性. 但主要缺点是重构结果常常会呈现出块状现象，容易发生“阶梯效应(stair-casing effect)”，对小尺度的结构(如纹理)的描述也并不好. 同时，由于全变差函数的非光滑性，在构造极小化正则化目标泛函时很难构造有效的计算体系.

全变差正则化本质上是基于全变差惩罚约束的最小二乘法，构造的TV正则化泛函极小化问题为

$$\min_{\boldsymbol{x}} \Theta_\alpha(\boldsymbol{x}) = \frac{1}{2}\left\|F(\boldsymbol{x})-\boldsymbol{y}^\delta\right\|_2^2 + \alpha \mathrm{TV}(\boldsymbol{x}), \tag{2.4.6}$$

式中，$\alpha>0$为正则化参数，$\mathrm{TV}(\boldsymbol{x})=\displaystyle\int_\Omega \left|\nabla \boldsymbol{x}\right| \mathrm{d}\Omega$为定义的变差函数. 由于$\nabla\boldsymbol{x}$的绝对值在零点处不可微，使得算法设计比较复杂，实际应用中常采用$\mathrm{TV}(\boldsymbol{x})$的光滑逼近函数来计算，即

$$\mathrm{TV}_\beta(\boldsymbol{x}) = \int_\Omega \sqrt{\left|\nabla \boldsymbol{x}\right|^2+\beta}\,\mathrm{d}\Omega, \tag{2.4.7}$$

其中，β为变差参数，一般选择较小的正数，即$\beta>0$且$\beta\to 0$. 易知其相应的Euler方程为

$$F'(\boldsymbol{x})^*(F(\boldsymbol{x})-\boldsymbol{y}^\delta)+\alpha\mathcal{L}_\beta(\boldsymbol{x})\boldsymbol{x}=0, \tag{2.4.8}$$

其中，$\mathcal{L}_\beta(\boldsymbol{x})$为扩散算子，作用到$\boldsymbol{v}$上定义为

$$\mathcal{L}_\beta(\boldsymbol{x})\boldsymbol{v} = -\nabla\cdot\left(\frac{1}{\sqrt{\left|\nabla\boldsymbol{x}\right|^2+\beta}}\nabla\boldsymbol{v}\right). \tag{2.4.9}$$

进而可采用传统的最速下降方法[98,99]、Newton法[100]、主对偶内点法(PDIPM)[92,102]或滞后扩散系数法(LDM)[92,100,101]等优化算法求得近似解.

2.4.3 稀疏约束正则化方法

稀疏约束正则化方法的研究始于压缩感知(compressed sensing，CS)理论的发展. 2006年，Candés和Donoho在相关研究的基础上提出了压缩感知理论[103,104]. 压缩感知的先验条件是信号本身具有稀疏性或可进行稀疏表示，而核心是信号重构问题. 其目的是通过少量的信号实现信号的精确或近似重构，从而减少采样数据. Candés证明了信号重构问题可通过求解ℓ_0-范数极小化问题处理，但Donoho指出ℓ_0-范数极小化问题本质上属于NP-hard问题，因而无法进行求解，通常需对该问题进行转化以获得次最优解，例如采用ℓ_1-范数逼近ℓ_0-范数. 近年来，随着压缩感知理论以及相关算法的不断发展，稀疏约束正则化方法开辟了高效、精细重构的新篇章，在信号处理、人脸识别、图像去噪、磁共振成像、生物发光断层成像、地震波形反演等许多领域深受广泛关注，得到了广泛的应用[105–111].

数学上，稀疏约束正则化方法主要用于处理解具有稀疏性的一类逆问题. 设解$\boldsymbol{x} \in \mathbb{R}^n$为一个离散向量，所谓解的“稀疏性”是指在空间域内解序列大部分为零(或接近于零)，或者在某种变换域(基或框架)内具有稀疏表示，即大部分展开系数为零(或接近于零)，只有少量的非零大系数.

假设$\boldsymbol{x}$在给定的正交基或框架$\boldsymbol{\Psi} = \{\psi_k\}_{k\in\Lambda}$下具有如下稀疏表示：

$$\boldsymbol{x} = \boldsymbol{\Psi}\boldsymbol{c} = \sum_{k\in\Lambda} c_k\psi_k,$$

其中，$c_k = \langle \boldsymbol{x}, \psi_k\rangle$为$\boldsymbol{\Psi}$下的表示系数，则$\boldsymbol{x}$在$\boldsymbol{\Psi}$上的展开系数$c_k$大部分为零(或接近于零). 由此，$\boldsymbol{x}$和$\boldsymbol{c}$是一对等价表示，$\boldsymbol{x}$是空间域内的表示，而$\boldsymbol{c}$是在$\boldsymbol{\Psi}$域上的表示.

稀疏性成为刻画解的一种方式，很大程度上揭示了解的一种内在结构与本质属性，已成为应用数学中一个具有吸引力的理论和实用性的性质. 利用解的稀疏性假设，可将其约束在稀疏性度量限定的集合中进行求解. 这样，就出现了稀疏正则化的反问题建模方法，称为稀疏域正则化方法，在不同框架下将稀疏性先验引入到反问题的求解中，即可考虑如下的正则化泛函极小问题:

$$\min_{\boldsymbol{x}} \Theta_{\alpha,p}(\boldsymbol{x}) = \frac{1}{2}\left\|F(\boldsymbol{x}) - \boldsymbol{y}^\delta\right\|_2^2 + \alpha\sum_{k\in\Lambda}\omega_k|\langle\boldsymbol{x},\psi_k\rangle|^p, \quad 0 < p < 2, \tag{2.4.10}$$

式中，$\alpha > 0$为正则化参数，$\omega_k \geqslant \omega_{\min} > 0(\forall k)$为权重.

理论上，当$p=0$时，才产生最稀疏的解，但需要求解一个NP-hard问题；当$0<p<1$时，解呈现稀疏性，且随着p的减小稀疏性越来越强. 而$0<p<1$时，理论上已经给出了完善的正则性和收敛阶分析[112]，但约束罚项部分的非光滑性、非凸性使得优化求解存在难度. 因此，多数对于稀疏约束的应用一般都选取$p=1$的情况，即ℓ_1-范数约束，通过优化可得到(2.4.10)的稀疏极小解，故称之为ℓ_1-范数稀疏约束正则化方法. 当$1<p<2$时，该方法能够促进稀疏性，故称之为稀疏促进约束正则化方法. 同时，当$p>1$时，解逐渐呈现平滑，且随着p的增大平滑性越来越强. 由于p在不同区间时所对应的函数特征不同，其求解难度也大大提升. 因此，对于p的确定也是困扰研究者们的难题之一，目前未有研究明确给出选取p的最优值的方法.

针对线性逆问题，2004年，Daubechies等人[113]从数学的角度首次给出了稀疏约束正则化方法，通过构造与原问题等价的替代泛函，提出了一种迭代收缩阈值(IST)算法并给出了理论分析，该方法计算简单，在稀疏信号重构等方面效果显著，但算法的收敛性严重依赖于问题的病态程度，收敛速度较慢. 随后，许多学者针对线性问题，研究了稀疏约束正则化方法的收敛性与误差阶估计. 2008年，Bredies等人[114]针对线性逆问题的稀疏约束正则化方法给出了迭代阈值收缩算法和广义梯度投影算法的收敛性分析. 由于IST算法的收敛速度非常慢，Griesse等人[115]提出了求解线性逆问题的稀疏约束正则化泛函极小的半光滑Newton法. Kim等人[116]提出了L1-LS内点法求解稀疏约束正则化问题. 2009年，Beck[117]提出了一种快速迭代阈值收缩(FIST)算法来求解线性逆问题的ℓ_1-范数约束正则的极小化问题. Goldstein和Osher[118]结合算子分裂技术和Bregman迭代正则技术，提出了一种快速的分裂Bregman算法，能够有效求解ℓ_1-范数极小化问题. 另外，关于线性逆问题的ℓ_1-范数极小化问题优化求解方法的详细回顾可参见文献[119]. Xu等人[120]研究了有限维线性问题的$\ell_{1/2}$-正则化方法并给出了相应的阈值迭代算法.

对于非线性逆问题，由于(2.4.10)的非凸性，可能存在多个局部极小点，要获得全局极小解，进行有效的求解存在一定难度. Ramlau和Bredies等人[121–124]将稀疏约束正则化方法推广到非线性逆问题，提出了一些广义的梯度型下降算法. 为了获得快速收敛的算法，Muoi等人[125,126]针对非线性逆问题的稀疏约束正则化泛函极小提出了半光滑Newton法和拟Newton法.

2.4.4 Landweber迭代法

1951年，Landweber[127]首次提出一种简单易行、稳定性良好的迭代方法，用于求解线性不适定逆问题，建立的迭代格式如下：

$$\boldsymbol{x}_{k+1}^{\delta}=\boldsymbol{x}_{k}^{\delta}+\omega\boldsymbol{F}^{*}\big(\boldsymbol{y}^{\delta}-\boldsymbol{F}\boldsymbol{x}_{k}^{\delta}\big),\quad k=0,1,2,\cdots, \tag{2.4.11}$$

其中，$\omega \in (0, 1/\|\boldsymbol{F}\|^2]$为松弛因子，$\boldsymbol{x}_0 = \bar{\boldsymbol{x}}$为初始猜测值. Landweber迭代法实际上可看作求解二次泛函

$$\left\|\boldsymbol{F}\boldsymbol{x} - \boldsymbol{y}^\delta\right\|^2$$

的极小点且以ω为步长的最速下降法.

Landweber迭代法具有所谓的“半收敛现象”，即迭代初期迭代解收敛于真解，随着迭代步数的增加，又会变得发散. 从解的精度考虑要求迭代步数充分大，而从稳定性的角度考虑又要求迭代步数不能太大，因此需要给出相应的停止准则，使得迭代在适当的时候停止，例如广泛采用的Morozov偏差原则，即选择停止指标$k_* = k(\delta, \boldsymbol{y}^\delta)$，使得

$$\left\|\boldsymbol{F}\boldsymbol{x}_k^\delta - \boldsymbol{y}^\delta\right\| \leqslant \tau\delta, \quad 0 \leqslant k \leqslant k_*. \tag{2.4.12}$$

1995年，Hank等人[128]将求解线性不适定问题的Landweber迭代法延拓到非线性不适定问题中，建立了非线性Landweber迭代格式如下：

$$\boldsymbol{x}_{k+1}^\delta = \boldsymbol{x}_k^\delta + F'(\boldsymbol{x}_k^\delta)^*(\boldsymbol{y}^\delta - F(\boldsymbol{x}_k^\delta)), \quad k = 0, 1, 2, \cdots, \tag{2.4.13}$$

同时给出了收敛性分析，一般要求算子F的Fréchet导数局部一致有界，并且算子F满足非线性条件，即对于充分小的$\tilde{\boldsymbol{x}} - \boldsymbol{x}$，成立

$$\left\|F(\tilde{\boldsymbol{x}}) - F(\boldsymbol{x}) - F'(\boldsymbol{x})(\tilde{\boldsymbol{x}} - \boldsymbol{x})\right\| \leqslant \eta\left\|F(\tilde{\boldsymbol{x}}) - F(\boldsymbol{x}) - F'(\boldsymbol{x})\right\|, \quad \eta < \frac{1}{2}. \tag{2.4.14}$$

迭代停止准则采用广义偏差原则，即选择停止指标k_*，使得

$$\left\|\boldsymbol{y}^\delta - F(\boldsymbol{x}_{k_*}^\delta)\right\| \leqslant \tau\delta \leqslant \left\|\boldsymbol{y}^\delta - F(\boldsymbol{x}_k^\delta)\right\|, \quad 0 \leqslant k \leqslant k_*, \tag{2.4.15}$$

其中，可适当选择参数$\tau > 2\dfrac{1+\eta}{1-2\eta}$.

研究表明：迭代指标k_*正好起到了正则化参数的作用，而停止准则正对应着正则化参数的某种选择策略，保证Landweber迭代法为一种正则化方法. 与Tikhonov正则化相比，Landweber迭代法简单易行，不涉及正则化参数的选取，并且具有更好的稳定性，但其收敛速度却是相当慢的，尤其当误差水平δ较小时，所需迭代步数会很大. 为了克服这一困难，学者们提出了多种修正的Landweber迭代法及其加速版本[129–136]，加速策略主要包括步长选择、Runge-Kutta技巧、同伦摄动技巧、Nesterov技巧、Kaczmarz技巧等. 几十年来，虽然新的迭代法层出不穷，但几乎所有的迭代法的研究都是以Landweber迭代法的证明技巧和理论分析为基础的.

2.4.5 Newton型迭代法

由于Landweber迭代法所需迭代步数较多，收敛速度较慢，因此需要寻求更加快速的方法. 求解适定问题时，Newton型迭代法具有较快的收敛速度，因此考虑将其应用到不适定问题的求解中. Newton型迭代法求解不适定问题(2.1.2)是将非线性问题先线性化后正则化的过程，具有较快的收敛速度. 其基本思想是在每一迭代步先线性化方程(2.1.2)，于是有

$$F'(\boldsymbol{x}_k^\delta)(\boldsymbol{x}-\boldsymbol{x}_k^\delta)=\boldsymbol{y}^\delta-F(\boldsymbol{x}_k^\delta), \tag{2.4.16}$$

求解其近似解作为下一步迭代点. 这里需要注意的是，问题(2.1.2)的不适定性在其线性化的过程中无法消除，仍需借助正则化方法处理求解线性化方程(2.4.16).

针对噪声数据下的线性化问题(2.4.16)，引入ℓ_2-范数正则化罚项，得到如下的正则Gauss-Newton迭代格式：

$$\boldsymbol{x}_{k+1}^\delta=\boldsymbol{x}_k^\delta+(F'(\boldsymbol{x}_k^\delta)^*F'(\boldsymbol{x}_k^\delta)+\alpha_n\boldsymbol{I})^{-1}[F'(\boldsymbol{x}_k^\delta)^*(\boldsymbol{y}^\delta-F(\boldsymbol{x}_k^\delta))+\alpha_n(\bar{\boldsymbol{x}}-\boldsymbol{x}_k^\delta)], \tag{2.4.17}$$

其中，$\alpha_n>0$为正则化参数.

由于利用Gauss-Newton迭代正则化方法得到的解是在$\boldsymbol{x}_0$附近的稳定解，这使得该算法的收敛区间具有一定的局限性. 为了扩大算法的收敛区间，1997年，Hanke[137]提出了考虑不含初始迭代点的Levenberg-Marquart迭代格式：

$$\boldsymbol{x}_{k+1}^\delta=\boldsymbol{x}_k^\delta+(F'(\boldsymbol{x}_k^\delta)^*F'(\boldsymbol{x}_k^\delta)+\alpha_n\boldsymbol{I})^{-1}F'(\boldsymbol{x}_k^\delta)^*(\boldsymbol{y}^\delta-F(\boldsymbol{x}_k^\delta)), \tag{2.4.18}$$

该迭代法可理解为由Tikhonov正则化方法用于求解线性化方程(2.4.16)得到.

下面介绍非精确Newton迭代正则化方法. 不同于上面提及的Gauss-Newton迭代法和Levenberg-Marquart迭代法，非精确Newton迭代正则化方法因其在数值实现方面较为简单而备受广大学者们关注. 1999年，Rieder等人[138]提出了求解非线性反问题的非精确Newton迭代正则化方法，首先利用某种正则化方法求解局部线性化方程(2.4.16)得到近似解序列$\{\boldsymbol{x}_{n,k}^\delta\}$，记为内迭代，然后选取$k_n^\delta$为首个满足

$$\|\boldsymbol{y}^\delta-F(\boldsymbol{x}_k^\delta)-F'(\boldsymbol{x}_k^\delta)(\boldsymbol{x}-\boldsymbol{x}_k^\delta)\|<\gamma\|\boldsymbol{y}^\delta-F(\boldsymbol{x}_k^\delta)\| \tag{2.4.19}$$

的变量k，这里$0<\gamma<1$，则第$n+1$步迭代为$\boldsymbol{x}_{n+1}^\delta=\boldsymbol{x}_{n,k_n^\delta}^\delta$. 该方法包括内外两层迭代：内层迭代应用迭代正则化方法求解局部线性化方程(2.4.16)，产生近似解序列；外层迭代为用于更新迭代点列的Newton法.

相较于Landweber迭代法，Newton型迭代法在达到各自的停止准则时所需迭代步数会大大减少，尤其是在处理大规模非线性反问题时，这一优

势使其备受关注. 然而Newton型迭代法在迭代的每一步需要求解大型线性方程组，在实际应用中这意味着一个巨大的线性系统需要被求解，通常会产生巨大的计算成本.

2.5 凸优化基础

次微分和近端算子在非光滑优化理论中的地位，如同一阶、二阶导数在光滑优化理论中的地位，在迭代优化求解的过程中，次微分和近端算子的形式和计算复杂度直接决定非光滑优化问题的成败. 换句话说，近端算子在非光滑优化中的地位如同光滑优化中的Newton迭代算法. 次微分和近端算子是解决非光滑优化问题的强有力工具，在非线性、非光滑、大规模实际工程应用中呈现迅猛发展的态势[139]. 本节简单回顾后续章节研究中涉及的一些与凸优化相关的数学基础，并集中介绍近端算子的相关理论，详细内容可参见文献[140].

2.5.1 基本定义

定义 2.5.1 (**次梯度与次微分**) 设函数$f(\boldsymbol{x}):\mathbb{R}^n\to\mathbb{R}\cup\{+\infty\}$是一个良好的闭凸函数，对于任意给定的$\boldsymbol{x}\in\mathbb{R}^n$，对所有的$\boldsymbol{y}\in\mathbb{R}^n$，若向量$\boldsymbol{\xi}\in\mathbb{R}^n$满足

$$f(\boldsymbol{y})\geqslant f(\boldsymbol{x})++\langle\boldsymbol{\xi},\boldsymbol{y}-\boldsymbol{x}\rangle,$$

式中，$\langle\cdot,\cdot\rangle$表示内积，则称$\boldsymbol{\xi}$为$f$在点$\boldsymbol{x}$处的一个**次梯度**. 进一步，称集合

$$\partial f(\boldsymbol{x})=\{\boldsymbol{\xi}|f(\boldsymbol{y})\geqslant f(\boldsymbol{x})+\langle\boldsymbol{\xi},\boldsymbol{y}-\boldsymbol{x}\rangle,\boldsymbol{\xi}\in\mathbb{R}^n\} \tag{2.5.1}$$

为f在点$\boldsymbol{x}$处的**次微分**.

引理 2.5.1 设函数$f(\boldsymbol{x}):\mathbb{R}^n\to\mathbb{R}\cup\{+\infty\}$是一个良好的闭凸函数，那么$\boldsymbol{x}^*$为$f(x)$的极小点的充要条件是$\mathbf{0}\in\partial f(\boldsymbol{x}^*)$，即

$$\boldsymbol{x}^*\in\partial f(\boldsymbol{x})\Leftrightarrow\mathbf{0}\in\partial f(\boldsymbol{x}^*).$$

共轭函数是凸分析中的一个重要概念，其在凸优化问题的理论与算法中扮演着重要角色.

定义 2.5.2 (**共轭函数**) 设函数$f(\boldsymbol{x}):\mathbb{R}^n \to \mathbb{R}\cup\{+\infty\}$是一个良好的闭凸函数，称如下定义的函数$f^*$:

$$f^*(\boldsymbol{y}) = \sup_{\boldsymbol{x}}\{\langle \boldsymbol{x}, \boldsymbol{y}\rangle - f(\boldsymbol{x})\} \tag{2.5.2}$$

为f的**共轭函数**，也称对偶函数.

共轭函数$f^*(\boldsymbol{y})$为线性函数$\langle \boldsymbol{x}, \boldsymbol{y}\rangle$和$f(\boldsymbol{x})$之差的上确界，$\boldsymbol{y}$可看作线性函数$\langle \boldsymbol{x}, \boldsymbol{y}\rangle$的斜率，当直线的斜率和原函数的斜率相同时，式(2.5.2)获得最大值. 可微函数的共轭函数也称为函数的Legendre变换. 事实上，假设$f(\boldsymbol{x})$具有一阶导数且是凸函数，则式(2.5.2)转化为Legendre变换，其表达式为

$$\boldsymbol{x}^* = \arg\max_{\boldsymbol{x}}\{\langle \boldsymbol{x}, \boldsymbol{y}\rangle - f(\boldsymbol{x})\}. \tag{2.5.3}$$

为求(2.5.3)的极值，由一阶KKT条件，则有

$$\boldsymbol{y} = \nabla f(\boldsymbol{x}^*). \tag{2.5.4}$$

式(2.5.4)的实质就是直线的斜率等于原函数的斜率，即在满足式(2.5.4)的条件下，式(2.5.3)在$\boldsymbol{x}^*$处取得最大值. 为了区分一般情况和可微情况下所定义的共轭，一般函数的共轭有时也称为Fenchel共轭.

对比(2.5.2)和(2.5.3)可知，(2.5.3)要求函数$f(\boldsymbol{x})$具有一阶导数，且是凸函数，才能保证其具有唯一极值点. 由(2.5.2)可知，共轭函数$f^*(\boldsymbol{y})$是关于$\boldsymbol{y}$的线性函数，给定的每个$\boldsymbol{y}$，都对应一个凸函数$\langle \boldsymbol{x}, \boldsymbol{y}\rangle - f(\boldsymbol{x})$，$f^*(\boldsymbol{y})$是一系列点$\boldsymbol{y}$对应的凸函数的上确界，因此共轭函数$f^*(\boldsymbol{y})$是凸函数. 可见，共轭函数$f^*(\boldsymbol{y})$的凸性与函数$f(\boldsymbol{x})$是否是凸函数无关，正是这样，对偶变化能将原函数转化为凸函数进行研究，而凸函数具有很好的性质，如极值解的唯一性. 另外，对给定的$\boldsymbol{y}$，可以有多个点$\boldsymbol{x}$使得共轭函数$f^*(\boldsymbol{y})$达到上确界，对原函数的可微性也不做要求. 换句话说，共轭函数$f^*(\boldsymbol{y})$对原函数的凸性和可微性不做要求.

对偶变换是将由$(\boldsymbol{x}, f(\boldsymbol{x}))$构成的图像空间转化为由$(\boldsymbol{y}, f^*(\boldsymbol{y}))$构成的对偶图像空间的过程，也称Legendre-Fenchel变换. 通过对偶变换，可将原函数转化为凸包络函数，转化后的共轭函数都是凸函数，从而便于设计优化求解算法.

例 2.5.1 (**示性函数和支撑函数**) 设有非空闭凸集$\mathcal{C}\subseteq\mathbb{R}^n$，考虑如下的示性函数(indicator function)：

$$\mathcal{I}_{\mathcal{C}}(\boldsymbol{x}):=\begin{cases}\mathbf{0}, & \boldsymbol{x}\in\mathcal{C},\\ +\infty, & \boldsymbol{x}\notin\mathcal{C},\end{cases}$$

可知其对应的共轭函数为

$$\mathcal{I}_{\mathcal{C}}^*(\boldsymbol{y}):=\sup_{\boldsymbol{x}}\{\langle\boldsymbol{x},\boldsymbol{y}\rangle-\mathcal{I}_{\mathcal{C}}(\boldsymbol{x})\}=\sup_{\boldsymbol{x}\in\mathcal{C}}\{\langle\boldsymbol{x},\boldsymbol{y}\rangle\},$$

这里，$\mathcal{I}_{\mathcal{C}}^*(\boldsymbol{y})$又称为凸集$\mathcal{C}$的支撑函数(support function).

由共轭函数的定义易得

$$f(\boldsymbol{x})+f^*(\boldsymbol{y})\geqslant\langle\boldsymbol{x},\boldsymbol{y}\rangle,\quad\forall\boldsymbol{x},\boldsymbol{y}\in\mathbb{R}^n,\tag{2.5.5}$$

此式称为Young-Fenchel不等式.

下面的引理表明，如果$\boldsymbol{y}\in\partial f(\boldsymbol{x})$，那么Young-Fenchel不等式取等号.

引理 2.5.2 设函数$f(\boldsymbol{x}):\mathbb{R}^n\to\mathbb{R}\cup\{+\infty\}$是一个良好的闭凸函数，则

$$\boldsymbol{y}\in\partial f(\boldsymbol{x})\;\Leftrightarrow\;f(\boldsymbol{x})+f^*(\boldsymbol{y})=\langle\boldsymbol{x},\boldsymbol{y}\rangle.$$

证明 根据次梯度的定义，可知

$$\boldsymbol{y}\in\partial f(\boldsymbol{x})\;\Leftrightarrow\;f(\boldsymbol{z})\geqslant f(\boldsymbol{x})+\langle\boldsymbol{z}-\boldsymbol{x},\boldsymbol{y}\rangle,\quad\forall\boldsymbol{z}\in\mathbb{R}^n,$$

也可写为

$$\boldsymbol{y}\in\partial f(\boldsymbol{x})\;\Leftrightarrow\;\langle\boldsymbol{x},\boldsymbol{y}\rangle-f(\boldsymbol{x})\geqslant\langle\boldsymbol{z},\boldsymbol{y}\rangle-f(\boldsymbol{z}),\quad\forall\boldsymbol{z}\in\mathbb{R}^n,$$

对上式关于$\boldsymbol{z}$取上确界，有

$$\boldsymbol{y}\in\partial f(\boldsymbol{x})\;\Leftrightarrow\;\langle\boldsymbol{x},\boldsymbol{y}\rangle-f(\boldsymbol{x})\geqslant f^*(\boldsymbol{y}).$$

结合Young-Fenchel不等式(2.5.5)即可得到结论. □

用f^{**}表示f^*的共轭函数，即函数f的双重共轭函数．一个经典的结论：若函数$f(\boldsymbol{x})$是闭凸函数，则有$f^{**}(\boldsymbol{x}) = f(\boldsymbol{x})$，即$f$和它的双重共轭是相等的．因此，很容易得到

$$f(\boldsymbol{x}) + f^*(\boldsymbol{y}) = \langle \boldsymbol{x}, \boldsymbol{y} \rangle \ \Leftrightarrow \ \boldsymbol{x} \in \partial f^*(\boldsymbol{y}).$$

于是

$$\langle \boldsymbol{x}, \boldsymbol{y} \rangle - f(\boldsymbol{x}) = f^*(\boldsymbol{y}) = \max_{\boldsymbol{z}} \left\{ \langle \boldsymbol{z}, \boldsymbol{y} \rangle - f(\boldsymbol{z}) \right\}.$$

这意味着

$$\partial f^*(\boldsymbol{y}) = \arg\min_{\boldsymbol{z}} \left\{ f(\boldsymbol{z}) - \langle \boldsymbol{z}, \boldsymbol{y} \rangle \right\}.$$

同理，根据**引理**2.5.2和$f^{**}(\boldsymbol{x}) = f(\boldsymbol{x})$可得

$$\partial f(\boldsymbol{x}) = \arg\min_{\boldsymbol{y}} \left\{ f^*(\boldsymbol{y}) - \langle \boldsymbol{x}, \boldsymbol{y} \rangle \right\}.$$

另外，根据$f^*(\boldsymbol{y})$的定义，$\boldsymbol{y} \in \partial f(\boldsymbol{x})$即表明$\boldsymbol{x}$满足最优性条件，即

$$\langle \boldsymbol{x}, \boldsymbol{y} \rangle - f(\boldsymbol{x}) = f^*(\boldsymbol{y}),$$

再由自共轭性可得

$$f^{**}(\boldsymbol{x}) = f(\boldsymbol{x}) = \langle \boldsymbol{x}, \boldsymbol{y} \rangle - f^*(\boldsymbol{y}),$$

这说明$\boldsymbol{y}$是最优点，即$\boldsymbol{y}$满足最优性条件，故$\boldsymbol{x} \in \partial f^*(\boldsymbol{y})$．同理，显然有

$$\boldsymbol{y} \in \partial f(\boldsymbol{x}) \ \Leftrightarrow \ \boldsymbol{x} \in \partial f^*(\boldsymbol{y}). \tag{2.5.6}$$

共轭函数在对偶理论中有着重要的应用．

2.5.2 近端算子理论

近端算子是处理非光滑优化问题的一个非常有效的工具，与许多优化算法的设计密切相关，是凸投影算子的一种推广，由Moreau于1962年提出，随后Martinet和Rockafellar对近端算子作了进一步研究并将其应用于优化问题．近端算子是近端算法的基本元素，在EIT图像重构的近端算法研究中起着重要作用．

下面给出Moreau-Yosida正则化和近端算子的定义．

定义 2.5.3 (**Moreau-Yosida正则化**) 设函数$g(\boldsymbol{x}):\mathbb{R}^n\to\mathbb{R}\cup\{+\infty\}$是良好的闭凸函数，$\lambda>0$为给定的参数，则函数$g$的以$\lambda$为参数的Moreau-Yosida正则化$M_g(x)$(又称**Moreau envelope**)定义为

$$M_g(\boldsymbol{x}) := \inf_{\boldsymbol{u}}\left\{g(\boldsymbol{u})+\frac{1}{2\lambda}\|\boldsymbol{u}-\boldsymbol{x}\|^2\right\}. \tag{2.5.7}$$

定义 2.5.4 (**近端算子**) 设函数$g(\boldsymbol{x}):\mathbb{R}^n\to\mathbb{R}\cup\{+\infty\}$是良好的闭凸函数，函数$g$的Moreau-Yosida近端算子定义为

$$\mathrm{prox}_g(\boldsymbol{x}) = \arg\min_{\boldsymbol{u}}\left\{g(\boldsymbol{u})+\frac{1}{2}\|\boldsymbol{u}-\boldsymbol{x}\|^2\right\}, \tag{2.5.8}$$

且$\mathrm{prox}_g(\boldsymbol{x})$的值存在且唯一. 对给定的参数$\lambda>0$，函数$g$的参数化近端算子定义为

$$\mathrm{prox}_{\lambda g}(\boldsymbol{x}) := \arg\min_{\boldsymbol{u}}\left\{g(\boldsymbol{u})+\frac{1}{2\lambda}\|\boldsymbol{u}-\boldsymbol{x}\|^2\right\}. \tag{2.5.9}$$

当$\lambda=1$时，参数化近端算子(2.5.9)退化为近端算子(2.5.8). 可以看到，近端算子的目的是寻求一个距离$\boldsymbol{x}$不算太远的点$\boldsymbol{u}$，并使函数值$g(\boldsymbol{u})$尽可能小，故也称$\boldsymbol{u}$为$\boldsymbol{x}$相对于函数$g(\boldsymbol{u})$的近端点. 显然有$g(\boldsymbol{u})\leqslant g(\boldsymbol{x})$，此时，用$\boldsymbol{u}$替代$\boldsymbol{x}$继续搜寻新的近端点，直到$\boldsymbol{u}=\boldsymbol{x}$就得到上式中的最小化问题的最优解$\boldsymbol{u}^*$，此点也是近端算子的不动点(fixed point).

根据定义(2.5.7)和(2.5.9)可知，Moreau-Yosida正则化实际上是将最优解$\boldsymbol{u}=\mathrm{prox}_{\lambda g}(\boldsymbol{x})$代回到与之对应的优化问题

$$\min_{\boldsymbol{u}}\left\{g(\boldsymbol{u})+\frac{1}{2\lambda}\|\boldsymbol{u}-\boldsymbol{x}\|^2\right\}$$

中而得到的关于x的函数，即

$$M_g(\boldsymbol{x}) := g(\mathrm{prox}_{\lambda g}(\boldsymbol{x}))+\frac{1}{2\lambda}\|\mathrm{prox}_{\lambda g}(\boldsymbol{x})-\boldsymbol{x}\|^2.$$

定理 2.5.1 (**Moreau-Yosida正则化的可微性**) 设函数$g(\boldsymbol{x})$是良好的闭凸函数，$M_g(\boldsymbol{x})$为其Moreau-Yosida正则化，则$M_g(\boldsymbol{x})$在全空间可微，且其梯度为

$$\nabla M_g(\boldsymbol{x}) = \frac{1}{\lambda}\big(\boldsymbol{x}-\mathrm{prox}_{\lambda g}(\boldsymbol{x})\big). \tag{2.5.10}$$

证明 考虑$M_g(\boldsymbol{x})$的共轭函数$M_g^*(\boldsymbol{y})$:

$$
\begin{aligned}
M_g^*(\boldsymbol{y}) &= \sup_{\boldsymbol{x}} \left\{\langle \boldsymbol{x}, \boldsymbol{y}\rangle - M_g(\boldsymbol{x})\right\} \\
&= \sup_{\boldsymbol{x}} \left\{\langle \boldsymbol{x}, \boldsymbol{y}\rangle - \inf_{\boldsymbol{u}} \left\{g(\boldsymbol{u}) + \frac{1}{2\lambda}\|\boldsymbol{u}-\boldsymbol{x}\|^2\right\}\right\} \\
&= \sup_{\boldsymbol{x}} \sup_{\boldsymbol{u}} \left\{\langle \boldsymbol{x}, \boldsymbol{y}\rangle - g(\boldsymbol{u}) - \frac{1}{2\lambda}\|\boldsymbol{u}-\boldsymbol{x}\|^2\right\} \\
&= \sup_{\boldsymbol{u}} \left\{\langle \boldsymbol{u}, \boldsymbol{y}\rangle - g(\boldsymbol{u})\right\} + \frac{\lambda}{2}\|\boldsymbol{y}\|^2 \\
&= g^*(\boldsymbol{y}) + \frac{\lambda}{2}\|\boldsymbol{y}\|^2,
\end{aligned}
$$

根据文献[141]中的结论，M_g满足自共轭性，即$M_g = M_g^{**}$. 利用该性质，有

$$
\begin{aligned}
M_g(\boldsymbol{x}) = M_g^{**}(\boldsymbol{x}) &= \sup_{\boldsymbol{y}} \left\{\langle \boldsymbol{y}, \boldsymbol{x}\rangle - M_g^*(\boldsymbol{y})\right\} \\
&= \sup_{\boldsymbol{y}} \left\{\langle \boldsymbol{y}, \boldsymbol{x}\rangle - g^*(\boldsymbol{y}) - \frac{\lambda}{2}\|\boldsymbol{y}\|^2\right\}.
\end{aligned}
$$

上式右端函数的最优点$\boldsymbol{y}$存在唯一，且满足$\boldsymbol{x} \in \partial M_g^*(\boldsymbol{y})$. 根据(2.5.6)可知，对任意的$\boldsymbol{x}$存在唯一的$\boldsymbol{y}$使得$\boldsymbol{y} \in \partial M_g(\boldsymbol{x})$，即$M_g(\boldsymbol{x})$为可微函数.

为了推导$\nabla M_g(\boldsymbol{x})$，将$M_g(\boldsymbol{x})$进行改写如下：

$$
\begin{aligned}
M_g(\boldsymbol{x}) &= \inf_{\boldsymbol{u}} \left\{g(\boldsymbol{u}) + \frac{1}{2\lambda}\|\boldsymbol{u}-\boldsymbol{x}\|^2\right\} \\
&= \frac{\|\boldsymbol{x}\|^2}{2\lambda} - \frac{1}{\lambda}\sup_{\boldsymbol{u}} \left\{\langle \boldsymbol{u}, \boldsymbol{x}\rangle - \lambda g(\boldsymbol{u}) - \frac{1}{2}\|\boldsymbol{u}\|^2\right\} \\
&= \frac{\|\boldsymbol{x}\|^2}{2\lambda} - \frac{1}{\lambda}\left(\lambda g + \frac{1}{2}\|\cdot\|^2\right)^*(x).
\end{aligned}
$$

再次根据(2.5.6)可得

$$
\begin{aligned}
\nabla M_g(\boldsymbol{x}) &= \frac{\boldsymbol{x}}{\lambda} - \frac{1}{\lambda}\nabla\left(\lambda g + \frac{1}{2}\|\cdot\|^2\right)^*(x) \\
&= \frac{\boldsymbol{x}}{\lambda} - \frac{1}{\lambda}\arg\max_{\boldsymbol{u}} \left\{\langle \boldsymbol{u}, \boldsymbol{x}\rangle - \lambda g(\boldsymbol{u}) - \frac{1}{2}\|\boldsymbol{u}\|^2\right\} \\
&= \frac{\boldsymbol{x}}{\lambda} - \frac{1}{\lambda}\arg\min_{\boldsymbol{u}} \left\{\lambda g(\boldsymbol{u}) + \frac{1}{2}\|\boldsymbol{u}-\boldsymbol{x}\|^2\right\} \\
&= \frac{1}{\lambda}\big(\boldsymbol{x} - \mathrm{prox}_{\lambda g}(\boldsymbol{x})\big).
\end{aligned}
$$

结论得证. □

该定理表明Moreau-Yosida正则化是原函数g的一个光滑化函数，且含有光滑化参数λ.

另外，根据最优性条件，将式(2.5.9)右端的目标泛函两端关于$\boldsymbol{u}$求导，则有

$$\mathbf{0} \in \lambda \partial g(\boldsymbol{u}) + \boldsymbol{u} - \boldsymbol{x},$$

整理可得

$$\boldsymbol{x} \in \lambda \partial g(\boldsymbol{u}) + \boldsymbol{u} \;\Rightarrow\; \boldsymbol{x} \in (I + \lambda \partial g)(\boldsymbol{u}) \;\Rightarrow\; \boldsymbol{u} = (I + \lambda \partial g)^{-1}(\boldsymbol{x}).$$

记

$$\boldsymbol{u} = \mathrm{prox}_{\lambda g}(\boldsymbol{x}),$$

式中$\mathrm{prox}_{\lambda g} = (I + \lambda \partial g)^{-1}$，可得近端算子与次梯度间的等价结论形式：

$$\arg\min_{\boldsymbol{u}} \left\{ g(\boldsymbol{u}) + \frac{1}{2\lambda} \|\boldsymbol{u} - \boldsymbol{x}\|^2 \right\} \Leftrightarrow \boldsymbol{u} = \mathrm{prox}_{\lambda g}(\boldsymbol{x}) \Leftrightarrow \boldsymbol{x} - \boldsymbol{u} \in \lambda \partial g(\boldsymbol{u}). \tag{2.5.11}$$

在应用近端算子时，式(2.5.11)之间的等价关系经常用到. 当函数$g(\boldsymbol{x})$可微时，式(2.5.11)简化为

$$\arg\min_{\boldsymbol{u}} \left\{ g(\boldsymbol{u}) + \frac{1}{2\lambda} \|\boldsymbol{u} - \boldsymbol{x}\|^2 \right\} \Leftrightarrow \boldsymbol{u} = \mathrm{prox}_{\lambda g}(\boldsymbol{x}) \Leftrightarrow \boldsymbol{x} - \boldsymbol{u} \in \lambda \nabla g(\boldsymbol{u}). \tag{2.5.12}$$

下面给出一些常见的例子. 计算近端算子的过程实际上是在求解一个优化问题. 在图像重构中，为了将有条件约束的最优化问题转化为无条件约束的最优化问题，常常把目标函数的约束条件转化为示性函数，通过示性函数可以将约束条件变成目标函数的一部分，然后在此基础上设计迭代优化算法. 示性函数的近端算子是一种比较常用的近端算子. 首先给出示性函数的近端算子.

例 2.5.2 (**示性函数的近端算子**) 设有非空闭凸集$\mathcal{C} \subseteq \mathbb{R}^n$，则示性函数$\mathcal{I}_{\mathcal{C}}(\boldsymbol{x})$的近端算子为点$\boldsymbol{x}$到集合$\mathcal{C}$的投影算子.

证明 根据近端算子的定义，可知

$$\begin{aligned} \mathrm{prox}_{\mathcal{I}_{\mathcal{C}}}(\boldsymbol{x}) &= \arg\min_{\boldsymbol{u}} \left\{ \mathcal{I}_{\mathcal{C}}(\boldsymbol{u}) + \frac{1}{2} \|\boldsymbol{u} - \boldsymbol{x}\|^2 \right\} \\ &= \arg\min_{\boldsymbol{u} \in \mathcal{C}} \|\boldsymbol{u} - \boldsymbol{x}\|^2 = \mathcal{P}_{\mathcal{C}}(\boldsymbol{x}). \end{aligned}$$

故近端算子就是在闭凸集上投影算子的推广. □

下面给出ℓ_1-范数和ℓ_2-范数对应近端算子的计算过程.

例 2.5.3 (ℓ_1**-范数的近端算子**) 设$g(\boldsymbol{x}) = \|\boldsymbol{x}\|_1$，$\boldsymbol{x} \in \mathbb{R}^n$，常数$\lambda > 0$，则$\ell_1$-范数的近端算子可表示为

$$\mathrm{prox}_{\lambda \ell_1}(\boldsymbol{x}) = S_\lambda(\boldsymbol{x}), \tag{2.5.13}$$

其中，$S_\lambda : \mathbb{R}^n \to \mathbb{R}^n$表示软阈值算子，定义为

$$[S_\lambda(\boldsymbol{x})]_i := \mathrm{sign}(x_i)\max\{|x_i| - \lambda, 0\},$$

有时也称收缩算子(Shrinkage)，其分量形式定义为

$$[\mathrm{Shrinkage}(\boldsymbol{x}, \lambda)]_i = \begin{cases} x_i - \lambda, & x_i \geqslant \lambda, \\ 0, & |x_i| < \lambda, \\ x_i + \lambda, & x_i \leqslant -\lambda. \end{cases}$$

证明 近端算子$\boldsymbol{u} = \mathrm{prox}_{\lambda g}(\boldsymbol{x})$的最优性条件为

$$\boldsymbol{x} - \boldsymbol{u} \in \lambda \partial \|\boldsymbol{u}\|_1 = \begin{cases} \{\lambda\}, & \boldsymbol{u} > \boldsymbol{0}, \\ [-\lambda, \lambda], & \boldsymbol{u} = \boldsymbol{0}, \\ \{-\lambda\}, & \boldsymbol{u} < \boldsymbol{0}. \end{cases}$$

可见，当$x_i > \lambda$时，$u_i = x_i - \lambda$；当$x_i < -\lambda$时，$u_i = x_i + \lambda$；当$x_i \in [-\lambda, \lambda]$时，$u_i = 0$，即有

$$u_i = \mathrm{sign}(x_i)\max\{|x_i| - \lambda, 0\} = \begin{cases} x_i - \lambda, & x_i > \lambda, \\ 0, & x_i \in [-\lambda, \lambda], \\ x_i + \lambda, & x_i < -\lambda. \end{cases}$$

上式常称为软阈值算子，也记为$[S_\lambda(\boldsymbol{x})]_i$. 结论得证. □

也就是说，ℓ_1-范数$\|\boldsymbol{x}\|_1$的近端算子实际上是将软阈值算子作用于每一个分量x_i. 近端收缩算子和它的扩展在许多稀疏优化算法中被广泛使用，广泛应用于压缩感知、图像处理、信号处理、机器学习和最优控制等反问题中.

例 2.5.4 (**ℓ_2-范数的近端算子**) 设$g(\boldsymbol{x}) = \|\boldsymbol{x}\|_2$，$\boldsymbol{x} \in \mathbb{R}^n$，常数$\lambda > 0$，则$\ell_2$-范数的近端算子可表示为

$$\operatorname{prox}_{\lambda \ell_2}(\boldsymbol{x}) = \begin{cases} \left(1 - \dfrac{\lambda}{\|\boldsymbol{x}\|_2}\right)\boldsymbol{x}, & \|\boldsymbol{x}\|_2 > \lambda, \\ \boldsymbol{0}, & \text{其他}. \end{cases} \tag{2.5.14}$$

证明 近端算子$\boldsymbol{u} = \operatorname{prox}_{\lambda g}(\boldsymbol{x})$的最优性条件为

$$\boldsymbol{x} - \boldsymbol{u} \in \lambda \partial \|\boldsymbol{u}\|_2 = \begin{cases} \left\{\dfrac{\lambda \boldsymbol{u}}{\|\boldsymbol{u}\|_2}\right\}, & \boldsymbol{u} \neq \boldsymbol{0}, \\ \left\{\boldsymbol{\omega} \middle| \|\boldsymbol{\omega}\|_2 \leqslant \lambda\right\}, & \boldsymbol{u} = \boldsymbol{0}. \end{cases}$$

可见，当$\|\boldsymbol{x}\|_2 > \lambda$时，$\boldsymbol{u} = \boldsymbol{x} - \dfrac{\lambda \boldsymbol{x}}{\|\boldsymbol{x}\|_2}$；当$\|\boldsymbol{x}\|_2 \leqslant \lambda$时，$\boldsymbol{u} = \boldsymbol{0}$. □

下面列出近端算子的若干运算规则，利用这些简单运算规则，可计算更复杂的近端算子. 根据近端算子的定义和基本的计算推导，可知近端算子满足如下运算规则：

例 2.5.5 (**近端算子的性质**) 设函数$g(\boldsymbol{x}) : \mathbb{R}^n \to \mathbb{R} \cup \{+\infty\}$是一个良好的闭凸函数，则有：

（1）函数值伸缩：函数$g(\boldsymbol{x}) = \lambda\varphi(\boldsymbol{x})(\lambda > 0)$的近端算子表达式为

$$\boldsymbol{u} = \operatorname{prox}_{\lambda\varphi}(\boldsymbol{x}) = (I + \lambda\partial\varphi)^{-1}(\boldsymbol{x}).$$

证明 根据近端算子的定义，有

$$\boldsymbol{u} = \operatorname{prox}_g(\boldsymbol{x}) = \arg\min_{\boldsymbol{u}} \left\{\lambda\varphi(\boldsymbol{u}) + \frac{1}{2}\|\boldsymbol{u} - \boldsymbol{x}\|^2\right\}.$$

上式右端关于$\boldsymbol{u}$求偏导，则有

$$\boldsymbol{0} \in \lambda\partial\varphi(\boldsymbol{u}) + \boldsymbol{u} - \boldsymbol{x} \ \Rightarrow \ \lambda\partial\varphi(\boldsymbol{u}) + \boldsymbol{u} = \boldsymbol{x}$$

$$\Rightarrow \ (I + \lambda\partial\varphi)\boldsymbol{u} = \boldsymbol{x} \ \Rightarrow \ \boldsymbol{u} = (I + \lambda\partial\varphi)^{-1}(\boldsymbol{x}),$$

记作

$$\boldsymbol{u} = \mathrm{prox}_{\lambda\varphi}(\boldsymbol{x}),$$

式中，$\mathrm{prox}_{\lambda\varphi} = (I + \lambda\partial\varphi)^{-1}$. □

（2）自变量伸缩：函数$g(\boldsymbol{x}) = \varphi(\omega\boldsymbol{x})(\omega > 0)$的近端算子表达式为

$$\boldsymbol{u} = \mathrm{prox}_{\omega^2\varphi}(\boldsymbol{x}) = (I + \omega^2\partial\varphi)^{-1}(\boldsymbol{x}).$$

证明 根据近端算子的定义，有

$$\boldsymbol{u} = \mathrm{prox}_g(\boldsymbol{x}) = \arg\min_{\boldsymbol{u}} \left\{\varphi(\omega\boldsymbol{u}) + \frac{1}{2}\|\boldsymbol{u} - \boldsymbol{x}\|^2\right\}.$$

令$\boldsymbol{t} = \omega\boldsymbol{u}$，则有$\boldsymbol{u} = \dfrac{\boldsymbol{t}}{\omega}$，于是

$$\boldsymbol{u} = \mathrm{prox}_g(\boldsymbol{x}) = \arg\min_{t} \left\{\varphi(\boldsymbol{t}) + \frac{1}{2}\left\|\frac{\boldsymbol{t}}{\omega} - \boldsymbol{x}\right\|^2\right\}.$$

上式右端关于$\boldsymbol{t}$求偏导，则有

$$\boldsymbol{0} \in \partial\varphi(\boldsymbol{t}) + \frac{1}{\omega}\left(\frac{\boldsymbol{t}}{\omega} - \boldsymbol{x}\right) \ \Rightarrow \ \omega^2\partial\varphi(\boldsymbol{t}) + \boldsymbol{t} = \omega\boldsymbol{x}$$

$$\Rightarrow \ (I + \omega^2\partial\varphi)\boldsymbol{t} = \omega\boldsymbol{x} \ \Rightarrow \ \boldsymbol{t} = \omega(I + \omega^2\partial\varphi)^{-1}(\boldsymbol{x}).$$

故

$$\boldsymbol{u} = (I + \omega^2\partial\varphi)^{-1}(\boldsymbol{x}),$$

记作

$$\boldsymbol{u} = \mathrm{prox}_{\omega^2\varphi}(\boldsymbol{x}),$$

式中，$\mathrm{prox}_{\omega^2\varphi} = (I + \omega^2\partial\varphi)^{-1}$. □

（3）平移：函数$g(\boldsymbol{x}) = \varphi(\boldsymbol{x} - a)(a > 0)$的近端算子表达式为

$$\boldsymbol{u} = \mathrm{prox}_{\varphi}(\boldsymbol{x} - a) + a = (I + \partial\varphi)^{-1}(\boldsymbol{x} - a) + a.$$

证明 根据近端算子的定义，有

$$\boldsymbol{u} = \mathrm{prox}_g(\boldsymbol{x}) = \arg\min_{\boldsymbol{u}} \left\{ \varphi(\boldsymbol{u} - a) + \frac{1}{2}\|\boldsymbol{u} - \boldsymbol{x}\|^2 \right\}.$$

令$\boldsymbol{t} = \boldsymbol{u} - a$，则有$\boldsymbol{u} = \boldsymbol{t} + a$，于是

$$\boldsymbol{u} = \mathrm{prox}_g(\boldsymbol{x}) = \arg\min_{\boldsymbol{t}} \left\{ \varphi(\boldsymbol{t}) + \frac{1}{2}\|\boldsymbol{t} - (\boldsymbol{x} - a)\|^2 \right\}.$$

上式右端关于$\boldsymbol{t}$求偏导，则有

$$\boldsymbol{0} \in \partial\varphi(\boldsymbol{t}) + \boldsymbol{t} - (\boldsymbol{x} - a) \;\Rightarrow\; \partial\varphi(\boldsymbol{t}) + \boldsymbol{t} = \boldsymbol{x} - a$$

$$\Rightarrow\; (I + \partial\varphi)\boldsymbol{t} = \boldsymbol{x} - a \;\Rightarrow\; \boldsymbol{t} = (I + \partial\varphi)^{-1}(\boldsymbol{x} - a).$$

故

$$\boldsymbol{u} = (I + \partial\varphi)^{-1}(\boldsymbol{x} - a) + a,$$

记作

$$\boldsymbol{u} = \mathrm{prox}_{\varphi}(\boldsymbol{x} - a) + a,$$

式中，$\mathrm{prox}_{\varphi} = (I + \partial\varphi)^{-1}$. □

（4）伸缩一平移：函数$g(\boldsymbol{x}) = \lambda\varphi(\omega\boldsymbol{x} - a) + b(\lambda > 0, a > 0)$的近端算子表达式为

$$\boldsymbol{u} = \frac{1}{\omega}\left[\mathrm{prox}_{\lambda\omega^2\varphi}(\omega\boldsymbol{x} - a) + a\right] = \frac{1}{\omega}\left[(I + \lambda\omega^2\partial\varphi)^{-1}(\omega\boldsymbol{x} - a) + a\right].$$

证明 根据近端算子的定义，有

$$\boldsymbol{u}=\operatorname{prox}_g(\boldsymbol{x})=\arg\min_{\boldsymbol{u}}\left\{\lambda\varphi(\omega\boldsymbol{u}-a)+b+\frac{1}{2}\|\boldsymbol{u}-\boldsymbol{x}\|^2\right\}.$$

令$\boldsymbol{t}=\omega\boldsymbol{u}-a$，则有$\boldsymbol{u}=\dfrac{\boldsymbol{t}+a}{\omega}$，于是

$$\boldsymbol{u}=\operatorname{prox}_g(\boldsymbol{x})=\arg\min_{\boldsymbol{t}}\left\{\lambda\varphi(\boldsymbol{t})+b+\frac{1}{2}\left\|\frac{\boldsymbol{t}+a}{\omega}-\boldsymbol{x}\right\|^2\right\}.$$

上式右端关于$\boldsymbol{t}$求偏导，则有

$$\mathbf{0}\in\lambda\partial\varphi(\boldsymbol{t})+\frac{1}{\omega}\left(\frac{\boldsymbol{t}+a}{\omega}-\boldsymbol{x}\right)\ \Rightarrow\ \lambda\omega^2\partial\varphi(\boldsymbol{t})+\boldsymbol{t}=\omega\boldsymbol{x}-a$$

$$\Rightarrow\ (I+\lambda\omega^2\partial\varphi)\boldsymbol{t}=\omega\boldsymbol{x}-a\ \Rightarrow\ \boldsymbol{t}=(I+\lambda\omega^2\partial\varphi)^{-1}(\omega\boldsymbol{x}-a).$$

故

$$\boldsymbol{u}=\frac{1}{\omega}\left[(I+\lambda\omega^2\partial\varphi)^{-1}(\omega\boldsymbol{x}-a)+a\right],$$

记作

$$\boldsymbol{u}=\frac{1}{\omega}\left[\operatorname{prox}_{\lambda\omega^2\varphi}(\omega\boldsymbol{x}-a)+a\right],$$

式中，$\operatorname{prox}_{\lambda\omega^2\varphi}=(I+\lambda\omega^2\partial\varphi)^{-1}$. □

（5）共轭(Moreau分解)：共轭函数g^*的近端算子表达式为

$$\boldsymbol{u}=\operatorname{prox}_{g^*}(\boldsymbol{x})=\boldsymbol{x}-\operatorname{prox}_g(\boldsymbol{x}),$$

即

$$\boldsymbol{x}=\operatorname{prox}_g(\boldsymbol{x})+\operatorname{prox}_{g^*}(\boldsymbol{x}).$$

证明 根据近端算子的定义，有

$$\boldsymbol{u}=\operatorname{prox}_{g^*}(\boldsymbol{x})=\arg\min_{\boldsymbol{u}}\left\{g^*(\boldsymbol{u})+\frac{1}{2}\|\boldsymbol{u}-\boldsymbol{x}\|^2\right\}.$$

上式右端关于$\boldsymbol{u}$求偏导，则有

$$\begin{aligned}
&\mathbf{0} \in \partial g^*(\boldsymbol{u}) + \boldsymbol{u} - \boldsymbol{x} \ \Rightarrow \ \boldsymbol{x} - \boldsymbol{u} \in \partial g^*(\boldsymbol{u}) \\
&\Rightarrow \ \boldsymbol{u} \in \partial g(\boldsymbol{x} - \boldsymbol{u}) \ \Rightarrow \ \boldsymbol{x} - (\boldsymbol{x} - \boldsymbol{u}) \in \partial g(\boldsymbol{x} - \boldsymbol{u}) \\
&\Rightarrow \ (I + \partial g)(\boldsymbol{x} - \boldsymbol{u}) = \boldsymbol{x} \ \Rightarrow \ \boldsymbol{x} - \boldsymbol{u} = (I + \partial g)^{-1}(\boldsymbol{x}).
\end{aligned}$$

故

$$\boldsymbol{u} = \boldsymbol{x} - (I + \partial g)^{-1}\boldsymbol{x},$$

记作

$$\boldsymbol{u} = \boldsymbol{x} - \mathrm{prox}_g(\boldsymbol{x}),$$

式中，$\mathrm{prox}_g = (I + \partial g)^{-1}$. □

（6）仿射可加：函数$g(\boldsymbol{x}) = \varphi(\boldsymbol{x}) + a\boldsymbol{x} + b(a, b$为常数$)$的近端算子表达式为

$$\boldsymbol{u} = \mathrm{prox}_\varphi(\boldsymbol{x} - a) = (I + \partial\varphi)^{-1}(\boldsymbol{x} - a).$$

证明 根据近端算子的定义，有

$$\boldsymbol{u} = \mathrm{prox}_g(\boldsymbol{x}) = \arg\min_{\boldsymbol{u}} \left\{ \varphi(\boldsymbol{u}) + a\boldsymbol{u} + b + \frac{1}{2}\|\boldsymbol{u} - \boldsymbol{x}\|^2 \right\}.$$

上式右端关于$\boldsymbol{u}$求偏导，则有

$$\begin{aligned}
&\mathbf{0} \in \partial\varphi(\boldsymbol{u}) + a + \boldsymbol{u} - \boldsymbol{x} \ \Rightarrow \ \mathbf{0} \in \partial\varphi(\boldsymbol{u}) + \boldsymbol{u} - \boldsymbol{x} + a \\
&\Rightarrow \ (I + \partial\varphi)\boldsymbol{u} = \boldsymbol{x} - a \ \Rightarrow \ \boldsymbol{u} = (I + \partial\varphi)^{-1}(\boldsymbol{x} - a).
\end{aligned}$$

记作

$$\boldsymbol{u} = \mathrm{prox}_\varphi(\boldsymbol{x} - a),$$

式中，$\mathrm{prox}_\varphi = (I + \partial\varphi)^{-1}$. □

（7）正则化：函数$g(\boldsymbol{x})=\varphi(\boldsymbol{x})+\dfrac{\mu}{2}\|\boldsymbol{x}-\boldsymbol{a}\|^2$ ($\boldsymbol{a}$为已知量)的近端算子表达式为

$$\boldsymbol{u}=\operatorname{prox}_{\tilde{\lambda}\varphi}(\tilde{\lambda}\boldsymbol{x}+\mu\tilde{\lambda}\boldsymbol{a})=(I+\tilde{\lambda}\partial\varphi)^{-1}(\tilde{\lambda}\boldsymbol{x}+\mu\tilde{\lambda}\boldsymbol{a}),$$

这里，$\tilde{\lambda}=\dfrac{1}{1+\mu}$.

证明 根据近端算子的定义，有

$$\boldsymbol{u}=\operatorname{prox}_g(\boldsymbol{x})=\arg\min_{\boldsymbol{u}}\left\{\varphi(\boldsymbol{u})+\frac{\mu}{2}\|\boldsymbol{u}-\boldsymbol{a}\|^2+\frac{1}{2}\|\boldsymbol{u}-\boldsymbol{x}\|^2\right\}.$$

上式右端关于$\boldsymbol{u}$求偏导，则有

$$\begin{aligned}
&\mathbf{0}\in\partial\varphi(\boldsymbol{u})+\mu(\boldsymbol{u}-\boldsymbol{a})+\boldsymbol{u}-\boldsymbol{x}\\
\Rightarrow\ &\mathbf{0}\in\partial\varphi(\boldsymbol{u})+(1+\mu)\boldsymbol{u}-\boldsymbol{x}-\mu\boldsymbol{a}\\
\Rightarrow\ &\mathbf{0}\in\frac{1}{1+\mu}\partial\varphi(\boldsymbol{u})+\boldsymbol{u}-\frac{1}{1+\mu}\boldsymbol{x}-\frac{\mu}{1+\mu}\boldsymbol{a}\\
\Rightarrow\ &\left(I+\frac{1}{1+\mu}\partial\varphi\right)\boldsymbol{u}=\frac{1}{1+\mu}\boldsymbol{x}+\frac{\mu}{1+\mu}\boldsymbol{a}\\
\Rightarrow\ &\boldsymbol{u}=\big(I+\tilde{\lambda}\partial\varphi\big)^{-1}\big(\tilde{\lambda}\boldsymbol{x}+\mu\tilde{\lambda}\boldsymbol{a}\big).
\end{aligned}$$

令$\tilde{\lambda}=\dfrac{1}{1+\mu}$，则记作

$$\boldsymbol{u}=\operatorname{prox}_{\tilde{\lambda}\varphi}(\tilde{\lambda}\boldsymbol{x}+\mu\tilde{\lambda}\boldsymbol{a}),$$

式中，$\operatorname{prox}_{\tilde{\lambda}\varphi}=(I+\tilde{\lambda}\partial\varphi)^{-1}$. □

2.5.3 近端梯度算法

近端梯度算法是在近端点算法研究的基础上提出来的，是解决非光滑优化问题的常用算法. 由于其具有迭代格式简单、计算成本低且通过拆分思想可将原问题变为更简单的子问题等优点而受到广泛关注. 由前面的分

析可知，近端算子本质上是通过最小化目标泛函获得的，在满足一定的条件下，目标函数的最小值可通过设计不动点迭代算法进行求解，可见近端算子与不动点迭代原理的迭代算子之间必然具有某些相似特性，即近端算子的求解过程实质就是求解函数$g(\boldsymbol{x})$的近端算子的不动点.

定理 2.5.2 $\boldsymbol{x}^*$是函数$g(\boldsymbol{x})$的最小值点，当且仅当

$$\boldsymbol{x}^* = \mathrm{prox}_{\lambda g}(\boldsymbol{x}^*). \tag{2.5.15}$$

该定理将近端算子和不动点理论联系起来，求解一个函数的最小值点等价于求解该函数近端算子的不动点，通过迭代就可以求解近端算子的不动点，即

$$\boldsymbol{x}_{k+1} = \mathrm{prox}_{\lambda g}(\boldsymbol{x}_k),$$

这就是经典的近端点算法. 结合(2.5.10)，近端点算法也可理解为先使用Moreau-Yosida正则化对目标函数进行光滑化，之后再对光滑化的目标函数应用梯度下降导出的算法，即

$$\boldsymbol{x}_{k+1} = \boldsymbol{x}_k - \frac{1}{\lambda}\nabla M_g(\boldsymbol{x}_k) = \mathrm{prox}_{\lambda g}(\boldsymbol{x}_k).$$

考虑如下复合优化模型

$$\min_{\boldsymbol{x}}\{f(\boldsymbol{x}) + g(\boldsymbol{x})\}, \tag{2.5.16}$$

其中，$f(\boldsymbol{x})$为可微函数(数据拟合项)，$g(\boldsymbol{x})$为凸函数(如正则化项，可能非光滑但易计算近端算子).

近端梯度算法的基本思想非常简单：注意到(2.5.16)的目标泛函有两部分，对于光滑部分$f(\boldsymbol{x})$做梯度下降，对于非光滑部分$g(\boldsymbol{x})$使用近端算子，则相应的近端梯度算法的迭代公式为

$$\boldsymbol{x}_{k+1} = \mathrm{prox}_{\lambda g}(\boldsymbol{x}_k - \lambda\nabla f(\boldsymbol{x}_k)). \tag{2.5.17}$$

那么如何理解近端梯度算法？

• **线性化近端点算法**

根据近端算子的定义，将迭代公式(2.5.17)展开为

$$\begin{aligned}\boldsymbol{x}_{k+1} &= \arg\min_{\boldsymbol{u}}\left\{g(\boldsymbol{u}) + \frac{1}{2\lambda}\|\boldsymbol{u} - \boldsymbol{x}_k + \lambda\nabla f(\boldsymbol{x}_k)\|^2\right\}\\ &= \arg\min_{\boldsymbol{u}}\left\{g(\boldsymbol{u}) + \underbrace{f(\boldsymbol{x}^n) + \nabla f(\boldsymbol{x}_k)(\boldsymbol{u} - \boldsymbol{x}_k)} + \underbrace{\frac{1}{2\lambda}\|\boldsymbol{u} - \boldsymbol{x}_k\|^2}\right\},\end{aligned}$$

可以发现，近端梯度算法实质上就是将原问题的光滑部分在$\boldsymbol{x}_k$处线性展开并添加二次近似项，保留非光滑部分，然后求极小作为每一步的估计，即为线性化近端点算法.

• 前向－后向分裂算法

迭代公式(2.5.17)还可表示为

$$\begin{aligned}\boldsymbol{x}_{k+1} &= (I+\lambda\partial g)^{-1}(\boldsymbol{x}_k - \lambda\nabla f(\boldsymbol{x}_k)) \\ &= \underbrace{(I+\lambda\partial g)^{-1}}_{\text{后向步}}\underbrace{(I-\lambda\nabla f)}_{\text{前向步}}(\boldsymbol{x}_k),\end{aligned} \tag{2.5.18}$$

称$(I+\lambda\partial g)^{-1}(I-\lambda\nabla f)$为前向－后向分裂算子，该分裂算子也有着广泛应用.

• 不动点迭代算法

点$\boldsymbol{x}^*$为(2.5.16)的解，当且仅当

$$\mathbf{0} \in \nabla f(\boldsymbol{x}^*) + \partial g(\boldsymbol{x}^*).$$

故对于$\forall\lambda > 0$，有如下等价关系：

$$\begin{aligned}& \mathbf{0} \in \lambda\nabla f(\boldsymbol{x}^*) + \boldsymbol{x}^* + \boldsymbol{x}^* + \lambda\partial g(\boldsymbol{x}^*) \\ \Leftrightarrow\ & (I-\lambda\nabla f)(\boldsymbol{x}^*) \in (I+\lambda\partial g)(\boldsymbol{x}^*) \\ \Leftrightarrow\ & \boldsymbol{x}^* = (I+\lambda\partial g)^{-1}(I-\lambda\nabla f)(\boldsymbol{x}^*) \\ \Leftrightarrow\ & \boldsymbol{x}^* = \mathrm{prox}_{\lambda g}(\boldsymbol{x}^* - \lambda\nabla f(\boldsymbol{x}^*)).\end{aligned}$$

于是，点$\boldsymbol{x}^*$为优化模型(2.5.16)的解当且仅当点$\boldsymbol{x}^*$是前向－后向分裂算子$(I+\lambda\partial g)^{-1}(I-\lambda\nabla f)$的不动点.

另外，根据(2.5.11)，近端梯度算法可形式上写成

$$\boldsymbol{x}_{k+1} = \boldsymbol{x}_k - \lambda\nabla f(\boldsymbol{x}_k) - \lambda\boldsymbol{z}_k,\quad \boldsymbol{z}_k \in \partial g(\boldsymbol{x}_{k+1}),$$

其本质上是对光滑部分进行显式的梯度下降，关于非光滑部分进行隐式的梯度下降.

特别地，如果$g=0$，该算法退化为“梯度下降法”，即

$$\boldsymbol{x}_{k+1} = \boldsymbol{x}_k - \lambda\nabla f(\boldsymbol{x}_k);$$

如果$f=0$，该算法退化为“近端点算法”，即

$$\boldsymbol{x}_{k+1} = \mathrm{prox}_{\lambda g}(\boldsymbol{x}_k).$$

因此，近端梯度算法可看作“梯度下降法”和“近端点算法”的组合算法.

例 2.5.6 (**稀疏解恢复**) 设$f(\boldsymbol{x})$是可微的函数(如$\frac{1}{2}\|\boldsymbol{A}\boldsymbol{x}-\boldsymbol{y}\|_2^2$)，$g(\boldsymbol{x}) = \|\boldsymbol{x}\|_1$，则有迭代格式：

$$\boldsymbol{x}_{k+1} = \mathrm{prox}_{\lambda\ell_1}(\boldsymbol{x}_k - \lambda\nabla f(\boldsymbol{x}_k)) = S_\lambda(\boldsymbol{x}_k - \lambda\nabla f(\boldsymbol{x}_k)).$$

如果$g(\boldsymbol{x}) = \|\boldsymbol{\Psi}\boldsymbol{x}\|_1$，且$\boldsymbol{\Psi}$是一个正交线性变换，则有迭代格式：

$$\boldsymbol{x}_{k+1} = \boldsymbol{\Psi}^{\mathrm{T}} S_\lambda(\boldsymbol{\Psi}(\boldsymbol{x}_k - \lambda\nabla f(\boldsymbol{x}_k))).$$

2.5.4 Nesterov加速策略

Nesterov分别在1983年[142]、1988年[143]和2005年[144]提出了三种改进的一阶加速算法，属于多步加速算法，即通过“惯性技术”使得算法的收敛速度能达到$O(1/k^2)$. 在Nesterov加速算法刚提出的时候，由于Newton算法具有更快的收敛速度，Nesterov加速算法在当时并没有引起太多的关注. 但近年来，随着数据量的增大，Newton型方法由于其过大的计算复杂度，不便于有效地应用到实际中，Nesterov加速算法作为一种快速的一阶加速算法，具有低复杂度和描述简洁等优势，重新被挖掘出来并迅速流行起来. 近端梯度算法最显著的优点就是格式简单，但本质上是单步迭代算法，具有收敛速度缓慢的问题. Nesterov加速策略能够对近端梯度算法进行加速，其核心思想是在迭代过程中通过凸组合当前迭代和前一步迭代来产生算法性能的加速，即加入惯性项，这在一定程度上解决了近端梯度算法收敛速度过慢这一问题. 本节将简单介绍和总结这类加速策略.

1983年，针对一般的凸优化问题

$$\min_{\boldsymbol{x}}\{f(\boldsymbol{x})\},$$

Nesterov构造了经典的一阶加速梯度法，其迭代格式为

$$\begin{cases} \boldsymbol{z}_{k+1} = \boldsymbol{x}_k + \omega(\boldsymbol{x}_k - \boldsymbol{x}_{k-1}), & \text{外推}, \\ \boldsymbol{x}_{k+1} = \boldsymbol{z}_{k+1} - \mu\nabla f(\boldsymbol{z}_{k+1}), & \text{非负的梯度步}, \end{cases} \tag{2.5.19}$$

其中，步长μ为给定的尺度参数，外推参数$\omega = (k-1)/(k+\alpha-1)(\alpha \geqslant 3)$是保证点列收敛、改善算法收敛率的关键影响因素，该方法后来被称为Nesterov加速格式，即第一类Nesterov加速法.

2009年，针对复合优化模型(2.5.16)，在Nesterov一阶加速思想及IST算法的启发下，Beck和Teboulle构造了一种带回溯策略的快速迭代收

缩阈值(FIST)算法，也就是近端梯度算法的Nesterov加速版本[117]. FIST算法由两步组成：第一步沿着前两步的计算方向计算一个新点；第二步在该新点处进行一步近端梯度迭代，即

$$\begin{cases} \boldsymbol{z}_{k+1} = \boldsymbol{x}_k + \dfrac{k-1}{k+2}(\boldsymbol{x}_k - \boldsymbol{x}_{k-1}), \\ \boldsymbol{x}_{k+1} = \operatorname{prox}_{\mu_k g}(\boldsymbol{z}_{k+1} - \mu_k \nabla f(\boldsymbol{z}_{k+1})). \end{cases} \tag{2.5.20}$$

当$g = 0$时，该算法退化为“加速梯度法”；当$f = 0$时，该算法退化为“加速近端点算法”.

结合Nesterov在1988年提出的第二类Nesterov加速版本，针对复合优化模型(2.5.16)，下面给出第二类Nesterov加速版本：

$$\begin{cases} \gamma_k = \dfrac{2}{k+1}, \\ \boldsymbol{z}_{k+1} = (1-\gamma_k)\boldsymbol{x}_k + \gamma_k \boldsymbol{y}_k, \\ \boldsymbol{y}_{k+1} = \operatorname{prox}_{(\mu_k/\gamma_k)g}(\boldsymbol{y}_k - \dfrac{\mu_k}{\gamma_k}\nabla f(\boldsymbol{z}_{k+1})), \\ \boldsymbol{x}_{k+1} = (1-\gamma_k)\boldsymbol{x}_k + \gamma_k \boldsymbol{y}_{k+1}. \end{cases} \tag{2.5.21}$$

和经典FIST算法的一个重要区别在于，第二类Nesterov加速版本的三个迭代序列$\{\boldsymbol{x}_k\}$，$\{\boldsymbol{y}_k\}$和$\{\boldsymbol{z}_k\}$都可以保证在定义域内；而FIST算法中的迭代序列$\{\boldsymbol{z}_k\}$不一定在定义域内.

结合Nesterov在2005年提出的第三类Nesterov加速版本，针对复合优化模型(2.5.16)，下面给出第三类Nesterov加速版本：

$$\begin{cases} \gamma_k = \dfrac{2}{k+1}, \\ \boldsymbol{z}_{k+1} = (1-\gamma_k)\boldsymbol{x}_k + \gamma_k \boldsymbol{y}_k, \\ \boldsymbol{y}_{k+1} = \operatorname{prox}_{\left(\mu_k \sum\limits_{i=1}^{k+1} \frac{1}{\gamma_i}\right) g}\left(-\mu_k \sum\limits_{i=1}^{k+1}(1/\gamma_i)\nabla f(\boldsymbol{z}_i)\right), \\ \boldsymbol{x}_{k+1} = (1-\gamma_k)\boldsymbol{x}_k + \gamma_k \boldsymbol{y}_{k+1}. \end{cases} \tag{2.5.22}$$

和第二类Nesterov加速版本的区别仅仅在于序列$\{\boldsymbol{y}_k\}$的更新，第三类Nesterov加速版本在计算序列$\{\boldsymbol{y}_k\}$时，需要利用全部已有的$\nabla f(\boldsymbol{z}_i)$，$i = 1, 2, \cdots, k$.

2.6 小结

本章相对系统地回顾了逆问题的正则化理论以及具有代表性的正则化技术. 首先以逆问题的数学抽象为出发点，引入不适定的概念，这也是逆问题的挑战性所在，而解决不适定性的通常做法是采用正则化技术. 其次概述逆问题的正则化理论，分析了逆问题病态性的根源，并重点阐述了几种具有代表性的正则化方法，包括Tikhonov正则化方法、TV正则化方法、稀疏约束正则化方法、Landweber迭代法和Newton型迭代法. 大多数正则化方法往往可归结为求解光滑/非光滑凸优化问题. 本章最后简要概述了凸优化的数学基础，并集中介绍了近端算子的相关理论以及Nesterov加速策略，为后续章节中EIT图像重构模型的优化求解提供了学习参考.

第 3 章　电阻抗成像理论基础

从硬件上提高重构图像的分辨率，人们很容易理解，但人们不禁会问：在硬件采集系统满足一定测量精度的前提下，图像重构方法是如何提高EIT成像分辨率的？要回答这个问题，就需要探讨EIT图像重构的物理和数学建模基础.

本章将主要介绍EIT技术相关的理论知识. 电磁场中似稳场理论是建立EIT技术数学模型的物理基础，主要涉及了EIT敏感场的数学建模、边界条件、正问题的数值计算与逆问题的求解. 数学建模是指从Maxwell方程组出发，建立一个近似的数学模型来描述这个物理过程，详细介绍与实际电极情况更趋一致的较为准确的全电极模型. EIT正问题计算是其逆问题求解的基础，包括建立有限元网格模型、正向算子、Jacobian矩阵等. EIT逆问题的求解也是图像重构的过程，介绍了两类典型的正则化方法. 本章将从EIT数学模型开始介绍，并通过EIT正问题和逆问题两方面展开讨论，最后列出了几个常用的重构图像质量的评价指标.

3.1　电阻抗成像数学模型

EIT数学模型建立的是，在一定激励条件下，敏感场域Ω内介质电导率/电阻抗分布与敏感场边界电压值的对应关系. EIT研究的是一种特殊的电流场问题，通常可将成像目标等效为一个导体，电流在场域内的流动受到场域内电导率分布的影响，电导率分布与电流流动之间的关系可以通过Maxwell方程组描述. 但直接对Maxwell方程组的一般形式进行处理非常困难，因此需要适当的假设条件来简化问题.

通常假设EIT敏感场为似稳场，即电流场的波长远大于场域的最大尺寸，电流在场域内每点都是同步变化的，即不考虑电流在场域内的传输时间. 该条件可通过采用低频电流(如频率50kHz)来实现. 另外，假设EIT似稳场为恒定电流场，敏感场域Ω内没有电流源，即电流密度的散度在Ω内处处为零. 实际应用中，此条件可进一步弱化为敏感场域Ω内不存在和外加电流频率相同的电流源. 忽略电流场的三维效应，将其简化为二维场. 在EIT测量中，一般采用激励电流源频率为10~100kHz，在此低频下，可以忽略介电常数和位移电流的影响，此时的电流场为似稳场，根据Maxwell方程组，其微分形式为

$$\begin{cases} \nabla \times \boldsymbol{H} = \boldsymbol{J} + \dfrac{\partial \boldsymbol{D}}{\partial t} \text{ (Ampere 环路定律)}, \\ \nabla \times \boldsymbol{E} = -\dfrac{\partial \boldsymbol{B}}{\partial t} \approx 0 \text{ (Faraday 定律)}, \\ \nabla \cdot \boldsymbol{B} = 0 \text{ (Gauss磁学定律)}, \\ \nabla \cdot \boldsymbol{D} = \rho \text{ (Gauss定律)}, \end{cases} \tag{3.1.1}$$

式中，对于二维或三维空间中的一个点x，t为时间，$\boldsymbol{H}(x,t)$为磁场强度，$\boldsymbol{E}(x,t)$为电场强度，$\boldsymbol{B}(x,t)$为磁感应强度，$\boldsymbol{D}(x,t)$为电通密度，$\boldsymbol{J}(x,t)$为电流密度，$\rho(x,t)$为自由电荷密度.

假设场域内介质的电与磁响应是线性和各向异性的，则满足如下本构关系：

$$\begin{cases} \boldsymbol{D} = \varepsilon \boldsymbol{E}, \\ \boldsymbol{B} = \mu \boldsymbol{H}, \\ \boldsymbol{J} = \sigma \boldsymbol{E}, \end{cases} \tag{3.1.2}$$

其中，$\varepsilon(x)$为介电常数(电容率)，$\mu(x)$为磁导率，$\sigma(x)$为电导率，$\dfrac{1}{\sigma(x)}$为电阻抗. 当注入时间角频率为ω的电流时，电场强度为$\boldsymbol{E} = \hat{\boldsymbol{E}}\mathrm{e}^{\mathrm{i}\omega t}$，则可得时谐Maxwell方程：

$$\nabla \times \boldsymbol{H} = (\sigma + \mathrm{i}\omega\varepsilon)\boldsymbol{E}.$$

当激励频率在200kHz以下时，虚部信息非常微弱，可忽略不计，简化为

$$\nabla \times \boldsymbol{H} = \sigma \boldsymbol{E}.$$

根据旋度的散度为零这一特性，通过对电场和磁场进行解耦，推导出EIT的电压控制方程为

$$\nabla \cdot (\nabla \times \boldsymbol{H}) = \nabla \cdot (\sigma \boldsymbol{E}) = -\nabla \cdot (\sigma \nabla u) = 0, \quad \text{在}\Omega\text{内}, \tag{3.1.3}$$

式中，$u(x)$为场域中的电位分布，$\sigma(x) \in L^\infty(\Omega)$为场域内的电导率分布，定义其容许集为

$$\mathcal{A} = \{\sigma \in L^\infty(\Omega) : 0 < \underline{\lambda} \leqslant \sigma \leqslant \overline{\lambda}\text{几乎处处于}\Omega\},$$

其中，$\underline{\lambda}$和$\overline{\lambda}$为已知常值.

为方便起见，首先给出一些符号的定义. $\tilde{H}^1(\Omega)=\left\{u\in H^1(\Omega):\int_\Gamma u\mathrm{d}S=0\right\}$，其中，$H^1(\Omega)$表示基于$L^2(\Omega)$的光滑度为1的Sobolev空间. 记场域的边界为Γ，类似地，可定义空间$\tilde{H}^{\frac{1}{2}}(\Gamma)$和其对偶空间$\tilde{H}^{-\frac{1}{2}}(\Gamma)=\left(\tilde{H}^{\frac{1}{2}}(\Gamma)\right)^*$. 电极电压子空间$\mathbb{R}^L_\diamond=\left\{\boldsymbol{V}\in\mathbb{R}^L:\sum\limits_{l=1}^{L}V_l=0\right\}\subset\tilde{H}^{\frac{1}{2}}(\Gamma)$. 类似有电极电流子空间$\mathbb{S}^L_\diamond=\left\{\boldsymbol{I}\in\mathbb{R}^L:\sum\limits_{l=1}^{L}I_l=0\right\}\subset\tilde{H}^{-\frac{1}{2}}(\Gamma)$.

与控制方程(3.1.3)相关的常见边界条件有如下三类：

（1）Dirichlet(狄利克雷)边界条件：边界电压为已知函数，即

$$u|_\Gamma=u_0\in\tilde{H}^{\frac{1}{2}}(\Gamma),\tag{3.1.4}$$

这里，u_0为边界电位. 例如，对于接地的边界可设$u|_\Gamma=0$；对于“无穷远边界”上的电势可取为零；e_l表示第l个电极，在电极e_l上，电极面导体上的电压为常数，对于连接恒压源的电极表面，电压为已知常数，边界可设$u|_{e_l}=f$，f为恒压源施加给电极的电压.

（2）Neumann(诺伊曼)边界条件：边界上电流密度的法向分量为已知函数，即

$$\sigma\frac{\partial u}{\partial\boldsymbol{n}}\bigg|_\Gamma=j\in\tilde{H}^{-\frac{1}{2}}(\Gamma),\tag{3.1.5}$$

这里，$\boldsymbol{n}$为边界Γ的单位法向矢量，j为法向电流密度. 例如，绝缘材料构成的边界上无电流流入，此时j为零，即$\sigma\frac{\partial u}{\partial\boldsymbol{n}}\big|_\Gamma=0$，从而有$\frac{\partial u}{\partial\boldsymbol{n}}\big|_\Gamma=0$.

（3）总电流边界条件：电极处注入的稳恒电流为已知函数，电极处的电流密度在电极表面的面积分等于通过该电极的注入电流，即

$$\int_{e_l}\sigma\frac{\partial u}{\partial\boldsymbol{n}}\mathrm{d}S=I_l,\tag{3.1.6}$$

这里，I_l为第l个电极e_l的注入电流，由电极表面通过的电流密度的积分构成.

控制方程(3.1.3)结合上述不同的边界条件就构成了不同的数学模型. 较为常见的数学模型主要有四种[145]：连续模型(continuous model)、间隙模型(gap model)、分流模型(shunting model)和全电极模型(complete electrode model，CEM). 其中Somersalo等人[146]建立的全电极模型考虑了电极尺寸以及与目标体表面之间的接触阻抗效应，是目前比较贴近实际的相对较为精确的模型，常为注入电流式的EIT成像问题广泛采用. 全电极模型的

数学描述如下：

$$\begin{cases}\nabla\cdot(\sigma\nabla u)=0, & \text{在}\Omega\text{内},\\ \dfrac{\partial u}{\partial \boldsymbol{n}}=0, & \text{在}\Gamma\setminus\Gamma_e\text{上(非注入电极处)},\\ \displaystyle\int_{e_l}\sigma\frac{\partial u}{\partial \boldsymbol{n}}\mathrm{d}S=I_l, & e_l,l=1,2,\cdots,L\text{(注入电极处)},\\ u+z_l\sigma\dfrac{\partial u}{\partial \boldsymbol{n}}=U_l, & e_l,l=1,2,\cdots,L\text{(测量电极处)},\end{cases}\tag{3.1.7}$$

式中，$\Gamma_e=\cup_{l=1}^{L}e_l\subset\Gamma$，$z_l$为第$l$个电极$e_l$的接触阻抗，$U_l$为第$l$个电极$e_l$的测量电位，由相关节点处电位和接触阻抗产生的电位之和构成. 另外，注入电流和测量电压还需满足两个约束条件以保证解的存在唯一性，即

$$\sum_{l=1}^{L}I_l=0,\quad \sum_{l=1}^{L}U_l=0.\tag{3.1.8}$$

记电极处的电压向量$\boldsymbol{U}=(U_1,U_2,\cdots,U_L)\in\mathbb{R}_{\diamond}^{L}$，电极处的注入电流向量$\boldsymbol{I}=(I_1,I_2,\cdots,I_L)\in\mathbb{S}_{\diamond}^{L}$.

综上所述，本书研究内容所采用的EIT数学模型为

$$\begin{cases}\nabla\cdot(\sigma\nabla u)=0, & \text{在}\Omega\text{内},\\ \dfrac{\partial u}{\partial \boldsymbol{n}}=0, & \text{在}\Gamma\setminus\Gamma_e\text{上},\\ \displaystyle\int_{e_l}\sigma\frac{\partial u}{\partial \boldsymbol{n}}\mathrm{d}S=I_l, & e_l,l=1,2,\cdots,L,\\ u+z_l\sigma\dfrac{\partial u}{\partial \boldsymbol{n}}=U_l, & e_l,l=1,2,\cdots,L,\\ \displaystyle\sum_{l=1}^{L}I_l=0,\\ \displaystyle\sum_{l=1}^{L}U_l=0.\end{cases}\tag{3.1.9}$$

这样的全电极边界模型考虑了电极与被测物表面间的接触电阻以及电极本身的大小尺寸，因此全电极模型更接近实际情况，相对较为精确，给EIT重构图像带来的模型误差更小. 本书后续章节的EIT研究均采用全电极模型(3.1.9).

3.2 电阻抗成像正问题

EIT正问题数学上可以归结为一类二阶椭圆型偏微分方程定解问题(3.1.9)的求解，即给定场域Ω内的电导率分布情况$\sigma \in \mathcal{A}$，注入电流$\boldsymbol{I} \in \mathbb{S}_{\diamond}^{L}$和接触阻抗值$\{z_l\}_{l=1}^{L}$，计算场域内部的电位分布$u \in H^1(\Omega)$以及边界各测量电极处的电位分布$\boldsymbol{U} \in \mathbb{R}_{\diamond}^{L}$；其等价的弱形式为：给定场域$\Omega$内的电导率分布$\sigma \in \mathcal{A}$，注入电流$\boldsymbol{I} \in \mathbb{S}_{\diamond}^{L}$和接触阻抗值$\{z_l\}_{l=1}^{L}$，求解$(u, \boldsymbol{U}) \in H^1(\Omega) \oplus \mathbb{R}_{\diamond}^{L}$使得

$$b((u,\boldsymbol{U}),(v,\boldsymbol{V})) = \sum_{l=1}^{L} I_l V_l, \quad \forall (v,\boldsymbol{V}) \in H^1(\Omega) \oplus \mathbb{R}_{\diamond}^{L}, \tag{3.2.1}$$

其中，

$$b((u,\boldsymbol{U}),(v,\boldsymbol{V})) = \int_{\Omega} \sigma \nabla u \cdot \nabla v \mathrm{d}x + \sum_{l=1}^{L} \frac{1}{z_l} \int_{e_l} (u - U_l)(v - V_l) \mathrm{d}S.$$

根据Lax-Milgram定理可证得该问题解的存在唯一性结论[146].

3.2.1 正向算子及其性质

EIT数学模型建立的是敏感场域Ω内介质电导率分布(模型参数)与边界测量电压数据(观测数据)之间的非线性映射关系. 为方便数学描述，下面引入正向算子

$$F : \mathcal{A} \times \mathbb{S}_{\diamond}^{L} \to H^1(\Omega) \oplus \mathbb{R}_{\diamond}^{L},$$

使得

$$F(\sigma; \boldsymbol{I}) = (u, \boldsymbol{U}). \tag{3.2.2}$$

很显然，F线性地依赖于$\boldsymbol{I}$，非线性地依赖于σ.

固定电流向量$\boldsymbol{I} \in \mathbb{S}_{\diamond}^{L}$，$F(\sigma; \boldsymbol{I})$可视为仅与$\sigma$有关的函数，简记$F(\sigma)$，即有

$$F(\sigma) = \boldsymbol{U}. \tag{3.2.3}$$

这样，算子F就定义了模型空间到测量数据空间的非线性投影.

下面简要回顾后续章节中会涉及的正向算子$F(\sigma)$的一些性质[147,148].

引理 3.2.1 正向算子$F(\sigma) : \mathcal{A} \to H^1(\Omega) \oplus \mathbb{R}_{\diamond}^{L}$一致有界.

证明 令弱形式(3.2.1)中的$(v,\boldsymbol{V})=(u,\boldsymbol{U})$，则

$$\begin{aligned}\lambda\|\nabla u\|_{L_2(\Omega)}^2+c_0\sum_{l=1}^{L}\big\|u-U_l\big\|_{L_2(e_l)}^2&\leqslant\int_\Omega\sigma|\nabla u|^2\mathrm{d}x+\sum_{l=1}^{L}\frac{1}{z_l}\int_{e_l}(u-U_l)^2\mathrm{d}S\\&=\sum_{l=1}^{L}I_lU_l\leqslant\big\|\boldsymbol{I}\big\|_{\mathbb{R}^L}\big\|(u,\boldsymbol{U})\big\|_{H^1(\Omega)\oplus\mathbb{R}_\diamond^L},\end{aligned}$$

其中，$c_0=\min\{z_l^{-1}:l=1,\cdots,L\}$. 从而证得$F(\sigma)$一致有界. □

引理 3.2.2 $\forall\sigma,\sigma+\delta\sigma\in\mathcal{A}$，正向算子$F(\sigma)$满足下面的连续性估计式

$$\big\|F(\sigma+\delta\sigma)-F(\sigma)\big\|_{H^1(\Omega)\oplus\mathbb{R}_\diamond^L}\leqslant C\big\|\delta\sigma\big\|_{L^\infty(\Omega)}.$$

证明 $\forall\sigma,\sigma+\delta\sigma\in\mathcal{A}$，由$F(\sigma)$和$F(\sigma+\delta\sigma)$的弱形式，有

$$\begin{aligned}&\int_\Omega\sigma\nabla F(\sigma)\cdot\nabla v\mathrm{d}x+\sum_{l=1}^{L}\frac{1}{z_l}\int_{e_l}(F(\sigma)-U_l^\sigma)(v-V_l)\mathrm{d}S\\=&\int_\Omega\sigma\nabla F(\sigma+\delta\sigma)\cdot\nabla v\mathrm{d}x+\sum_{l=1}^{L}\frac{1}{z_l}\int_{e_l}(F(\sigma+\delta\sigma)-U_l^{\sigma+\delta\sigma})(v-V_l)\mathrm{d}S,\end{aligned}$$

即

$$\begin{aligned}&\int_\Omega\sigma\nabla\big(F(\sigma)-F(\sigma+\delta\sigma)\big)\cdot\nabla v\mathrm{d}x\\&+\sum_{l=1}^{L}\frac{1}{z_l}\int_{e_l}\big[(F(\sigma)-F(\sigma+\delta\sigma))-(U_l^\sigma-U_l^{\sigma+\delta\sigma})\big](v-V_l)\mathrm{d}S\\=&\int_\Omega\delta\sigma\nabla F(\sigma+\delta\sigma)\cdot\nabla v\mathrm{d}x.\end{aligned}$$

上式中取

$$(v,\boldsymbol{V})=\big(F(\sigma)-F(\sigma+\delta\sigma),U_l^\sigma-U_l^{\sigma+\delta\sigma}\big)\in H^1(\Omega)\oplus\mathbb{R}_\diamond^L,$$

根据范数等价性结果，有

$$
\begin{aligned}
&\int_{\Omega}\sigma\left|\nabla\big(F(\sigma)-F(\sigma+\delta\sigma)\big)\right|^2\mathrm{d}x\\
&\quad+\sum_{l=1}^{L}\frac{1}{z_l}\int_{e_l}\left[(F(\sigma)-F(\sigma+\delta\sigma))-(U_l^{\sigma}-U_l^{\sigma+\delta\sigma})\right]^2\mathrm{d}S\\
=&\int_{\Omega}\delta\sigma\nabla F(\sigma+\delta\sigma)\cdot\nabla\big(F(\sigma)-F(\sigma+\delta\sigma)\big)\mathrm{d}x\\
\leqslant&\left\|\delta\sigma\right\|_{L^{\infty}(\Omega)}\left\|\nabla F(\sigma+\delta\sigma)\right\|_{L^2(\Omega)}\left\|\nabla\big(F(\sigma)-F(\sigma+\delta\sigma)\big)\right\|_{L^2(\Omega)}\\
\leqslant&C_0\left\|\delta\sigma\right\|_{L^{\infty}(\Omega)}\left\|F(\sigma+\delta\sigma)\right\|_{H^1(\Omega)}\left\|F(\sigma)-F(\sigma+\delta\sigma)\right\|_{H^1(\Omega)}.
\end{aligned}
$$

因此，$\left\|F(\sigma+\delta\sigma)-F(\sigma)\right\|_{H^1(\Omega)\oplus\mathbb{R}_{\diamond}^{L}}\leqslant C\left\|\delta\sigma\right\|_{L^{\infty}(\Omega)}$. □

正向算子的可微性在分析正则化方法的收敛性中起着重要作用. 关于正向算子的可微性，首先考虑正向算子F在电导率$\sigma\in\mathcal{A}$邻域内的线性化. 令$\delta\sigma\in L^{\infty}(\Omega)$为$\sigma$的微小扰动，且$\sigma+\delta\sigma\in\mathcal{A}$，$\delta u$为电位的近似扰动. 然后由$F(\sigma)$和$F(\sigma+\delta\sigma)$的弱形式得到

$$
\begin{aligned}
&\int_{\Omega}\sigma\nabla\delta u\cdot\nabla v\mathrm{d}x+\sum_{l=1}^{L}\frac{1}{z_l}\int_{e_l}(\delta u-\delta U_l)(v-V_l)\mathrm{d}S\\
=&-\int_{\Omega}\delta\sigma\nabla F(\sigma)\cdot\nabla v\mathrm{d}x,\forall(v,\boldsymbol{V})\in H^1(\Omega)\oplus\mathbb{R}_{\diamond}^{L},
\end{aligned}
\tag{3.2.4}
$$

该式为全电极模型下的正问题在σ处的线性化问题. 在工程研究中上式也称为灵敏度问题，即电导率σ的改变会引起电位u的改变. 于是，定义线性映射

$$
F'(\sigma):L^{\infty}(\Omega)\to H^1(\Omega)\oplus\mathbb{R}_{\diamond}^{L},\quad \delta\sigma\mapsto(\delta u,\boldsymbol{\delta U}).
$$

引理 3.2.3　对于任意给定的$\sigma,\sigma+\delta\sigma\in\mathcal{A}$，线性映射$F'(\sigma)$为$F(\sigma)$的Fréchlet导数且是有界的，并满足下面的连续性估计式：

$$
\begin{aligned}
&\left\|F'(\sigma+\delta\sigma)-F'(\sigma)\right\|_{\mathcal{L}(\mathcal{A},H^1(\Omega)\oplus\mathbb{R}_{\diamond}^{L})}\leqslant L\left\|\delta\sigma\right\|_{L^{\infty}(\Omega)},\\
&\left\|F(\sigma+\delta\sigma)-F(\sigma)-F'(\sigma)\delta\sigma\right\|_{H^1(\Omega)\oplus\mathbb{R}_{\diamond}^{L}}\leqslant\frac{L}{2}\left\|\delta\sigma\right\|_{L^{\infty}(\Omega)}^2,
\end{aligned}
$$

其中，L为Lipschitz常数.

一些迭代的非线性局部优化算法往往需要估计线性化算子$F'(\sigma)$的伴随算子，下面的定理可给出它的表示形式.

定理 3.2.1 微分算子$F'(\sigma) : L^\infty(\Omega) \to \mathbb{R}^L_\diamond$的伴随算子为

$$(F'(\sigma))^* : \ \mathbb{S}^L_\diamond \to L^1(\Omega),$$
$$\tilde{\boldsymbol{I}} \mapsto -\nabla\tilde{u}\cdot\nabla F(\sigma),$$

其中，$(\tilde{u},\tilde{\boldsymbol{U}}) \in H$为伴随问题

$$\int_\Omega \sigma\nabla\tilde{u}\cdot\nabla v\mathrm{d}x+\sum_{l=1}^{L}\frac{1}{z_l}\int_{e_l}(\tilde{u}-\tilde{U}_l)(v-V_l)\mathrm{d}S=\sum_{l=1}^{L}\tilde{\boldsymbol{I}}_l V_l, \forall(v,\boldsymbol{V}) \in H^1(\Omega)\oplus\mathbb{R}^L_\diamond$$

的解.

证明 $\forall\delta\sigma \in L^\infty(\Omega), \tilde{\boldsymbol{I}} \in L^2(\Gamma_e)$，由灵敏度问题(3.2.4)可知：
对于$(F'(\sigma)\delta\sigma, \boldsymbol{\delta U}) \in H^1(\Omega)\oplus\mathbb{R}^L_\diamond$，有

$$\int_\Omega \sigma\nabla F'(\sigma)\delta\sigma\cdot\nabla v\mathrm{d}x+\frac{1}{z}\int_{\Gamma_e}(F'(\sigma)\delta\sigma-\boldsymbol{\delta U})(v-\boldsymbol{V})\mathrm{d}S$$
$$=\int_\Omega -\delta\sigma\nabla F(\sigma)\cdot\nabla v\mathrm{d}x, \quad \forall(v,\boldsymbol{V}) \in H^1(\Omega)\oplus\mathbb{R}^L_\diamond.$$

根据解的弱形式定义有：$(\tilde{u},\tilde{\boldsymbol{U}}) \in H^1(\Omega)\oplus\mathbb{R}^L_\diamond$，使得

$$\int_\Omega \sigma\nabla\tilde{u}\cdot\nabla v\mathrm{d}x+\frac{1}{z}\int_{\Gamma_e}(\tilde{u}-\tilde{\boldsymbol{U}})(v-\boldsymbol{V})\mathrm{d}S=\int_{\Gamma_e}\tilde{\boldsymbol{I}}v\mathrm{d}S, \forall(v,\boldsymbol{V}) \in H^1(\Omega)\oplus\mathbb{R}^L_\diamond.$$

以上两式中分别取$(v,\boldsymbol{V})=(\tilde{u},\tilde{\boldsymbol{U}})$和$(v,\boldsymbol{V})=(F'(\sigma)\delta\sigma,\boldsymbol{\delta U})$，则有

$$\int_{\Gamma_e} F'(\sigma)\delta\sigma\tilde{\boldsymbol{I}}\mathrm{d}S=\int_\Omega -\delta\sigma\nabla F(\sigma)\cdot\nabla\tilde{u}\mathrm{d}x.$$

结论得证. □

3.2.2 正问题的有限元离散

目前，EIT正问题的计算方法总体上可分为解析法和数值计算方法两类. 解析法主要适用于场域Ω几何形状规则且内部介质分布均匀的情

况，不适用于场域Ω几何形状不规则或内部介质分布不均匀时正问题的计算. 实际应用中，通常采用数值计算方法求解EIT正问题. 目前常用的正问题数值计算方法主要包括有限元法(finite element method，FEM)、有限差分法(finite difference method，FDM)、边界元法(boundary element method，BEM)、无网格方法(mesh-less method)等. 本书的仿真实验中的模型，均采用有限元法进行求解.

基于微分方程的有限元法适用于可以用泊松方程或拉普拉斯方程所描述的各类物理场，因其对求解复杂边界条件、复杂结构和非线性介质情况特别有效，是目前求解EIT正问题较常用的方法，其基础是变分原理与加权余量法. 经典有限元法以变分原理为基础，基本步骤如下：首先将所求解的微分方程转化为相应的变分问题，即泛函极值问题；其次通过区域剖分和分片插值将变分问题离散化为普通多元函数的极值问题；最后归结为一组有限维线性方程组的求解，称为有限元方程的求解，从而求得边值问题的数值解. 后来，为顺应工程领域各类数学物理定解问题求解的需要，以加权余量法导出与任何类型边值问题相关的虚位移方程，再采用不同的权函数或插值基函数形式，进而得到有限元方程. 该方法最早在1985年用于EIT计算，后来不断发展完善，成为最有效的一种数值方法，一直占有主导地位.

下面基于Galerkin方法，从全电极模型的积分弱形式出发，简单论述推导该模型下正问题的有限元代数方程的过程，详见文献[146, 149, 150].

首先，与全电极模型下EIT正问题等价的弱形式为：给定电流向量$\boldsymbol{I} \in \mathbb{S}_{\diamond}^{L}$，电导率分布$\sigma \in \boldsymbol{\mathcal{A}}$和接触阻抗值$\{z_l\}_{l=1}^{L}$，求解$(u, \boldsymbol{U}) \in H^1(\Omega) \oplus \mathbb{R}_{\diamond}^{L}$，使得

$$b((u, \boldsymbol{U}), (v, \boldsymbol{V})) = \sum_{l=1}^{L} I_l V_l, \quad \forall (v, \boldsymbol{V}) \in H^1(\Omega) \oplus \mathbb{R}_{\diamond}^{L}, \tag{3.2.5}$$

其中，

$$b((u, \boldsymbol{U}), (v, \boldsymbol{V})) = \int_{\Omega} \sigma \nabla u \cdot \nabla v \mathrm{d}\Omega + \sum_{l=1}^{L} \frac{1}{z_l} \int_{e_l} (u - U_l)(v - V_l) \mathrm{d}S.$$

考虑分段线性函数作为插值基函数，将其总共剖分为N个三角形单元. 场域内的电位分布u和电导率分布σ可用基函数展开为N级离散近似解$u^{(N)}$和$\sigma^{(N)}$，即

$$u \approx u^{(N)} = \sum_{i=1}^{N} \alpha_i \varphi_i, \tag{3.2.6}$$

$$\sigma \approx \sigma^{(N)} = \sum_{i=1}^{N} \sigma_i \psi_i, \tag{3.2.7}$$

其中，$\alpha_i(i=1,2,\cdots,N)$为单元对应的待定系数，$\varphi_i(i=1,2,\cdots,N)$和$\psi_i$ $(i=1,2,\cdots,N)$分别为电压与电导率的单元插值基函数.

各级离散近似解序列$\{u^{(N)}\}$随着N的增加会越来越接近准确解u，且当$N\to\infty$时收敛于准确解，即

$$\lim_{N\to\infty} u^{(N)} = u.$$

边界上各电极处的电位可近似表示为

$$\boldsymbol{U} = \sum_{j=1}^{L-1} \beta_j \boldsymbol{n}_j, \tag{3.2.8}$$

其中，$\beta_j\in\mathbb{R}$，$\boldsymbol{n}_j\in\mathbb{R}^L$，$\boldsymbol{n}_1=[1,-1,0,\cdots,0]^{\mathrm{T}}$，$\boldsymbol{n}_2=[1,0,-1,\cdots,0]^{\mathrm{T}}$，$\cdots$，$\boldsymbol{n}_{L-1}=[1,0,0,\cdots,-1]^{\mathrm{T}}$，可保证$\sum\limits_{l=1}^{L}U_l=0$，满足了各电极电位之和为零的唯一性约束条件. 事实上，根据式(3.2.8)，有

$$U_1=\sum_{l=1}^{L-1}\beta_l,\ U_2=-\beta_1,\ U_3=-\beta_2,\ \cdots,\ U_L=-\beta_{L-1}.$$

于是，式(3.2.8)可简写为

$$\boldsymbol{U}=\boldsymbol{\mathcal{E}}\boldsymbol{\beta}, \tag{3.2.9}$$

其中，$\boldsymbol{\beta}=(\beta_1,\beta_2,\cdots,\beta_{L-1})^{\mathrm{T}}$，$\boldsymbol{\mathcal{E}}\in\mathbb{R}^{L\times(L-1)}$为稀疏矩阵，即

$$\boldsymbol{\mathcal{E}}=\begin{pmatrix} 1 & 1 & \cdots & 1 & 1\\ -1 & 0 & \cdots & 0 & 0\\ 0 & -1 & \cdots & 0 & 0\\ \vdots & \vdots & & \vdots & \vdots\\ 0 & 0 & \cdots & -1 & 0\\ 0 & 0 & \cdots & 0 & -1 \end{pmatrix}.$$

然后，取虚位移函数v为插值基函数，并将式(3.2.6)和(3.2.8)代入到变分问题(3.2.5)中，得到矩阵形式的有限元方程

$$\boldsymbol{A}(\boldsymbol{\sigma})\boldsymbol{b}=\tilde{\boldsymbol{I}}, \tag{3.2.10}$$

其中，$\boldsymbol{\sigma}=(\sigma_1,\sigma_2,\cdots,\sigma_N)^{\mathrm{T}}$，$\boldsymbol{b}=(\boldsymbol{\alpha},\boldsymbol{\beta})^{\mathrm{T}}\in\mathbb{R}^{(N+L-1)\times1}$为用于计算电位分布的待定系数；$\tilde{\boldsymbol{I}}$为包含电流激励源的向量，其构成为

$$\tilde{\boldsymbol{I}}=\begin{pmatrix}\boldsymbol{0}\\ \boldsymbol{\mathcal{E}}^{\mathrm{T}}\boldsymbol{I}\end{pmatrix},$$

这里$\mathbf{0}=(0,\cdots,0)^{\mathrm{T}}\in\mathbb{R}^N$；系统矩阵$\boldsymbol{A}(\boldsymbol{\sigma})\in\mathbb{R}^{(N+L-1)\times(N+L-1)}$为全电极模型的有限元离散分块矩阵，由有限元刚度矩阵和与全电极有关的系数矩阵构成，其构成为

$$\boldsymbol{A}(\boldsymbol{\sigma})=\begin{pmatrix}\boldsymbol{B} & \boldsymbol{C}\\ \boldsymbol{C}^{\mathrm{T}} & \boldsymbol{D}\end{pmatrix},$$

且分块矩阵$\boldsymbol{A}$中各单元的计算公式为

$$\begin{cases}B_{ij}=\displaystyle\int_{\Omega}\boldsymbol{\sigma}\nabla\psi_i\cdot\nabla\phi_j\mathrm{d}x+\sum_{l=1}^{L}\frac{1}{z_l}\int_{e_l}\psi_i\phi_j\mathrm{d}S,\ i,j=1,2,\cdots,N,\\ C_{il}=-\displaystyle\sum_{l=1}^{L}\frac{1}{z_l}\int_{e_l}\psi_i\mathrm{d}S,\ i=1,2,\cdots,N,\ l=1,2,\cdots,L-1,\\ D_{ll}=\displaystyle\sum_{l=1}^{L}\frac{\int_{e_l}\mathrm{d}S}{z_l}\delta_{ll},\ l=1,2,\cdots,L-1.\end{cases}$$

这里需要说明的是，注意区分偏微分算子$\boldsymbol{A}(\boldsymbol{\sigma})$和正向算子$F(\boldsymbol{\sigma})$. 尽管这两个算子均与模型问题(3.1.9)有关，但它们的意义完全不同，$\boldsymbol{A}(\boldsymbol{\sigma})$描述了正问题，而$F(\boldsymbol{\sigma})$实际上表示的是正问题的解，又依赖于$\boldsymbol{A}(\boldsymbol{\sigma})$.

因此，对于(3.2.10)的FEM正问题的求解，可通过下式:

$$\boldsymbol{b}=\boldsymbol{A}^{-1}(\boldsymbol{\sigma})\tilde{\boldsymbol{I}} \tag{3.2.11}$$

计算完成，即可得到待定系数$(\boldsymbol{\alpha},\boldsymbol{\beta})^{\mathrm{T}}=\boldsymbol{A}^{-1}\tilde{\boldsymbol{I}}$，再分别将$\boldsymbol{\alpha}$和$\boldsymbol{\beta}$代入到式(3.2.6)和式(3.2.8)中，从而获得场域内部的电位分布u和边界测量电极处的电位分布$\boldsymbol{U}$.

但是，在EIT的数值计算中，往往不是很关心场域内部各节点处的电位分布u，更关注的是边界上各测量电极处的电位分布$\boldsymbol{U}$以及与注入电流$\boldsymbol{I}$之间的关系. 根据上述推导过程，可将此关系表达为

$$\boldsymbol{U}=\boldsymbol{\mathcal{E}}\boldsymbol{\beta}=\boldsymbol{\mathcal{E}}\bar{\boldsymbol{R}}_{\boldsymbol{\sigma}}\boldsymbol{\mathcal{E}}^{\mathrm{T}}\boldsymbol{I}\triangleq\boldsymbol{R}_{\boldsymbol{\sigma}}\boldsymbol{I}, \tag{3.2.12}$$

其中，$\bar{\boldsymbol{R}}_{\boldsymbol{\sigma}}\in\mathbb{R}^{(L-1)\times(L-1)}$表示从$\boldsymbol{A}^{-1}(\boldsymbol{\sigma})$中提取的相关部分矩阵，而$\boldsymbol{R}_{\boldsymbol{\sigma}}:=\boldsymbol{\mathcal{E}}\bar{\boldsymbol{R}}_{\boldsymbol{\sigma}}\boldsymbol{\mathcal{E}}^{\mathrm{T}}\in\mathbb{R}^{L\times L}$为转换矩阵，物理意义上可理解为电阻.

这样处理的目的是，一方面可以突出问题的本质，显化问题的物理含义，使得求解过程更加专注于与EIT问题求解相关的变量；另一方面还可较大幅度地减少中间量的计算，从而对提高EIT的重构速度具有积极意义.

3.3 电阻抗成像逆问题

3.3.1 逆问题描述

EIT实际应用中，关于目标体内部电导率的分布情况往往是未知的，已知的仅仅是电极处的激励电流和测量电压数据. 而测量电压数据为两电极间的电位差，由于测量误差和模型误差的影响，不可能精确获得，不可避免地会含有误差，这里将其记为$\boldsymbol{U}^\delta$，且满足条件

$$\left\|\boldsymbol{U}^\delta - \boldsymbol{U}^*\right\| \leqslant \delta,$$

其中，$\delta > 0$为噪声水平，$\boldsymbol{\sigma}^*$为真实的电导率分布，$\boldsymbol{U}^* = F(\boldsymbol{\sigma}^*)$. 假设测量噪声是加性的Gauss噪声，这样，EIT观测模型响应通常可表示为如下的非线性算子方程:

$$\boldsymbol{U}^\delta = F(\boldsymbol{\sigma}) + \boldsymbol{e}, \tag{3.3.1}$$

这里，F表示模型空间到测量数据空间的非线性投影算子，$\boldsymbol{U}^\delta$为观测数据，$\boldsymbol{e}$表示具有加性Gauss噪声的测量误差向量.

对于非线性观测模型(3.3.1)，EIT逆问题的目的是由边界电极处的测量电压数据$\boldsymbol{U}^\delta$反推内部电导率分布$\boldsymbol{\sigma}$的过程.

考虑到边界测量电压数据和电导率分布之间复杂的非线性关系为重构带来了困难，如果满足电导率分布有微小扰动的条件，线性假设是有效的，许多研究者为简化问题，也常考虑采用线性化近似模型以减少正反演求解的计算量. 假设电导率分布有微小扰动，给定初始电导率分布$\boldsymbol{\sigma}_0$，将$F(\boldsymbol{\sigma})$在$\boldsymbol{\sigma}_0$处进行Taylor多项式展开，忽略高阶项，有

$$F(\boldsymbol{\sigma}) \approx F(\boldsymbol{\sigma}_0) + \boldsymbol{J}\big(\boldsymbol{\sigma} - \boldsymbol{\sigma}_0\big), \tag{3.3.2}$$

其中，$\boldsymbol{J} = F'(\boldsymbol{\sigma}_0) = \big[\partial F(\boldsymbol{\sigma})/\partial\boldsymbol{\sigma}\big]\big|_{\boldsymbol{\sigma}_0} \in \mathbb{R}^{M\times N}$为$F(\boldsymbol{\sigma}) \in \mathbb{R}^{M\times 1}$在$\boldsymbol{\sigma}_0 \in \mathbb{R}^{N\times 1}$处的Jacobian矩阵，即电压对电导率的偏导数，也称为灵敏度矩阵. 结合式(3.3.1)和(3.3.2)，基于Jacobian矩阵的线性化EIT观测模型响应可表示为

$$\boldsymbol{J}\boldsymbol{\vartheta} = \boldsymbol{f}, \tag{3.3.3}$$

其中，$\boldsymbol{\vartheta} \equiv \boldsymbol{\sigma} - \boldsymbol{\sigma}_0$表示目标体内部的包含物(或非均匀电导率分布)，$\boldsymbol{f} \equiv \boldsymbol{U}^\delta - F(\boldsymbol{\sigma}_0)$表示线性化的噪声数据. 由于在线性化过程中产生了截断误差，线性化模型对初值的选择要求一般比较高，要求初始模型离真实模型不能太远，重构结果才比较准确，否则重构的效果不会很好.

对于线性化观测模型(3.3.3)，EIT逆问题的目的转化为根据已知的噪声数据$\boldsymbol{f}$和灵敏度矩阵$\boldsymbol{J}$，快速有效地求解非均匀电导率分布$\boldsymbol{\vartheta}$.

总之，EIT逆问题以目标体内部电导率的分布或变化为成像目标，根据边界测量数据，通过某种图像重构算法来估计目标体内部电导率的分布情况，这是EIT技术的核心. 通常情况下，重构结果会以图像形式呈现，因此，EIT逆问题的求解，也被称为图像重构的过程. EIT图像重构本身存在严重的不适定性，即观测数据的微小变化会导致重构参数发生较大的变化，而有限的测量数据以及噪声的干扰都加剧了这种不适定性. 为克服重构问题的不适定性，往往需要借助不同的正则化技术来提高重构图像的质量.

3.3.2 两类典型的正则化方法

正则化技术被广泛应用于逆问题的求解以及机器学习相关理论中，是一种通过添加先验信息来求解不适定问题或防止过拟合的过程，提升了逆问题解的稳定性，减少了误差和噪声的影响. 本节着重回顾EIT领域内两类典型的正则化重构方法：Tikhonov型正则化和迭代正则化.

1. Tikhonov型正则化方法

在EIT领域，通过添加先验信息(如光滑性、平滑性、稀疏性或数据的噪声水平等)到二次目标泛函中的带有罚项约束的Tikhonov型正则化技术，是目前关注度较高的一类非线性迭代局部优化方法，此时优化模型为

$$\tilde{\boldsymbol{\sigma}} = \arg\min_{\boldsymbol{\sigma}} \left\{ \frac{1}{2} \left\| F(\boldsymbol{\sigma}) - \boldsymbol{U}^{\delta} \right\|_2^2 + \alpha \mathcal{R}(\boldsymbol{\sigma}) \right\}, \quad \alpha > 0 \tag{3.3.4}$$

或者

$$\tilde{\boldsymbol{\vartheta}} = \arg\min_{\boldsymbol{\vartheta}} \left\{ \frac{1}{2} \left\| \boldsymbol{J}\boldsymbol{\vartheta} - \boldsymbol{f} \right\|_2^2 + \alpha \mathcal{R}(\boldsymbol{\vartheta}) \right\}, \quad \alpha > 0 \tag{3.3.5}$$

其中，第一项衡量测量数据和模拟数据之间的保真或拟合程度，称为数据拟合保真项，第二项$\mathcal{R}(\cdot)$对电导率的正则性(如光滑性、稀疏性等结构特性)等进行约束，称为正则化项，α在数据拟合项和正则化项之间进行均衡，称为正则化参数.

正则化项的选择很关键，对EIT图像重构的质量至关重要. 正则化项的选择问题实质上是根据重构目标体的特征确定重构图像的解空间，也就是说，所选定的解空间能准确体现目标体的特征. 不同正则化项的惩罚性质或者刻画的解空间不同，获得的解的性质也不同. 常见的Tikhonov型正则化主要包括ℓ_2-正则化、TV正则化、ℓ_1-正则化、组稀疏正则化、低秩正则化、混合约束正则化等.

- ℓ_2-正则化：$\mathcal{R}(\cdot) = \|\cdot\|_2^2$. ℓ_2-正则化[151,152]是最为经典的Tikhonov正则化，采用ℓ_2-范数约束，利用解的光滑性作为先验信息，虽然计算容易，

但通常对解具有过度平滑的作用，以牺牲成像分辨率为代价来提高反演解的稳定性，从而造成重构图像边界模糊，分辨率不高. 例如，当EIT应用于生物医学成像时，人体内部组织在不同器官边界处具有明显的跳跃，采用Tikhonov正则化方法重构时，过度光滑化的特性会平滑图像中边缘等重要的视觉特征，导致重构图像的边缘模糊，与医学成像的要求相差甚远. 因此，ℓ_2-正则化得到的重构图像往往倾向于过度光滑，限制了其对于待重构目标体内尖锐角形几何结构特征的重构能力.

• TV正则化：$\mathcal{R}(\cdot) = \|\cdot\|_{\mathrm{TV}}$. TV正则化[153–155]是一种不施加平滑效果的正则化方法，采用TV-范数约束，利用解的梯度信息作为先验信息，具有保边缘特性，有利于保留重构中的不连续特征，例如扰动的边界和电导率的剧烈变化. 也就是说，TV正则化倾向于分片光滑的解，可以减轻过度平滑效果并保留不连续的结构和边界，使得目标图像的边缘更加清晰. 但TV正则化往往会导致块状阶梯效应和虚假边缘，且可能会消除小的构造或掩盖解的稀疏性，对于细节特征丰富的情况，成像效果通常也不能令人满意. TV正则化实际上是一种特殊的ℓ_1-范数正则化，它以梯度算子的ℓ_1-范数作为约束罚项，刻画梯度场的ℓ_1-稀疏性度量.

• ℓ_1-正则化：$\mathcal{R}(\cdot) = \|\cdot\|_1$. ℓ_1-正则化[113]是一种稀疏约束正则化方法，采用ℓ_1-范数约束，利用解的稀疏性作为先验信息，能够有效捕捉图像的小尺度细节信息，更好地用于重构具有尖角、角边界、纹理等细小异常结构的不连续问题. 过去十多年中，ℓ_1-正则化[106, 156–159]虽已被广泛用于研究EIT图像重构问题，有效改进了成像质量以及成像效率，但它也只强调目标的稀疏性，忽略了其他特征，同时由于EIT问题本身严重的病态性，大多仍只局限于线性化近似模型的研究.

• 组稀疏正则化：$\mathcal{R}(\cdot) = \|\cdot\|_{2,1}$. 组稀疏正则化[160]利用解的结构特性作为先验信息，是近年来受到广泛关注的一种新的先验知识. 组稀疏约束也叫结构化稀疏约束，即对向量或矩阵中的元素进行分组，同一组的元素使用ℓ_2-范数进行约束，不同组元素间只用ℓ_1-范数进行约束. 组稀疏保证了求出的向量或矩阵是组内稠密而组间稀疏的. Yang等人[161]将组稀疏先验知识应用于EIT图像重构中，预先估计电导率变化的分布情况，采用自适应分组策略，以所分组的组稀疏约束作为先验信息，实现了更高质量的成像效果.

• 低秩正则化：$\mathcal{R}(\cdot) = \|\cdot\|_*$. 低秩正则化[162]擅长加强成像目标数据结构中的低秩特征，有助于减少由于生理运动导致的图像伪影，提高成像质量. 但仅考虑低秩特征时，重构结果仍远远不能令人满意. 随着研究的不断深入，人们对成像质量的要求也不断提高.

重构目标体具有一定的物理结构，往往包含多种结构成分，特征比较复杂，如目标体的边缘结构、尖角纹理结构、平稳/非平稳区域、渐变区域等，很难用一种解空间来准确描述其特征，引入非光滑多参数惩罚约束显然会更有优势. 许多研究者发现，多参数混合约束的联合使用为保证复杂反演解的非光滑性与正则性带来了更大的可行性，往往会达到优势互补的目的. 黄嵩等人[163,164]将ℓ_2-正则化和TV正则化的罚项进行组合，提出了"ℓ_2+TV"混合约束正则化，并对颅骨的颅内异物进行了图像重构. 针对二维地面电阻抗成像问题，韩波等人[165]采用了类似的混合正则化方法进行反演研究. Liu等人[166]针对开放式EIT问题也进一步研究了"ℓ_2+TV"混合约束正则化，反演效果得到了明显改善. Song等人[167]以电导率梯度函数为自适应加权参数，自动控制"ℓ_2+TV"混合约束正则化的罚项权重，获得了边缘清晰的成像效果. 为使反演解同时具有稀疏性与正则性，Wang等人[168]实现了具有混合约束特点的"$\ell_2+\ell_1$"凸组合约束的弹性网正则化的多参数反演，数值模拟结果表明，通过适当的参数选取能够获得较好的重构效果，清晰化了目标边缘，提高了成像的空间分辨率，具有良好的抗噪性.

基于非凸罚函数的正则化是另一种非常成功且广泛使用的非光滑约束正则化方法. Wang等人[169]基于非凸非光滑$\ell_p(0 < p < 1)$稀疏约束，借助光滑近似函数凸化思想建立光滑逼近模型，理论分析了光滑近似模型产生的近似解是原非凸稀疏模型的一个稳定点，分别在空间域和小波变换域下构造了快速的迭代优化算法求稀疏解，实现了EIT的非凸稀疏模型重构，数值模拟结果表明，相比凸ℓ_1-正则化，非凸$\ell_p(0 < p < 1)$-正则化模型在成像质量和抗噪性方面具有更大的优越性.

上述Tikhonov型正则化方法的最小化通常都需要采用优化技术来实现，其中正则化参数直接影响成像的效果，正则化参数的选取一直都是研究的难点. 选择合适的正则化参数对成像质量至关重要，通常需要经过多次实验才能得到较好的正则化参数，这就增加了计算成本，特别是在处理大规模问题时尤为明显.

2. 迭代正则化方法

迭代正则化方法在EIT图像重构中也着有广阔的应用前景. 迭代正则化方法不涉及正则化参数的选取，迭代步数起着正则化参数的作用，容易数值实现且计算成本低. 因此发展快速、有效的迭代正则化方法对EIT图像重构的发展十分必要.

格式简单、稳定性良好的Landweber迭代法是一种有效的方法，可以看作是通过处理数据拟合从而实现图像重构的最速下降法，在计算中只需要计算梯度信息，其被广泛应用于EIT图像重构[170–174]. 然而，灵敏度矩阵的病态性使得Landweber迭代法的收敛速度变得非常慢，需要大量的迭代步数来实现较好质量的成像. 该方法成像速度慢，成像精度低，人们为此提出了多种加速改进策略. 近来，研究发现，当达到相似重构精度时，同伦摄动迭代[133,134]仅需要Landweber迭代大约一半的计算时间. 但这些迭代法本质上还是基于光滑的ℓ_2-范数约束的迭代法，通过迭代获得的近似解具有过度光滑性，重构图像边缘模糊，因此不能很好地反演具有边界、尖角和异常构造等不连续的复杂参数情形. 可见，引入非光滑约束，构造格式简单且快速有效的迭代正则化方法进行EIT图像重构的研究显得尤为必要.

2019年，Wang等人[175]将同伦摄动迭代应用到了包含ℓ_1/TV等非光滑约束的Banach空间中，并结合偏差原则进行了理论分析和数值验证，结果表明，这样做大大提高了计算效率和改善了反演效果. 近年来，考虑到高度非线性带来的困难，针对线性化的EIT图像重构问题，基于非光滑稀疏约束惩罚的Landweber迭代正则化方法被成功应用于EIT问题以改进成像质量和提高成像速度，并在清晰化包含物边缘和减少伪影方面取得了良好的效果[176,177]. 针对线性化的EIT图像重构问题，Wang等人[176]通过引入包含ℓ_1/TV等非光滑罚函数的混合约束，结合同伦摄动技巧和加速技巧，构造了一类快速有效的高阶迭代正则化方法及其加速方法，相比传统的Landweber型迭代正则化方法，其大大提高了重构图像的质量和成像效率. 针对线性化的EIT图像重构问题，Wang[177]基于多参数非光滑"$\ell_2+\ell_1$"混合约束，引入两步线搜索，即考虑Landweber步长以及耦合了新步长参数的近似Landweber步长，提出了一种两步Landweber型迭代法及其加速版本，与传统的Landweber型迭代正则化方法相比，显著减少了满足适当停止准则所需的迭代次数和计算时间. 此外，针对线性化的EIT图像重构问题，Wang[178]基于多参数非光滑"$\ell_2+\ell_1$"混合约束，以非定常迭代Tikhonov正则化(NITR)方法获得的重构结果作为近似参考值，通过引入一种诱导的近端收缩算子，提出了一步近端稀疏促进方法，从清晰化目标边缘和减少伪影等方面进一步改进了成像质量.

对于迭代正则化方法，迭代步长的选择对重构的结果会产生十分重要的影响. 优化理论中，在迭代步长的确定上，主要有两种方式. 一种是固定步长，主要有精确线搜索方法和非精确线搜索准则. 精确线搜索方法主要有二分法(平分法)、Newton法和二次插值法，计算量较大；非精确线搜索准则主要有Armijo准则、Goldstein准则、Wolf准则和Barzilai-Borwein(BB)准则等. 另一种是非固定步长，根据模型的特点，自适应地设计步长搜索准则，以期待达到最快的收敛速度.

综合以上，正则化方法在EIT技术的发展中起着积极作用，但由于EIT图像重构的复杂性，现有的成像方法仍难以获得高质量的重构图像. 一方面，图像重构质量取决于所建立模型的准确性，另一方面，算法的有效性对图像重构质量的影响也是至关重要的. 在正则化模型的设计上，综合考虑重构目标体的结构特征，通过引入描述电导率分布的多个特征的先验信息，建立不同权重的正则化项，仍是今后EIT图像重构模型发展的主流. 在算法设计上，通过引入合适的辅助变量，利用对偶空间，借助Fenchel变换，将原始正则化模型转化为对偶正则化模型，而对偶模型就有较好的特性(如光滑性)，使得对偶模型容易处理，从而借助加速技巧和算子分裂原理寻求快速、高效的迭代优化算法，是未来发展的主要方向. 总之，在EIT图像重构中，所采用的正则化模型既要保证模型能够准确地刻画目标体的特征，同时又要注意模型的复杂度，便于设计高效、快速的迭代算法.

3.4 Jacobian矩阵计算的方法

基于最小二乘原理的方法几乎都会涉及Jacobian矩阵的计算. 尤其是在基于最小二乘原理的非线性迭代重构算法中，每一步迭代时均需对Jacobian矩阵重新计算，因此，Jacobian矩阵的求解精度和速度对于EIT图像重构的成败与效率起着至关重要的作用. Jacobian矩阵又称灵敏度矩阵，在一个具有N个单元和M个测量数据的模型下，$\boldsymbol{J} \in \mathbb{R}^{M\times N}$. Jacobian矩阵依赖于有限元模型、电流注入模式、参考电导率分布以及电极模式. 其计算实际上是一个求导数的问题，表示测量数据相对于电导率的变化率，通过模型性质的微小变化以及反复求解正问题获得.

由于Jacobian矩阵的计算在整个EIT成像的过程中至关重要，这里重点介绍求解Jacobian矩阵的几种主要方法.

（1）差分方法[10, 145]

在EIT中，Jacobian矩阵通常由微分计算得到，用实际测量的差商来近似，其含义是第k次注入激励时每个单元上电导率的变化对测量电极电位的影响，即

$$\boldsymbol{J}_{lkj} := \frac{\partial U_l^k}{\partial \sigma_j} = \frac{\Delta U_l^k}{\Delta \sigma_j} = \frac{U_l^k(\sigma_j+\sigma_0) - U_l^k(\sigma_j)}{\delta\sigma}.$$

具体的计算过程如下：第k次注入激励时，设第j个单元上的电导率分别为σ_j和$\sigma_j+\delta\sigma$(通常取$\delta\sigma$近似为1%)，计算相应的边界电位$U_i^k(\sigma_j)$和$U_i^k(\sigma_j+\sigma_0)$，然后根据上式求得Jacobian矩阵的第i行第j列元素值. 故第k次注入激励时所需计算的Jacobian矩阵$\boldsymbol{J}_k$为

$$\boldsymbol{J}_k = \begin{pmatrix} \frac{\partial U_1^k}{\partial \sigma_1} & \frac{\partial U_1^k}{\partial \sigma_2} & \cdots & \frac{\partial U_1^k}{\partial \sigma_N} \\ \frac{\partial U_2^k}{\partial \sigma_1} & \frac{\partial U_2^k}{\partial \sigma_2} & \cdots & \frac{\partial U_2^k}{\partial \sigma_N} \\ \vdots & \vdots & & \vdots \\ \frac{\partial U_L^k}{\partial \sigma_1} & \frac{\partial U_L^k}{\partial \sigma_2} & \cdots & \frac{\partial U_L^k}{\partial \sigma_N} \end{pmatrix} = [\boldsymbol{J}_k^1\ \boldsymbol{J}_k^2\ \cdots\ \boldsymbol{J}_k^j\ \cdots\ \boldsymbol{J}_k^N],$$

其中列$\boldsymbol{J}_k^j$的含义是第j个单元上电导率变化对L个测量电极电位的影响. 为增加信息量，一般都需要多次注入，而独立的注入次数为$k=1,2,\cdots,K$，故需要计算K个这样的矩阵$\boldsymbol{J}_k$，从而得到整个Jacobian矩阵

$$\boldsymbol{J} = [\boldsymbol{J}_1\ \boldsymbol{J}_2\ \cdots\ \boldsymbol{J}_k\ \cdots\ \boldsymbol{J}_K]^{\mathrm{T}} \in \mathbb{R}^{(L\times K)\times N}.$$

显然，计算Jacobian矩阵的每一列都需要进行一次正演计算，整个Jacobian矩阵就需要$K\times(N+1)$次正问题计算，计算量比较大. 另外，该方法是一种近似方法，只有当$\delta\sigma$很小时，计算的Jacobian矩阵才较为准确.

（2）灵敏度方法 [145, 151, 179]

灵敏度方法亦称补偿定理方法，该方法基于Geselowitz灵敏度定理，即场域内电导率的变化引起边界阻抗的变化. 此时Jacobian矩阵也叫灵敏度矩阵，其单元的计算式为

$$\frac{\partial U_l^k}{\partial \sigma_j} = \int_{\Delta_j} \frac{\nabla u_l}{I_l} \cdot \frac{\nabla u_k}{I_k},$$

可理解为电极对(l,k)对第j个单元的电导率的灵敏度系数，其中Δ_j表示计算导数的有限元单元，u_l和u_k分别为第l次和第k次电流注入模式下的电位分布. 该方法的离散形式可参见文献[145, 179].

（3）标准快速方法 [180]

从EIT正问题有限元离散方程中可提取出测量电极的电位分布：

$$\boldsymbol{U} = \boldsymbol{\mathcal{E}} \cdot \boldsymbol{b} = \boldsymbol{\mathcal{E}} \cdot \boldsymbol{A}^{-1}\tilde{\boldsymbol{I}},$$

其中，$\boldsymbol{\mathcal{E}}$为内部节点电位到边界测量电极电位的转换矩阵，不同的EIT电极模式形成的$\boldsymbol{\mathcal{E}}$矩阵不同.

故根据Jacobian矩阵的微分定义，第j列元素的推导如下：

$$\begin{aligned}\frac{\partial \boldsymbol{U}}{\partial \sigma_j} &= \frac{\partial(\boldsymbol{\mathcal{E}} \cdot \boldsymbol{A}^{-1}\tilde{\boldsymbol{I}})}{\partial \sigma_j} = \boldsymbol{\mathcal{E}} \cdot \frac{\partial \boldsymbol{A}^{-1}}{\partial \sigma_j} \cdot \tilde{\boldsymbol{I}} = -1 \cdot (\boldsymbol{\mathcal{E}} \cdot \boldsymbol{A}^{-1}) \cdot \left(\frac{\partial \boldsymbol{A}}{\partial \sigma_j}\right) \cdot (\boldsymbol{A}^{-1}\tilde{\boldsymbol{I}}) \\ &= -1 \cdot \left((\boldsymbol{A}^{-1})^{\mathrm{T}} \cdot \boldsymbol{\mathcal{E}}^{\mathrm{T}}\right)^{\mathrm{T}} \cdot \left(\frac{\partial \boldsymbol{A}}{\partial \sigma_j}\right) \cdot (\boldsymbol{A}^{-1}\tilde{\boldsymbol{I}}) \\ &= -1 \cdot \left(\boldsymbol{A}^{-1} \cdot \boldsymbol{\mathcal{E}}^{\mathrm{T}}\right)^{\mathrm{T}} \cdot \left(\frac{\partial \boldsymbol{A}}{\partial \sigma_j}\right) \cdot (\boldsymbol{A}^{-1}\tilde{\boldsymbol{I}}) = -1 \cdot (\tilde{\boldsymbol{b}})^{\mathrm{T}} \cdot \left(\frac{\partial \boldsymbol{A}}{\partial \sigma_j}\right) \cdot \boldsymbol{b}.\end{aligned}$$

可将$\boldsymbol{\mathcal{E}}^{\mathrm{T}}$理解成一个虚激励矩阵，在这个虚激励矩阵的作用下产生的虚电位分布矩阵为$\tilde{\boldsymbol{b}}$. 值得注意的是$\tilde{\boldsymbol{b}}$的值可通过正问题求解$\boldsymbol{b}$的时候一并求出，即

$$\begin{bmatrix} \boldsymbol{b} \\ \tilde{\boldsymbol{b}} \end{bmatrix} = \boldsymbol{A}^{-1} \cdot \begin{bmatrix} \tilde{\boldsymbol{I}} \\ \boldsymbol{\mathcal{E}}^{\mathrm{T}} \end{bmatrix}.$$

关于$\dfrac{\partial \boldsymbol{A}}{\partial \sigma_j}$的计算式如下：

$$\frac{\partial \boldsymbol{A}(m,n)}{\partial \sigma_j} = -\frac{1}{\sigma_j^2} \int_{\Delta_j} \nabla \phi_m \cdot \nabla \phi_n.$$

考虑到有限元系统矩阵$\boldsymbol{A}$由所有剖分单元的局部系数矩阵和构成:

$$\boldsymbol{A} = \sum_{j=1}^{\mathrm{N}} \boldsymbol{A}_j,$$

而仅有第j个单元的局部系数矩阵$\boldsymbol{A}_j$与第j个单元的电导率σ_j的变化有关，而其他单元上的局部系数矩阵与σ_j无关，这部分单元的局部系数矩阵对σ_j求偏导为0，故

$$\frac{\partial \boldsymbol{A}}{\partial \sigma_j}=\frac{\partial\left(\sum\limits_{j=1}^{N}\boldsymbol{A}_j\right)}{\partial \sigma_j}=\frac{\partial \boldsymbol{A}_j}{\partial \sigma_j}.$$

在EIT正问题的有限元计算中，认为每个剖分单元内的电导率是均匀的，且局部刚度矩阵单元电导率特性的赋予形式可表示为

$$\boldsymbol{A}_j=\frac{1}{\sigma_j}\cdot\tilde{\boldsymbol{A}}_j,$$

其中，$\tilde{\boldsymbol{A}}_j$是第j个单元上仅与坐标有关的局部系数矩阵，于是Jacobian矩阵$\boldsymbol{J}_k$的第j列元素的微分计算式为

$$\frac{\partial \boldsymbol{U}}{\partial \sigma_j}=-1\cdot\left(\tilde{\boldsymbol{b}}\right)^{\mathrm{T}}\cdot\left(\frac{\partial \boldsymbol{A}}{\partial \sigma_j}\right)\cdot\boldsymbol{b}=-1\cdot\left(\tilde{\boldsymbol{b}}\right)^{\mathrm{T}}\cdot\left(\frac{\partial \boldsymbol{A}_j}{\partial \sigma_j}\right)\cdot\boldsymbol{b}=\frac{1}{\sigma_j^2}\cdot\left(\tilde{\boldsymbol{b}}\right)^{\mathrm{T}}\cdot\tilde{\boldsymbol{A}}_j\cdot\boldsymbol{b}.$$

可见，以上推导将Jacobian矩阵的常规差分近似求导运算转化成了矩阵的乘积运算，而且整个$\boldsymbol{J}_k$的计算只需一次正问题求解. 因此，K次注入激励下的Jacobian矩阵只需计算K次有限元正问题，相较于差分方法中需要计算$K\times(N+1)$次正问题，其计算量明显减少，显著提高了计算效率. 本书后续章节的EIT图像重构方法研究将均采用标准快速方法计算Jacobian矩阵，提高计算效率.

3.5 粗细网格模型

EIT图像重构问题的求解包括正问题求解和逆问题求解两个部分. 正问题的求解是逆问题求解的基础. 为了尽量准确、快速地进行图像重构，应使正问题的求解快速精确，使得逆问题的求解快速稳定. 这就对EIT正问题的求解精度提出了要求. 要提高EIT正问题的求解精度，通常可从增加FEM插值基函数阶数和加密剖分网格单元两个角度入手.

关于增加FEM插值基函数阶数的方法，如采用二次或更高次函数作为FEM插值基函数，虽然可提高计算精度，但无疑会大大增加EIT正问题的计算量，以致拖累整个EIT图像重构的速度，其结果往往得不偿失，因此从实用的角度考虑，当边界几何形状较简单或剖分足够精细时，通常采用线性基函数作为插值函数进行有限元离散，就足以满足要求.

关于加密剖分网格单元来提高计算精度的方法也存在增加了计算量的问题. 此时计算量的增加对正问题的求解速度的影响还在其次. 该方法的主

要问题在于会引起逆问题计算量大大增加，特别是在逆问题的计算过程中需要计算Jacobian矩阵，而Jacobian矩阵的计算量随着剖分网格单元数量的增加是成几何级数增加的. 为解决该问题，考虑采用粗、细两种网格模型分别作为逆问题和正问题的计算模型，即采用加密后的细网格模型进行正问题的求解来计算电压分布情况，以提高其计算精度；采用粗网格模型进行逆问题的求解，即用于定义电导率分布的基函数，以确保整个EIT图像重构的计算速度，这样可以尽量同时间兼顾重构的精度与速度. 但要注意的是，细网格必须与粗网格互相匹配. 通过正问题计算电压之前，基于粗网格的电导率分布必须映射到细网格上去.

为实现上述思想，假设求解区域Ω为圆形区域，对其进行三角形单元网格剖分，基于MATLAB2018a仿真软件的EIDORS工具包[179]，首先构造求解EIT逆问题的全电极有限元模型，圆形区域采用10层同心圆分割，所有同心圆半径构成的向量为$\boldsymbol{r} = [18, 17, 16, 14, 12, 10, 8, 6, 4, 2, 0]$，在不同半径的同心圆上分别设置节点数目，对应半径上设置的节点数目组成的向量为$\mathrm{node} = [128, 128, 90, 46, 40, 34, 28, 22, 16, 10, 1]$，共有956个三角单元(网格)，543个节点，如图3.1(a)所示. 然后对该网格单元进行加细剖分构造求解正问题的网格模型. 鉴于加细剖分的简便性，同时为了保证网格剖分的质量，这里采用一变四的加细剖分规则. 这个实现起来较为简单：取粗网格的每个三角单元的单元边中点，并将其中点连接生成新的单元，即可实现一变四的加细剖分. 图3.2展示了某个三角单元的加细剖分过程.

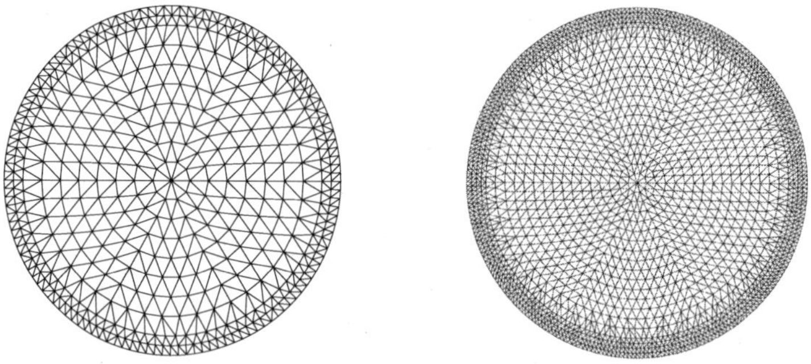

(a) EIT全电极FEM模型　　(b) 加细剖分EIT全电极FEM模型

图 3.1 EIT问题求解的有限元网格剖分模型

实现加细网格剖分的思想虽简单，但在EIT实际应用中还存在一个困难，即如何实现粗、细网格剖分之间的单元特性在正问题和逆问题计算之间的转换匹配. 事实上，在粗、细网格剖分中，设定加细后的四个单元与原粗网格剖分单元的单元特性是相同的，仅仅是从几何形式上将原单元分裂为四个单元. 所以，对于粗、细网格剖分之间的单元特性在正问题和逆

问题计算之间的转换，可建立相应的转换矩阵**Ind2**为

$$\mathbf{Ind2} = \begin{matrix} 1 \\ 2 \\ \vdots \\ m \\ \vdots \\ N \end{matrix} \begin{pmatrix} 1111 & & & & \\ & 1111 & & 0 & \\ & & \ddots & & \\ & & & 1111 & \\ & 0 & & & \\ & & & & 1111 \end{pmatrix}_{N\times 4N},$$

其中，行元素对应粗剖分单元，列元素对应加细剖分单元，如果矩阵元素所在的行、列与粗、细剖分单元相关，则取值为1，否则取值为0. 设求解逆问题所采用的粗网格剖分对应的电导率向量为$\boldsymbol{\sigma}_A = (\sigma_1, \sigma_2, \cdots, \sigma_N)^{\mathrm{T}}$，加细的网格剖分对应的电导率向量为$\boldsymbol{\sigma}_B = (\bar{\sigma}_1, \bar{\sigma}_2, \cdots, \bar{\sigma}_{4N})^{\mathrm{T}}$，则这两者之间的转换关系为

$$\boldsymbol{\sigma}_A = \mathbf{Ind2} \cdot \boldsymbol{\sigma}_B, \quad \boldsymbol{\sigma}_B = \mathbf{Ind2}^{\mathrm{T}} \cdot \boldsymbol{\sigma}_A. \tag{3.5.1}$$

加细后的剖分单元模型共有3 824个三角单元(网格)和2 041个节点，如图3.1(b)所示.

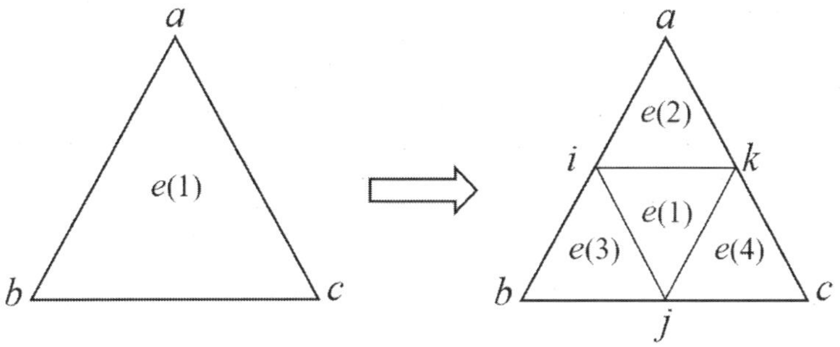

图 3.2 三角单元加细规则

3.6 数值模拟配置

本节对本书后续章节的所有仿真数值模拟中的通用配置进行说明. 选择基于MATLAB2016a仿真软件的EIDORS工具包[179]作为计算和成像软件. EIDORS(electrical impedance tomography and diffuse optical tomography reconstruction software)全称为EIT和DOT重构软件，是一个用于电阻抗成

像和扩散光学成像图像重构的通用开源软件，旨在促进该领域的合作、测试和研究. 在EIT技术研究方面，相较于其他的有限元分析和计算软件，EIDORS工具包计算功能强大，同时集成了Dismesh、Netgen等网格剖分软件，便于完成正问题的建模.

所有数值模拟均采用合成数据对电导率分布进行重构. 由于在实际测量中存在误差和噪声，因此在进行数值模拟时，需要向合成数据添加一定程度的噪声. 由于本书后续章节提出的重构模型均采用ℓ_2-范数进行数据拟合保真，所以这里向合成数据添加的噪声形式为加性的Gauss白噪声. 令$\boldsymbol{U}^{\mathrm{syn}}$为精确测量数据(理论模拟得到的电压数据)，则合成的噪声数据可记为

$$\boldsymbol{U}^{\boldsymbol{\delta}} = \boldsymbol{U}^{\mathrm{syn}} + \delta \cdot \boldsymbol{n},$$

其中，δ为噪声水平，$\boldsymbol{n}$为与$\boldsymbol{U}^{\mathrm{syn}}$维数一致的服从Gauss分布的随机向量. 不考虑数值算法本身的误差所造成的噪声影响，认为当$\delta = 0$时即为精确的测量数据.

电极数目的多少直接影响着独立测量次数，从提高空间分辨率的角度，电极数目越多越好，但随着电极数目的增加，两相邻电极间的电压动态范围显著增加，这给数据采集系统的设计带来了一定困难. 也就是说，电极数目增加，独立测量次数也以相应方式增加，空间分辨率得以提高. 但电极数目增多，实时采集和处理数据的成本也必会大大增加. 此外，电极数目增加，也可能导致信噪比下降. 综合考虑以上因素，二维EIT一般选择16个电极或32个电极是比较合适的. 为改善敏感场的性能和测量数据的质量，并尽可能地提高独立测量数目，EIT研究者探索了多种形式的激励模式，主要有相邻模式、相对模式、自适应模式、多参数模式等几种[11]. 由于相邻模式避免了在电流注入电极上测量电压，因此减小了接触电阻对系统的影响. 相邻模式是EIT系统中最具有吸引力的激励模式，系统复杂度较低，图像重构相对较快.

本书后续章节的所有仿真模型，均采用16个电极的二维圆形EIT全电极模型，如图3.3所示，电极位于圆形成像区域的边界上，用深色条状表示. 这里采用传统的相邻电极电流激励、相邻电极电压测量模式，即在一个相邻电极对上加激励电流，在其他的相邻电极对上测量电压，然后切换到下一个相邻电极对上进行激励，直到所有的相邻电极对均重复以上过程. 对16个电极的EIT系统而言，邻近模式中电流注入电极上不测量电压，总的测量数据量为$16 \times (16 - 3)$，独立测量数据量为$16 \times (16 - 3)/2$. 一次完整的EIT模拟实验总共可得到的测量数据量为256个(用于图像重构)，其中16×3的测量结果设置为0. 全电极模型的正问题求解基于Vauhkonen开发的Matlab环境下的EIDORS程序工具包[179]，采用有限元方法，对圆形场域进行三角单元剖分并在边界上进行加密，完成离散计算. 正问题的计算精度和网格剖分的粗细密切相关，但网格剖分过细不但会增加计算负担，还会加剧逆问题求解的病态. 由于正问题的计算精度要求网格越密越好，而EIT逆问题的病态性又要求网格数不能太多. 同时，在数值模拟中，

由于EIT图像重构问题中的测量数据通常是由正问题的数值求解计算出来的，因此为了避免“inverse crime”现象[181]，EIT成像中正问题和逆问题的求解分别考虑了两种不同规模的网格剖分模型，加细的网格模型用于有限元正演计算以提高精度，而粗的网格模型用于图像重构以保证成像的速度. 这样不仅能够同时兼顾成像的精度与速度，而且还能避免反问题中经常遇到的“inverse crime”现象.

所有数值模拟中，逆问题求解采用的粗网格剖分如图3.3(b)所示，由492个三角单元和279个结点构成；而用于正问题求解的网格模型如图3.3(a)所示，由1 968个三角单元和1 049个结点构成. 但需注意的是，细网格必须与粗网格互相匹配，在每次计算正问题之前，基于粗网格的电导率分布必须插值映射到细网格上去，这里通过转化关系式(3.5.1)进行转化. 用于有限元正演计算的细网格可以产生更为精确的电位分布，而用于图像重构的粗网格可降低问题的维数，大大减少了计算量. 重构过程中，电极处的接触阻抗假设已知，设置接触阻抗大小为0.05Ω.

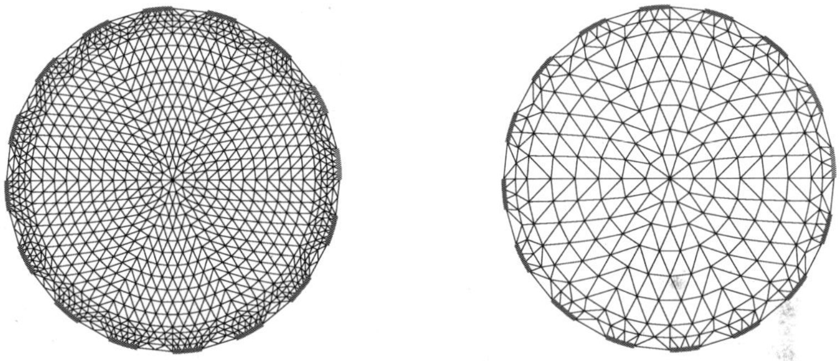

(a) 正问题求解的细网格　　(b) 逆问题求解的粗网格

图 3.3 EIT问题求解的有限元网格模型

3.7 图像评价标准

图像评价是EIT图像重构问题中的关键环节，不仅反映了重构图像的整体质量，还反馈了重构方法的有效性. 为了更加直观、准确地评价算法的重构图像质量，下面给出相关的量化分析标准. 常用的图像质量指标有相对绝对值误差(MAE)和均方根误差(RMSE)、相对误差(RE)与相关系数(CC).

（1）相对误差(relative error，RE)

相对误差通过计算重构电导率分布与真实电导率分布评价重构图像与真实图像的偏差，定义为

$$\mathrm{RE}=\frac{\|\boldsymbol{\sigma}-\boldsymbol{\sigma}^*\|_2}{\|\boldsymbol{\sigma}^*\|_2},$$

其中，$\boldsymbol{\sigma}$为重构的电导率分布，$\boldsymbol{\sigma}^*$为真实的电导率分布. 重构图像的相对误差RE越小，表示重构图像质量越好.

（2）相关系数(correlation coefficient，CC)

相关系数通过计算真实电导率分布与重构结果的相关性进行评价，定义为

$$\mathrm{CC}=\frac{\sum\limits_{i=1}^{N}[(\boldsymbol{\sigma}-\bar{\boldsymbol{\sigma}})(\boldsymbol{\sigma}^*-\bar{\boldsymbol{\sigma}^*})]}{\sqrt{\sum\limits_{i=1}^{N}(\boldsymbol{\sigma}-\bar{\boldsymbol{\sigma}})^2\sum\limits_{i=1}^{N}(\boldsymbol{\sigma}^*-\bar{\boldsymbol{\sigma}^*})^2}},$$

其中，N为向量的元素总数，$\bar{\boldsymbol{\sigma}}$为$\boldsymbol{\sigma}$的均值，$\bar{\boldsymbol{\sigma}^*}$为$\boldsymbol{\sigma}^*$的均值. 重构图像相关系数CC反映重构图像与真实图像之间的相似程度，CC$\in[0,1]$，CC值越接近于1，表示重构图像质量越好.

（3）平均绝对值误差(mean absolute error，MAE)

$$\mathrm{MAE}=\frac{\|\boldsymbol{\sigma}-\boldsymbol{\sigma}^*\|_1}{N\|\boldsymbol{\sigma}^*\|_\infty},$$

其中，$\|\boldsymbol{\sigma}\|_\infty=\max\limits_k|\sigma_k|$. 平均绝对值误差对异常值不敏感，更能反映平均差异，MAE值越小，说明重构图像质量越好.

（4）均方根误差(root mean square error，RMSE)

$$\mathrm{RMSE}=\frac{\sqrt{\|\boldsymbol{\sigma}-\boldsymbol{\sigma}^*\|_2^2}}{\sqrt{N}\|\boldsymbol{\sigma}^*\|_\infty}.$$

均方根误差对异常值敏感，能够更好地衡量重构图像和真实模型之间大的偏差. RMSE越小，表示重构图像质量越好.

上述评价方法均依赖于场域内电导率的真实分布情况，故也称为有监督图像评价.

3.8 小结

本章系统地概述了EIT技术相关的理论基础与数值模拟通用设置情况. 首先从EIT数学模型开始介绍，其次通过EIT正问题和逆问题两方面展开讨

论，最后列出了几个常用的重构图像质量评价指标. EIT正问题计算是其逆问题求解的基础，主要包括全电极数学模型、正向算子性质、有限元离散、Jacobian矩阵计算的方法等. EIT逆问题的求解也是图像重构的过程，直接影响着成像的空间分辨率和实时性. 到目前为止，EIT逆问题的图像重构方法种类繁多，本书的目的是探讨基于正则化理论的图像重构方法，其本质都是通过对数据拟合项引入若干先验信息，其好处是不仅将具有严重不适定性的重构问题转化为适定性的重构问题，而且实现拟合数据保真和结构保持的高分辨率图像重构. 这里着重回顾和阐述了用于EIT图像重构的两类典型正则化方法，包括Tikhonov型正则化和迭代正则化，为后续的章节内容铺设了桥梁. 最后简单介绍了数值模拟通用设置以及图像质量评价指标，用于验证和评价后续章节所提出的各种正则化方法.

第 4 章　基于ℓ_1-范数正则化的快速稀疏重构方法

本章考虑基于Jacobian矩阵的线性化EIT问题：

$$\boldsymbol{J}\boldsymbol{\vartheta} = \boldsymbol{f}. \tag{4.0.1}$$

成像的目的转化为根据已知的$\boldsymbol{f}$和$\boldsymbol{J}$快速有效地求解非均匀电导率分布$\boldsymbol{\vartheta}$. 令$\boldsymbol{\sigma}^*$为真实的电导率分布，则真实的非均匀电导率分布为$\boldsymbol{\vartheta}^* := \boldsymbol{\sigma}^* - \boldsymbol{\sigma}_0$. 图像重构的目的是寻求$\boldsymbol{\vartheta}^*$的近似解$\boldsymbol{\vartheta}$. 最小二乘法是处理这一类问题最为流行的方法，对应的最小二乘问题为

$$\min_{\boldsymbol{\vartheta}} \frac{1}{2}\left\|\boldsymbol{J}\boldsymbol{\vartheta} - \boldsymbol{f}\right\|_2^2, \tag{4.0.2}$$

其中，$\left\|\cdot\right\|_2$为2-范数.

方程(4.0.2)的一阶最优性条件为

$$\left(\boldsymbol{J}^{\mathrm{T}}\boldsymbol{J}\right)\boldsymbol{\vartheta} = \boldsymbol{J}^{\mathrm{T}}\boldsymbol{f}.$$

由于EIT问题本身存在严重的不适定性，故$\boldsymbol{J}^{\mathrm{T}}\boldsymbol{J}$也是严重病态的. 为确保数值求解的稳定性，往往需要借助正则化技术，即添加解的先验信息到最小二乘问题当中，得到如下形式：

$$\min_{\boldsymbol{\vartheta}} \left\{\frac{1}{2}\left\|\boldsymbol{J}\boldsymbol{\vartheta} - \boldsymbol{f}\right\|_2^2 + \alpha\mathcal{R}(\boldsymbol{\vartheta})\right\}, \tag{4.0.3}$$

其中，$\mathcal{R}(\boldsymbol{\vartheta})$为正则化罚项，正则化参数$\alpha > 0$起着平衡数据拟合项和正则化罚项的作用，依赖于噪声水平.

对于正则化问题(4.0.3)，正则化参数α的选取很重要，其本身就是一个优化的过程. 如果正则化参数α值较小，则所构造的目标函数更接近原问题，但无法发挥正则化的作用，即解的不稳定性仍然存在；如果正则化参数α值较大，则可提高求解过程的稳定性，但同时会造成所构造的目标函数的近似解与原问题的解之间存在过大偏差. 最优的正则化参数选取应当兼顾这两种情况，包含着一种折中，即需在正则化解的程度和解的拟合质量之间进行折中. 正则化参数的确定，使用较为广泛的是L-曲线方法[182]和广义交叉检验(generalized cross-validation，GCV)方法[183]等传统方法.

L-曲线方法是指画出惩罚项$\mathcal{R}(\boldsymbol{\vartheta})$(纵坐标)与数据拟合项$\left\|\boldsymbol{J}\boldsymbol{\vartheta}-\boldsymbol{f}\right\|_2$(横坐标)之间的关系曲线，通常利用对数关系，即

$$(\zeta_\alpha,\eta_\alpha)\equiv(\log\left\|\boldsymbol{J}\boldsymbol{\vartheta}-\boldsymbol{f}\right\|_2,\log\mathcal{R}(\boldsymbol{\vartheta})),$$

并计算出曲线上的曲率，选取曲率中最大的点所对应的α值作为正则化参数值. 由于该曲线的形状酷似一个“L”，所以称其为L-曲线，并且L-曲线具有独特的L形状拐角，选择正则化参数的L-曲线准则的思想就是在L-曲线上选择一个位于垂直段的“拐角”上的点. 而定位“拐角”的方法即为选择L-曲线上曲率最大的点. 曲率为纯几何量，与正则化参数的变化无关，因此L-曲线准则为最大化曲率

$$\kappa_\alpha=\frac{\zeta'\eta''-\zeta''\eta'}{((\zeta')^2+(\eta')^2)^{3/2}},$$

这样，即可根据L-曲线准则找到合适的正则化参数. 总之，L-曲线方法是决定正则化参数较为方便的图线工具，显示了随正则化参数变化，正则化解的程度和对拟合质量之间的折中. 局限性在于L-曲线具有渐近性即非收敛性，而且L-曲线的拐点并不是任何时候都存在.

GCV方法已经在很多领域中得到广泛应用，是数理统计中广泛使用的工具，其基本思想是：将数据分成M组，交叉使用训练集和检验集，这样就可以把所有的数据集都用作参数估计和检验. 正则化参数α的GCV估计是找到使得如下函数$G(\alpha)$达到全局最小的α，有

$$G(\alpha)=\frac{\|(\boldsymbol{J}^{\mathrm{T}}\boldsymbol{J}+\alpha\boldsymbol{I})^{-1}\boldsymbol{f}\|_2}{\operatorname{tr}((\boldsymbol{J}^{\mathrm{T}}\boldsymbol{J}+\alpha\boldsymbol{I})^{-1})},$$

式中，$\operatorname{tr}(\boldsymbol{A})$表示矩阵$\boldsymbol{A}$的迹. GCV方法通过极小化目标函数找到最小值点来确定正则化参数，而该方法的目标函数的最小值点附近经常会出现极度平坦的情况，以致难以确定最小值点.

目前，在EIT的实际应用中，主要还是通过经验选取正则化参数α.

本章将主要介绍三种常见的正则化模型用于线性化的EIT图像重构问题. 首先，详细介绍最为经典的ℓ_2-范数正则化和TV正则化这两种比较传统的正则化重构模型. 其次，针对具有空间稀疏性的非均匀电导率分布，借

助空间域内的稀疏性度量，引入非光滑凸的ℓ_1-范数正则化模型进行稀疏重构，并采用快速的分裂Bregman迭代算法进行优化求解，目的是获得高质量的快速重构. 最后，通过数值模拟分别对三种正则化模型以及相关算法进行验证与比较.

4.1 ℓ_2-范数正则化

ℓ_2-范数正则化实际上为经典的Tikhonov正则化(TR)，采用ℓ_2-范数光滑约束作为正则化项，即

$$\mathcal{R}(\boldsymbol{\vartheta}) = \left\|\boldsymbol{R}\boldsymbol{\vartheta}\right\|_2^2, \tag{4.1.1}$$

则ℓ_2-范数正则化可表示为如下极小化问题：

$$\min_{\boldsymbol{\vartheta}} \left\{\frac{1}{2}\left\|\boldsymbol{J}\boldsymbol{\vartheta} - \boldsymbol{f}\right\|_2^2 + \alpha\left\|\boldsymbol{R}\boldsymbol{\vartheta}\right\|_2^2\right\}. \tag{4.1.2}$$

其中，$\boldsymbol{R}$为正则化矩阵，一般选取$\boldsymbol{R}$为单位矩阵，即$\boldsymbol{R} = \boldsymbol{I}$. 实际应用中，选择合适的正则化矩阵$\boldsymbol{R}$，可减少问题的病态性且能提高成像精度. 通常选取矩阵$\boldsymbol{R}$为一阶或二阶差分算子，对图像起到平滑的作用，可有效改善成像效果. 对于一维问题，一阶和二阶差分算子矩阵可表示如下：

$$\boldsymbol{R}_1 = \begin{pmatrix} -1 & 1 & & \\ & \ddots & \ddots & \\ & & -1 & 1 \end{pmatrix}, \quad \boldsymbol{R}_2 = \begin{pmatrix} -1 & 2 & 1 & & \\ & \ddots & \ddots & \ddots & \\ & & -1 & 2 & 1 \end{pmatrix}.$$

因目标函数可微，易知满足如下的Euler方程：

$$\left(\boldsymbol{J}^{\mathrm{T}}\boldsymbol{J} + \alpha\boldsymbol{R}^{\mathrm{T}}\boldsymbol{R}\right)\boldsymbol{\vartheta} = \boldsymbol{J}^{\mathrm{T}}\boldsymbol{f}. \tag{4.1.3}$$

于是，采用ℓ_2-范数正则化求解线性化EIT图像重构问题的解可写为

$$\boldsymbol{\sigma} = \boldsymbol{\sigma}_0 + \boldsymbol{\vartheta} = \boldsymbol{\sigma}_0 + \left(\boldsymbol{J}^{\mathrm{T}}\boldsymbol{J} + \alpha\boldsymbol{R}^{\mathrm{T}}\boldsymbol{R}\right)^{-1}\boldsymbol{J}^{\mathrm{T}}\boldsymbol{f}. \tag{4.1.4}$$

ℓ_2-范数正则化结构简单，可有效处理EIT的“不适定”问题，实时性好，已被广泛应用于EIT图像重构中，但由于ℓ_2-范数会过度惩罚，导致得到重构图像往往过度平滑，丧失边缘信息，无法准确体现其结构特征，大大降低了重构图像的空间分辨率.

4.2 TV正则化

全变差(TV)正则化用于线性化EIT图像重构时，采用成像区域内部电导率分布变化的变差函数作为正则化项，即取

$$\mathcal{R}(\boldsymbol{\vartheta}) = \mathrm{TV}(\boldsymbol{\vartheta}) = \int_{\Omega} \left|\nabla\boldsymbol{\vartheta}\right| \mathrm{d}\Omega, \tag{4.2.1}$$

其中，∇表示梯度算子.

由于绝对值在零点处的不可微性，实际应用中最常见的一个替代例子是

$$\mathrm{TV}_{\gamma}(\boldsymbol{\vartheta}) = \int_{\Omega} \sqrt{\left|\nabla\boldsymbol{\vartheta}\right|^2 + \gamma} \mathrm{d}\Omega, \tag{4.2.2}$$

其中，γ为光滑化变差参数，一般选择较小的正数，即$\gamma > 0$且$\gamma \to 0$. 故全变差正则化对应的极小化问题可表示为

$$\min_{\boldsymbol{\vartheta}} \left\{ \frac{1}{2}\left\|\boldsymbol{J}\boldsymbol{\vartheta} - \boldsymbol{f}\right\|_2^2 + \alpha \mathrm{TV}_{\gamma}(\boldsymbol{\vartheta}) \right\}. \tag{4.2.3}$$

易知相应的Euler方程为

$$\boldsymbol{J}^{\mathrm{T}}(\boldsymbol{J}\boldsymbol{\vartheta} - \boldsymbol{f}) + \alpha \mathcal{L}_{\gamma}(\boldsymbol{\vartheta})\boldsymbol{\vartheta} = 0, \tag{4.2.4}$$

其中，$\mathcal{L}_{\gamma}(\boldsymbol{\vartheta})$为扩散算子，作用到$\boldsymbol{v}$上，定义如下：

$$\mathcal{L}_{\gamma}(\boldsymbol{\vartheta})\boldsymbol{v} = -\nabla \cdot \left(\frac{1}{\sqrt{\left|\nabla\boldsymbol{\vartheta}\right|^2 + \gamma}} \nabla \boldsymbol{v} \right). \tag{4.2.5}$$

由于电导率分布采用分段常值表示在网格上进行离散，记连续变差函数(4.2.1)的离散形式为$\mathrm{TV}(\boldsymbol{\vartheta}) = \left\|\boldsymbol{D}\boldsymbol{\vartheta}\right\|_1$($\boldsymbol{D}$为梯度算子离散的稀疏矩阵)，可理解为刻画梯度场的$\ell_1$-稀疏性度量，则(4.2.2)的离散形式为

$$\mathrm{TV}_{\gamma}(\boldsymbol{\vartheta}) = \sum_{i=1}^{N} \sqrt{\left\|\boldsymbol{D}_i\boldsymbol{\vartheta}\right\|^2 + \gamma}, \tag{4.2.6}$$

故扩散算子的离散形式可表示为

$$\mathcal{L}_{\gamma}(\boldsymbol{\vartheta}) = \boldsymbol{D}^{\mathrm{T}}\boldsymbol{E}^{-1}\boldsymbol{D}, \tag{4.2.7}$$

其中，$\boldsymbol{E} = \mathrm{diag}(\eta_i)$，$\eta_i = \sqrt{\left\|\boldsymbol{D}_i\boldsymbol{\vartheta}\right\|^2 + \gamma}$，$i = 1, 2, \cdots, N$. 因此，相应的Euler方程变为

$$\boldsymbol{J}^{\mathrm{T}}(\boldsymbol{J}\boldsymbol{\vartheta} - \boldsymbol{f}) + \alpha \boldsymbol{D}^{\mathrm{T}}\boldsymbol{E}^{-1}\boldsymbol{D}\boldsymbol{\vartheta} = 0. \tag{4.2.8}$$

进而可通过传统的优化算法，例如最速下降法[98,99]、Newton法[100]或滞后扩散系数法(LDM)[92,100,101]等，求得近似解. 可见，传统处理全变差正则化极小化问题的技巧都需要借助于光滑参数γ.

下面介绍近年来处理绝对值不可微问题更为有效的主对偶内点法(primal dual interior point method，PDIPM)，用来求解全变差正则的线性化EIT问题. 主对偶内点法借助中心条件，其基本思想是通过对偶理论将原问题转化为其对偶问题，根据原问题与对偶问题在最优点处的目标函数值相等(即对偶间隙为零)的条件得到相应的互补性条件，引入中心参数，并结合可行性条件，进而应用Newton法求得原问题的解.

首先记全变差正则的线性化EIT问题为原问题(primal problem)，即

$$(P_\alpha)=\min_{\boldsymbol{\vartheta}}\left\{\frac{1}{2}\left\|\boldsymbol{J}\boldsymbol{\vartheta}-\boldsymbol{f}\right\|_2^2+\alpha\left\|\boldsymbol{D}\boldsymbol{\vartheta}\right\|_1\right\}. \tag{4.2.9}$$

引入对偶变量$\boldsymbol{x}$，则(4.2.9)的对偶问题(dual problem)为

$$(D_\alpha)=\max_{\boldsymbol{x},\|\boldsymbol{x}\|\leqslant 1}\min_{\boldsymbol{\vartheta}}\left\{\frac{1}{2}\left\|\boldsymbol{J}\boldsymbol{\vartheta}-\boldsymbol{f}\right\|_2^2+\alpha\boldsymbol{x}^{\mathrm{T}}\boldsymbol{D}\boldsymbol{\vartheta}\right\}. \tag{4.2.10}$$

对偶问题(4.2.10)中的极小化问题对应的一阶最优性条件为

$$\boldsymbol{J}^{\mathrm{T}}(\boldsymbol{J}\boldsymbol{\vartheta}-\boldsymbol{f})+\alpha\boldsymbol{D}^{\mathrm{T}}\boldsymbol{x}=0. \tag{4.2.11}$$

于是对偶问题可改写为

$$\begin{aligned}&(D_\alpha)=\max_{\boldsymbol{x},\|\boldsymbol{x}\|\leqslant 1}\left\{\frac{1}{2}\left\|\boldsymbol{J}\boldsymbol{\vartheta}-\boldsymbol{f}\right\|_2^2+\alpha\boldsymbol{x}^{\mathrm{T}}\boldsymbol{D}\boldsymbol{\vartheta}\right\},\\&\text{s.t.}\quad \boldsymbol{J}^{\mathrm{T}}(\boldsymbol{J}\boldsymbol{\vartheta}-\boldsymbol{f})+\alpha\boldsymbol{D}^{\mathrm{T}}\boldsymbol{x}=0.\end{aligned} \tag{4.2.12}$$

对偶间隙G_{PD}为

$$G_{\mathrm{PD}}=\frac{1}{2}\left\|\boldsymbol{J}\boldsymbol{\vartheta}-\boldsymbol{f}\right\|_2^2+\alpha\left\|\boldsymbol{D}\boldsymbol{\vartheta}\right\|_1-\frac{1}{2}\left\|\boldsymbol{J}\boldsymbol{\vartheta}-\boldsymbol{f}\right\|_2^2-\alpha\boldsymbol{x}^{\mathrm{T}}\boldsymbol{D}\boldsymbol{\vartheta}. \tag{4.2.13}$$

令$G_{\mathrm{PD}}=0$，得到互补性条件：

$$\left\|\boldsymbol{D}\boldsymbol{\vartheta}\right\|_1-\boldsymbol{x}^{\mathrm{T}}\boldsymbol{D}\boldsymbol{\vartheta}=0\Leftrightarrow \boldsymbol{D}_i\boldsymbol{\vartheta}-\left\|\boldsymbol{D}_i\boldsymbol{\vartheta}\right\|x_i=0,\quad i=1,2,\cdots,N. \tag{4.2.14}$$

由于式(4.2.14)在$\boldsymbol{D}_i\boldsymbol{\vartheta}=0$处不可微，需应用中心条件来帮助建立主对偶内点法. 这里通过$\sqrt{\left\|\boldsymbol{D}_i\boldsymbol{\vartheta}\right\|^2+\gamma}$(这里$\gamma$为中心参数，$\gamma>0$)代替$\left\|\boldsymbol{D}_i\boldsymbol{\vartheta}\right\|$来实现. 当$\gamma\to 0$时，中心路径曲线收敛到原问题和对偶问题的解. 再结合可行性条件，从而建立如下的主对偶内点法框架，即

$$\begin{cases}\|\boldsymbol{x}\|\leqslant 1,\\ \boldsymbol{J}^{\mathrm{T}}(\boldsymbol{J}\boldsymbol{\vartheta}-\boldsymbol{f})+\alpha\boldsymbol{D}^{\mathrm{T}}\boldsymbol{x}=0,\\ \boldsymbol{D}_i\boldsymbol{\vartheta}-\sqrt{\left\|\boldsymbol{D}_i\boldsymbol{\vartheta}\right\|^2+\gamma}\,x_i=0,\quad i=1,2,\cdots,N,\end{cases} \tag{4.2.15}$$

写成矩阵形式

$$\begin{cases} \|\boldsymbol{x}\| \leqslant 1, \\ \boldsymbol{J}^{\mathrm{T}}(\boldsymbol{J}\boldsymbol{\vartheta}-\boldsymbol{f})+\alpha\boldsymbol{D}^{\mathrm{T}}\boldsymbol{x}=0, \\ \boldsymbol{D}\boldsymbol{\vartheta}-\boldsymbol{E}\boldsymbol{x}=0, \end{cases} \tag{4.2.16}$$

其中，$\boldsymbol{E}=\mathrm{diag}(\eta_i)$，$\eta_i=\sqrt{\left\|\boldsymbol{D}_i\boldsymbol{\vartheta}\right\|^2+\gamma},\ \ i=1,2,\cdots,N.$

下面采用Newton法求解方程(4.2.16)，集中研究中心路径上的点. 定义

$$\boldsymbol{X}=\mathrm{diag}(\boldsymbol{x}),\quad \boldsymbol{G}=\mathrm{diag}(\boldsymbol{D}_i\boldsymbol{\vartheta}),$$

对方程(4.2.16)的左边分别关于$\boldsymbol{\vartheta}$和$\boldsymbol{x}$求偏导，有

$$\begin{gathered} \frac{\partial}{\partial\boldsymbol{\vartheta}}\left[\boldsymbol{J}^{\mathrm{T}}(\boldsymbol{J}\boldsymbol{\vartheta}-\boldsymbol{f})+\alpha\boldsymbol{D}^{\mathrm{T}}\boldsymbol{x}\right]=\boldsymbol{J}^{\mathrm{T}}\boldsymbol{J},\quad \frac{\partial}{\partial\boldsymbol{x}}\left[\boldsymbol{J}^{\mathrm{T}}(\boldsymbol{J}\boldsymbol{\vartheta}-\boldsymbol{f})+\alpha\boldsymbol{D}^{\mathrm{T}}\boldsymbol{x}\right]=\alpha\boldsymbol{D}^{\mathrm{T}}, \\ \frac{\partial}{\partial\boldsymbol{\vartheta}}\left[\boldsymbol{D}\boldsymbol{\vartheta}-\boldsymbol{E}\boldsymbol{x}\right]=\boldsymbol{H}\boldsymbol{D},\quad \frac{\partial}{\partial\boldsymbol{x}}\left[\boldsymbol{D}\boldsymbol{\vartheta}-\boldsymbol{E}\boldsymbol{x}\right]=-\boldsymbol{E}. \end{gathered} \tag{4.2.17}$$

记$\boldsymbol{H}=\boldsymbol{I}-\boldsymbol{X}\boldsymbol{E}^{-1}\boldsymbol{G}$，于是得到相应的Newton修正公式：

$$\begin{bmatrix} \boldsymbol{J}^{\mathrm{T}}\boldsymbol{J} & \alpha\boldsymbol{D}^{\mathrm{T}} \\ \boldsymbol{H}\boldsymbol{D} & -\boldsymbol{E} \end{bmatrix}\begin{bmatrix} \Delta\boldsymbol{\vartheta} \\ \Delta\boldsymbol{x} \end{bmatrix}=-\begin{bmatrix} \boldsymbol{J}^{\mathrm{T}}(\boldsymbol{J}\boldsymbol{\vartheta}-\boldsymbol{f})+\alpha\boldsymbol{D}^{\mathrm{T}}\boldsymbol{x} \\ \boldsymbol{D}\boldsymbol{\vartheta}-\boldsymbol{E}\boldsymbol{x} \end{bmatrix}. \tag{4.2.18}$$

通过消元法分别分离出原问题的修正量$\Delta\boldsymbol{\vartheta}$和对偶问题的修正量$\Delta\boldsymbol{x}$，如下：

$$\begin{cases} \Delta\boldsymbol{\vartheta}=-\left[\boldsymbol{J}^{\mathrm{T}}\boldsymbol{J}+\alpha\boldsymbol{D}^{\mathrm{T}}\boldsymbol{E}^{-1}\boldsymbol{H}\boldsymbol{D}\right]^{-1}\left[\boldsymbol{J}^{\mathrm{T}}(\boldsymbol{J}\boldsymbol{\vartheta}-\boldsymbol{f})+\alpha\boldsymbol{D}^{\mathrm{T}}\boldsymbol{E}^{-1}\boldsymbol{D}\boldsymbol{\vartheta}\right], \\ \Delta\boldsymbol{x}=-\boldsymbol{X}+\boldsymbol{E}^{-1}\boldsymbol{D}\boldsymbol{\vartheta}+\boldsymbol{E}^{-1}\boldsymbol{H}\boldsymbol{D}\Delta\boldsymbol{\vartheta}. \end{cases} \tag{4.2.19}$$

因为$\Delta\boldsymbol{\vartheta}$为原问题的下降方向，采用传统的线性搜索程序确定步长因子$\lambda_{\boldsymbol{\vartheta}}$，然后修正原问题的解，即$\boldsymbol{\vartheta}^{k+1}=\boldsymbol{\vartheta}^k+\lambda_{\boldsymbol{\vartheta}}\Delta\boldsymbol{\vartheta}^k$，其中$k$为迭代步. 但是无法保证$\Delta\boldsymbol{x}$为对偶问题的下降方向，根据步长准则[102]确定步长因子$\lambda_{\Delta\boldsymbol{x}}$，于是

$$\boldsymbol{x}^{k+1}=\boldsymbol{x}^k+\min(1,\lambda_{\Delta\boldsymbol{x}})\Delta\boldsymbol{x}^k,$$

其中，

$$\lambda_{\Delta\boldsymbol{x}}=\max\left\{\lambda_{\Delta\boldsymbol{x}}:|x_i^k+\lambda_{\Delta\boldsymbol{x}}\Delta x_i^k|\leqslant 1, i=1,2,\cdots,N\right\}.$$

事实上，主对偶内点法为滞后扩散系数不动点迭代法和Newton法的插值，也就是说，该算法起初类似于全局收敛的滞后扩散系数不动点迭代法，当接近最优解时，该算法又类似于快速局部收敛的Newton法. 特别地，对于非常小的参数γ，主对偶内点法仍能获得很好的收敛性，而传统

的光滑化TV方法，对于小的光滑化变差参数γ(例如$\gamma = 0.01$)，它们的收敛性一般都很慢或会发散[184]. 因此，主对偶内点法是一种稳定、快速、收敛的有效方法. 算法4.1列出了线性化EIT全变差正则重构的PDIPM法的完整伪代码.

算法4.1. 线性化EIT全变差正则重构的PDIPM法

输入：$k_{\max}$，ε，q_γ，γ^0，$\boldsymbol{U}^\delta$，$\boldsymbol{\sigma}_0$

初始化：$k=0$，$\boldsymbol{\vartheta}^0=\mathbf{0}$，$\boldsymbol{x}^0=\mathbf{0}$

计算：$\boldsymbol{J}=F'(\boldsymbol{\sigma}_0)$，$\boldsymbol{f}=\boldsymbol{U}^\delta-F(\boldsymbol{\sigma}_0)$

主迭代：

While $k<k_{\max}$ 或 $G_{\mathrm{PD}}<\varepsilon$

- $\eta_i=\sqrt{\left\|\boldsymbol{D}_i\boldsymbol{\vartheta}^k\right\|^2+\gamma^k}$
- $\boldsymbol{E}=\mathrm{diag}(\eta_i)$
- $\boldsymbol{X}=\mathrm{diag}(\boldsymbol{x}^k)$
- $\boldsymbol{G}=\mathrm{diag}(\boldsymbol{D}_i\boldsymbol{\vartheta}^k)$
- $\boldsymbol{H}=\boldsymbol{I}-\boldsymbol{X}\boldsymbol{E}^{-1}\boldsymbol{G}$
- 根据(4.2.19)计算Newton修正量，即
  $\Delta\boldsymbol{\vartheta}^k=-\left[\boldsymbol{J}^{\mathrm{T}}\boldsymbol{J}+\alpha\boldsymbol{D}^{\mathrm{T}}\boldsymbol{E}^{-1}\boldsymbol{H}\boldsymbol{D}\right]^{-1}\left[\boldsymbol{J}^{\mathrm{T}}(\boldsymbol{J}\boldsymbol{\vartheta}^k-\boldsymbol{f})+\alpha\boldsymbol{D}^{\mathrm{T}}\boldsymbol{E}^{-1}\boldsymbol{D}\boldsymbol{\vartheta}^k\right]$
  $\Delta\boldsymbol{x}^k=-\boldsymbol{X}+\boldsymbol{E}^{-1}\boldsymbol{D}\boldsymbol{\vartheta}^k+\boldsymbol{E}^{-1}\boldsymbol{H}\boldsymbol{D}\Delta\boldsymbol{\vartheta}^k$
- 通过线搜索确定步长因子$\lambda_{\boldsymbol{\vartheta}}$
- 通过步长准则确定步长因子$\lambda_{\Delta\boldsymbol{x}}$，即
  $\lambda_{\Delta\boldsymbol{x}}=\max\left\{\lambda_{\Delta\boldsymbol{x}}:|x_i^k+\lambda_{\Delta\boldsymbol{x}}\Delta x_i^k|\leqslant 1,\ i=1,2,\cdots,N\right\}$
- 修正原问题变量：$\boldsymbol{\vartheta}^{k+1}=\boldsymbol{\vartheta}^k+\lambda_{\boldsymbol{\vartheta}}\Delta\boldsymbol{\vartheta}^k$
- 修正对偶问题变量：$\boldsymbol{x}^{k+1}=\boldsymbol{x}^k+\min(1,\lambda_{\Delta\boldsymbol{x}})\Delta\boldsymbol{x}^k$
- 计算对偶间隙：$G_{\mathrm{PD}}=\alpha\left\|\boldsymbol{D}\boldsymbol{\vartheta}^{k+1}\right\|_1-\alpha(\boldsymbol{x}^{k+1})^{\mathrm{T}}\boldsymbol{D}\boldsymbol{\vartheta}^{k+1}$
- 修正$\gamma^{k+1}=q_\gamma\gamma^k$
- 更新$k\leftarrow k+1$

End

输出近似解：$\boldsymbol{\vartheta}:=\boldsymbol{\vartheta}^{k+1}$

修正电导率分布：$\boldsymbol{\sigma}=\boldsymbol{\sigma}_0+\boldsymbol{\vartheta}$

TV正则化方法有效解决了ℓ_2-范数正则化边缘过于光滑的问题，可抑制离散目标体的边缘过于光滑，能够有效识别重构图像的边缘信息，具有较好的保边缘性，但会在重构图像的背景区域中产生“阶梯效应”，阶梯效应直接影响着重构图像的空间分辨率，限制了TV正则化方法在EIT中的应用.

4.3 ℓ_1-范数正则化

电导率结构包含已知的背景电导率和若干稀疏的非均匀电导率分布，

而令人感兴趣的则是这些远离背景的非均匀电导率的分布情况. 针对具有空间稀疏性的非均匀电导率分布问题，本节基于Jacobian矩阵的线性化EIT问题，引入非光滑的l_1-范数正则化模型进行稀疏重构，并采用快速分裂Bregman迭代算法进行优化求解不可微的目标泛函的极值，目的是获得高质量的快速重构.

当初始电导率估计$\boldsymbol{\sigma}_0$取为已知的背景电导率分布时，求解的非均匀电导率分布$\boldsymbol{\vartheta}(:= \boldsymbol{\sigma} - \boldsymbol{\sigma}_0)$很显然在空间域具有稀疏性. 为此，这里引入稀疏约束(即ℓ_1-范数)的先验信息，即取

$$\mathcal{R}(\boldsymbol{\vartheta}) = \left\|\boldsymbol{\vartheta}\right\|_1,$$

这里，$\left\|\cdot\right\|_1$为1-范数，表示各分量的绝对值和，即$\left\|\boldsymbol{\vartheta}\right\|_1 = \sum\limits_k \left|[\boldsymbol{\vartheta}]_k\right|$.

于是ℓ_1-范数正则化可表示为如下极小化问题：

$$\min_{\boldsymbol{\vartheta}} \left\{\frac{1}{2}\left\|\boldsymbol{J}\boldsymbol{\vartheta} - \boldsymbol{f}\right\|_2^2 + \alpha\left\|\boldsymbol{\vartheta}\right\|_1\right\}. \tag{4.3.1}$$

然而该极小化问题的目标泛函在零点处不可微，使得传统的优化方法不再适用，无法显式计算极小解. 近年来，随着压缩感知理论的广泛应用，ℓ_1-范数极小化问题的研究取得了很大进展，比如IST[113]、内点法(L1-LS)[116]、FIST[117]、分裂Bregman[118]等，相关优化算法的回顾可参见文献[119].

下面详细介绍采用快速的分裂Bregman迭代算法进行求解的过程.

Bregman迭代以及后续的线性化Bregman迭代、分裂Bregman迭代等研究成果[185,186]是Osher等人在研究利用全变分正则化方法对图像进行去噪时提出的新型迭代法，而后被用于压缩感知问题，并取得了很好的重构效果. 尽管Bregman迭代技术可显著改善求解结果，但需付出多次求解与原问题复杂度相近或相同的子问题的代价，加剧了算法的时间复杂度. 2009年，Goldstein和Osher在文献[118]中结合算子分裂技术和Bregman迭代正则技术提出了一种快速的分裂Bregman算法，扩展了Bregman迭代和线性化Bregman迭代的效用范围. 尤其对于ℓ_1-范数极小化问题，分裂Bregman算法具有快速求解的优势，被广泛应用到了图像重构问题[187,188]和地球物理反问题[111]当中.

分裂Bregman算法的基本思想是通过引入一个辅助变量，借助辅助变量，替换原目标泛函中较难处理的ℓ_1-范数项，并添加辅助变量和被替换项之间的等式约束，以确保新问题与原问题的等价性，继而再应用Bregman迭代对新问题进行交替迭代优化求解. 目的是对原问题目标泛函中的ℓ_1-范数和ℓ_2-范数进行解耦(即分离出ℓ_1-范数项)，转化为两个易于求解的子问题.

下面介绍采用分裂Bregman算法数值求解线性化EIT问题的ℓ_1-范数正则化重构模型(4.3.1)，把保真的数据拟合项与ℓ_1-范数正则项分裂成一列容易求解的无约束优化子问题，从而大大简化原问题的求解.

首先需要引入一个辅助变量$\boldsymbol{d}$和一个等式约束$\boldsymbol{d}=\boldsymbol{\vartheta}$，将(4.3.1)转化为一个约束优化问题

$$\min_{\boldsymbol{\vartheta}}\left\{\frac{1}{2}\left\|\boldsymbol{J}\boldsymbol{\vartheta}-\boldsymbol{f}\right\|_2^2+\alpha\left\|\boldsymbol{d}\right\|_1\right\}\ \text{s.t.}\ \ \boldsymbol{d}=\boldsymbol{\vartheta}. \tag{4.3.2}$$

然后再将(4.3.2)改写成相应的无约束优化问题：

$$\min_{\boldsymbol{\vartheta},\boldsymbol{d}}\left\{\frac{1}{2}\left\|\boldsymbol{J}\boldsymbol{\vartheta}-\boldsymbol{f}\right\|_2^2+\alpha\left\|\boldsymbol{d}\right\|_1+\frac{\beta}{2}\left\|\boldsymbol{d}-\boldsymbol{\vartheta}\right\|_2^2\right\}, \tag{4.3.3}$$

其中，$\beta>0$称为松弛因子.

记$E(\boldsymbol{\vartheta},\boldsymbol{d})=\dfrac{1}{2}\left\|\boldsymbol{J}\boldsymbol{\vartheta}-\boldsymbol{f}\right\|_2^2+\alpha\left\|\boldsymbol{d}\right\|_1$，其Bregman距离定义为

$$D_E^p(\boldsymbol{\vartheta},\boldsymbol{d},\boldsymbol{\vartheta}^k,\boldsymbol{d}^k)=E(\boldsymbol{\vartheta},\boldsymbol{d})-E(\boldsymbol{\vartheta}^k,\boldsymbol{d}^k)-\langle\boldsymbol{p}_{\boldsymbol{\vartheta}}^k,\boldsymbol{\vartheta}-\boldsymbol{\vartheta}^k\rangle-\langle\boldsymbol{p}_{\boldsymbol{d}}^k,\boldsymbol{d}-\boldsymbol{d}^k\rangle, \tag{4.3.4}$$

其中，$\boldsymbol{p}_{\boldsymbol{\vartheta}}^k\in\partial_{\boldsymbol{\vartheta}}E(\boldsymbol{\vartheta}^k,\boldsymbol{d}^k)$，$\boldsymbol{p}_{\boldsymbol{d}}^k\in\partial_{\boldsymbol{d}}E(\boldsymbol{\vartheta}^k,\boldsymbol{d}^k)$分别为$E(\boldsymbol{\vartheta},\boldsymbol{d})$在$(\boldsymbol{\vartheta}^k,\boldsymbol{d}^k)$处关于$\boldsymbol{\vartheta}$与$\boldsymbol{d}$的次微分.

Bregman迭代的思想是将$E(\boldsymbol{\vartheta},\boldsymbol{d})$替换为其Bregman距离$D_E^p(\boldsymbol{\vartheta},\boldsymbol{d},\boldsymbol{\vartheta}^k,\boldsymbol{d}^k)$，从而转化为迭代求解如下的子问题：

$$\begin{aligned}(\boldsymbol{\vartheta}^{k+1},\boldsymbol{d}^{k+1})&=\arg\min_{\boldsymbol{\vartheta},\boldsymbol{d}}\left\{D_E^p(\boldsymbol{\vartheta},\boldsymbol{d},\boldsymbol{\vartheta}^k,\boldsymbol{d}^k)+\frac{\beta}{2}\left\|\boldsymbol{d}-\boldsymbol{\vartheta}\right\|_2^2\right\}\\&=\arg\min_{\boldsymbol{\vartheta},\boldsymbol{d}}\left\{E(\boldsymbol{\vartheta},\boldsymbol{d})-\langle\boldsymbol{p}_{\boldsymbol{\vartheta}}^k,\boldsymbol{\vartheta}-\boldsymbol{\vartheta}^k\rangle-\langle\boldsymbol{p}_{\boldsymbol{d}}^k,\boldsymbol{d}-\boldsymbol{d}^k\rangle\right.\\&\qquad\left.+\frac{\beta}{2}\left\|\boldsymbol{d}-\boldsymbol{\vartheta}\right\|_2^2\right\},\end{aligned} \tag{4.3.5}$$

其中，迭代次数$k=0,1,2,\cdots$.

由于次梯度$\boldsymbol{p}_{\boldsymbol{\vartheta}}^{k+1}\in\partial_{\boldsymbol{\vartheta}}E(\boldsymbol{\vartheta}^{k+1},\boldsymbol{d}^{k+1})$, $\boldsymbol{p}_{\boldsymbol{d}}^{k+1}\in\partial_{\boldsymbol{d}}E(\boldsymbol{\vartheta}^{k+1},\boldsymbol{d}^{k+1})$，从而可确定关于$\boldsymbol{p}_{\boldsymbol{\vartheta}},\boldsymbol{p}_{\boldsymbol{d}}$的迭代更新公式：

$$\begin{cases}\boldsymbol{p}_{\boldsymbol{\vartheta}}^{k+1}=\boldsymbol{p}_{\boldsymbol{\vartheta}}^k-\beta\big(\boldsymbol{\vartheta}^{k+1}-\boldsymbol{d}^{k+1}\big),\\\boldsymbol{p}_{\boldsymbol{d}}^{k+1}=\boldsymbol{p}_{\boldsymbol{d}}^k-\beta\big(\boldsymbol{d}^{k+1}-\boldsymbol{\vartheta}^{k+1}\big).\end{cases} \tag{4.3.6}$$

于是，完整的Bregman迭代格式如下：

$$\begin{cases}(\boldsymbol{\vartheta}^{k+1},\boldsymbol{d}^{k+1})=\arg\min\limits_{\boldsymbol{\vartheta},\boldsymbol{d}}\left\{E(\boldsymbol{\vartheta},\boldsymbol{d})-\langle\boldsymbol{p}_{\boldsymbol{\vartheta}}^k,\boldsymbol{\vartheta}-\boldsymbol{\vartheta}^k\rangle-\langle\boldsymbol{p}_{\boldsymbol{d}}^k,\boldsymbol{d}-\boldsymbol{d}^k\rangle,\right.\\\qquad\qquad\left.+\dfrac{\beta}{2}\left\|\boldsymbol{d}-\boldsymbol{\vartheta}\right\|_2^2\right\},\\\boldsymbol{p}_{\boldsymbol{\vartheta}}^{k+1}=\boldsymbol{p}_{\boldsymbol{\vartheta}}^k-\beta\big(\boldsymbol{\vartheta}^{k+1}-\boldsymbol{d}^{k+1}\big),\\\boldsymbol{p}_{\boldsymbol{d}}^{k+1}=\boldsymbol{p}_{\boldsymbol{d}}^k-\beta\big(\boldsymbol{d}^{k+1}-\boldsymbol{\vartheta}^{k+1}\big).\end{cases} \tag{4.3.7}$$

为进一步简化迭代公式，引入新的变量$\boldsymbol{b}_{\boldsymbol{d}}^k = \boldsymbol{p}_{\boldsymbol{d}}^k/\beta$，显然有

$$\boldsymbol{p}_{\boldsymbol{d}}^k = \beta \boldsymbol{b}_{\boldsymbol{d}}^k, \quad \boldsymbol{p}_{\boldsymbol{\vartheta}}^k = -\beta \boldsymbol{b}_{\boldsymbol{d}}^k. \tag{4.3.8}$$

将(4.3.8)代入(4.3.5)得到

$$\begin{aligned}
&(\boldsymbol{\vartheta}^{k+1}, \boldsymbol{d}^{k+1}) \\
&= \arg\min_{\boldsymbol{\vartheta},\boldsymbol{d}} \left\{ E(\boldsymbol{\vartheta}, \boldsymbol{d}) - \langle \boldsymbol{p}_{\boldsymbol{\vartheta}}^k, \boldsymbol{\vartheta} - \boldsymbol{\vartheta}^k \rangle - \langle \boldsymbol{p}_{\boldsymbol{d}}^k, \boldsymbol{d} - \boldsymbol{d}^k \rangle + \frac{\beta}{2} \left\| \boldsymbol{d} - \boldsymbol{\vartheta} \right\|_2^2 \right\} \\
&= \arg\min_{\boldsymbol{\vartheta},\boldsymbol{d}} \left\{ E(\boldsymbol{\vartheta}, \boldsymbol{d}) + \beta \langle \boldsymbol{b}_{\boldsymbol{d}}^k, \boldsymbol{\vartheta} - \boldsymbol{\vartheta}^k \rangle - \beta \langle \boldsymbol{b}_{\boldsymbol{d}}^k, \boldsymbol{d} - \boldsymbol{d}^k \rangle + \frac{\beta}{2} \left\| \boldsymbol{d} - \boldsymbol{\vartheta} \right\|_2^2 \right\} \\
&= \arg\min_{\boldsymbol{\vartheta},\boldsymbol{d}} \left\{ E(\boldsymbol{\vartheta}, \boldsymbol{d}) - \beta \langle \boldsymbol{b}_{\boldsymbol{d}}^k, \boldsymbol{d} - \boldsymbol{\vartheta} \rangle + \frac{\beta}{2} \left\| \boldsymbol{d} - \boldsymbol{\vartheta} \right\|_2^2 \right\} \\
&= \arg\min_{\boldsymbol{\vartheta},\boldsymbol{d}} \left\{ \frac{1}{2} \left\| \boldsymbol{J}\boldsymbol{\vartheta} - \boldsymbol{f} \right\|_2^2 + \alpha \left\| \boldsymbol{d} \right\|_1 + \frac{\beta}{2} \left\| \boldsymbol{d} - \boldsymbol{\vartheta} - \boldsymbol{b}_{\boldsymbol{d}}^k \right\|_2^2 \right\}.
\end{aligned} \tag{4.3.9}$$

于是式(4.3.7)可等价地改写为如下形式：

$$\begin{cases}
(\boldsymbol{\vartheta}^{k+1}, \boldsymbol{d}^{k+1}) = \arg\min\limits_{\boldsymbol{\vartheta},\boldsymbol{d}} \left\{ \dfrac{1}{2} \left\| \boldsymbol{J}\boldsymbol{\vartheta} - \boldsymbol{f} \right\|_2^2 + \alpha \left\| \boldsymbol{d} \right\|_1 + \dfrac{\beta}{2} \left\| \boldsymbol{d} - \boldsymbol{\vartheta} - \boldsymbol{b}_{\boldsymbol{d}}^k \right\|_2^2 \right\}, \\
\boldsymbol{b}_{\boldsymbol{d}}^{k+1} = \boldsymbol{b}_{\boldsymbol{d}}^k + \left(\boldsymbol{\vartheta}^{k+1} - \boldsymbol{d}^{k+1} \right).
\end{cases} \tag{4.3.10}$$

可见，Bregman迭代是将原问题(4.3.1)转化为一类无约束优化问题的交替迭代求解与Bregman参数$\boldsymbol{b}_{\boldsymbol{d}}^k$更新的过程.

根据交替方向优化的思想，可将(4.3.10)中的第一个子问题分裂成两个分别关于$\boldsymbol{\vartheta}$和$\boldsymbol{d}$的极小化问题，从而得到了三步分裂Bregman迭代格式：

$$\begin{cases}
\text{Step 1}: \boldsymbol{\vartheta}^{k+1} = \arg\min\limits_{\boldsymbol{\vartheta}} \left\{ \dfrac{1}{2} \left\| \boldsymbol{J}\boldsymbol{\vartheta} - \boldsymbol{f} \right\|_2^2 + \dfrac{\beta}{2} \left\| \boldsymbol{d}^k - \boldsymbol{\vartheta} - \boldsymbol{b}_{\boldsymbol{d}}^k \right\|_2^2 \right\}, \\
\text{Step 2}: \boldsymbol{d}^{k+1} = \arg\min\limits_{\boldsymbol{d}} \left\{ \alpha \left\| \boldsymbol{d} \right\|_1 + \dfrac{\beta}{2} \left\| \boldsymbol{d} - \boldsymbol{\vartheta}^{k+1} - \boldsymbol{b}_{\boldsymbol{d}}^k \right\|_2^2 \right\}, \\
\text{Step 3}: \boldsymbol{b}_{\boldsymbol{d}}^{k+1} = \boldsymbol{b}_{\boldsymbol{d}}^k + \left(\boldsymbol{\vartheta}^{k+1} - \boldsymbol{d}^{k+1} \right).
\end{cases} \tag{4.3.11}$$

注意到Step 1是一个关于$\boldsymbol{\vartheta}$的二次优化问题，相应的变分方程为

$$\left(\boldsymbol{J}^{\mathrm{T}}\boldsymbol{J} + \beta \boldsymbol{I} \right) \boldsymbol{\vartheta} = \beta \left(\boldsymbol{d}^k - \boldsymbol{b}_{\boldsymbol{d}}^k \right) + \boldsymbol{J}^{\mathrm{T}} \boldsymbol{f}. \tag{4.3.12}$$

Step 2可理解为Gauss噪声下的ℓ_1-范数正则化图像恢复问题，可通过软阈值算子得到其解析解，对应的最优解为

$$\boldsymbol{d}^{k+1} = \arg\min_{\boldsymbol{d}} \left\{ \frac{\alpha}{\beta} \left\| \boldsymbol{d} \right\|_1 + \frac{1}{2} \left\| \boldsymbol{d} - \boldsymbol{\vartheta}^{k+1} - \boldsymbol{b}_{\boldsymbol{d}}^k \right\|_2^2 \right\}$$

$$= \text{prox}_{\frac{\alpha}{\beta}\|\cdot\|_1}(\boldsymbol{\vartheta}^{k+1} + \boldsymbol{b}_{\boldsymbol{d}}^k) = \text{Shrinkage}\big(\boldsymbol{\vartheta}^{k+1} + \boldsymbol{b}_{\boldsymbol{d}}^k, \alpha/\beta\big), \qquad (4.3.13)$$

其中，Shrinkage表示著名的软阈值收缩算子，分量形式定义为

$$\text{Shrinkage}(x,t) = \text{sign}(x)\max(|x|-t,0) = \begin{cases} x-t, & x \geqslant t, \\ 0, & |x| < t, \\ x+t, & x \leqslant -t. \end{cases}$$

容易发现，Step 2压制了所有小分量，起到了稀疏促进的作用.

综上所述，分裂Bregman迭代算法主要包括三个子步，而整个算法的计算复杂度主要取决于如何快速优化子问题Step 1，即方程(6.2.2)的快速求解问题. 因此，一般通过适当的参数选取，分裂Bregman迭代算法可以很快地收敛，往往只需少数几步迭代即可获得很好的重构结果，详细的理论分析可参考文献[118, 189]. 而关于分裂Bregman迭代算法中的参数选取问题将在数值模拟部分给出分析. 算法4.2描述了分裂Bregman迭代算法实现非均匀电导率稀疏重构的完整程序. 这里，初始电导率估计$\boldsymbol{\sigma}_0$为已知的背景电导率分布.

算法4.2. 线性化EIT稀疏正则重构的分裂Bregman迭代算法

输入参数：$\boldsymbol{U}^{\boldsymbol{\delta}}$，$\boldsymbol{\sigma}_0$，$\alpha$，$\beta$，$\varepsilon$
初始化：$\boldsymbol{\vartheta}^0 = \boldsymbol{0}$，$\boldsymbol{d}^0 = \boldsymbol{0}$，$\boldsymbol{b}_{\boldsymbol{d}}^0 = \boldsymbol{0}$
计算：$\boldsymbol{J} = F'(\boldsymbol{\sigma}_0)$，$\boldsymbol{f} = \boldsymbol{U}^{\boldsymbol{\delta}} - F(\boldsymbol{\sigma}_0)$，$\boldsymbol{B} = \boldsymbol{J}^{\mathrm{T}}\boldsymbol{J} + \beta\boldsymbol{I}$
主迭代：
　While$\|\boldsymbol{\vartheta}^{k+1} - \boldsymbol{\vartheta}^k\|/\|\boldsymbol{\vartheta}^k\| > \varepsilon$
　　Step 1：$\boldsymbol{\vartheta}^{k+1} = \boldsymbol{B}^{-1}\big[\beta(\boldsymbol{d}^k - \boldsymbol{b}_{\boldsymbol{d}}^k) + \boldsymbol{J}^{\mathrm{T}}\boldsymbol{f}\big]$
　　Step 2：$\boldsymbol{d}^{k+1} = \text{Shrinkage}(\boldsymbol{\vartheta}^{k+1} + \boldsymbol{b}_{\boldsymbol{d}}^k, \alpha/\beta)$
　　Step 3：$\boldsymbol{b}_{\boldsymbol{d}}^{k+1} = \boldsymbol{b}_{\boldsymbol{d}}^k + \boldsymbol{\vartheta}^{k+1} - \boldsymbol{d}^{k+1}$
　　更新$k \leftarrow k+1$
　End
输出近似解：$\boldsymbol{\vartheta} := \boldsymbol{\vartheta}^{k+1}$
修正电导率分布：$\boldsymbol{\sigma} = \boldsymbol{\sigma}_0 + \boldsymbol{\vartheta}$

4.4 数值模拟

为了检验所提方法在线性化EIT成像问题中的可行性与有效性，本节设计了三种不同的测试模型，如图4.1所示，从左到右依次为：模型A、模型B、模型C，其中非均匀电导率分布(即异常体)分别占有36个单元、12个单元和37个单元，而重构区域离散的总单元数为492. 显然，对于重构非均匀电导率分布的线性化问题，三种测试模型都具有空间稀疏性. 电阻率为

电导率的倒数，其单位为$\Omega\cdot\mathrm{m}$. 图4.1所示中，高电阻率异常体和低电阻率异常体分别用红色和蓝色显示(见彩图)，其值分别为$8\Omega\cdot\mathrm{m}$和$2\Omega\cdot\mathrm{m}$，背景电阻率取值为$4\Omega\cdot\mathrm{m}$. 除非另有说明，接下来所有的重构图像均以2~8的统一色标尺度显示.

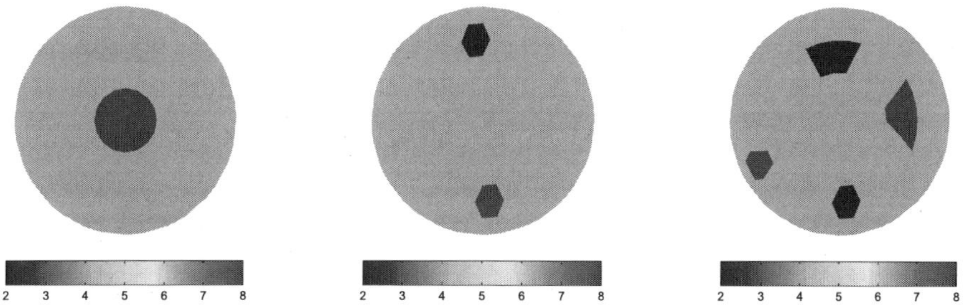

图 4.1 三种测试模型：模型A(左)；模型B(中)；模型C(右)

为进一步衡量重构算法对重构图像质量的影响，下面引入重构图像的相对绝对值误差(MAE)和均方根误差(RMSE)进行分析，均方根误差能够更好地衡量重构图像和真实模型之间大的偏差，而绝对值误差更能反映平均差异.

众所周知，在正则化中，正则化参数的选取扮演了重要的角色，直接影响到正则解. 目前，对于ℓ_1-范数正则化，正则化参数的选择仍然是一个具有挑战性的问题. 实际应用中，往往都是在大量实验后通过经验选取，一般选取正则化参数的数量级和矩阵“$\boldsymbol{J}^{\mathrm{T}}\boldsymbol{J}$”中元素的数量级保持一致的原则. 本节采用$\ell_1$-范数正则化进行数值模拟的所有实验中，选择正则化参数$\alpha=4\times10^{-6}$，除非另有说明.

4.4.1 分裂Bregman迭代的参数分析

分裂Bregman迭代算法涉及两个参数的选取：参数α和参数β. 我们的期望是：重构的结果对于参数α的选择比较敏感，因为参数α起到正则化参数的作用，用于平衡数据拟合项和正则化项；而松弛因子β不会影响重构精度但会影响算法的收敛速度. 令$\eta=\eta(\beta)=\alpha/\beta$. 这里以图4.1中模型B为例，首先研究参数$\beta$对算法收敛性的影响. 迭代终止条件选为

$$\frac{\left\|\boldsymbol{\vartheta}^k-\boldsymbol{\vartheta}^{k-1}\right\|}{\left\|\boldsymbol{\vartheta}^k\right\|}<1.5\times10^{-5}.$$

在迭代第k步时，定义相对误差(relative error，RE)为

$$\mathrm{RE}=\frac{\left\|\boldsymbol{\vartheta}^k-\boldsymbol{\vartheta}^*\right\|}{\left\|\boldsymbol{\vartheta}^*\right\|}.$$

图4.2(a)给出了选取不同参数比值η时，重构的相对误差随着迭代时间增加的变化情况，结果表明参数β确实只影响收敛速度；图4.2(b)给出了迭代终止条件取1.5×10^{-2}时相对误差随比值η的变化情况．观察图4.2可以发现，对于该测试模型，通常选取$\eta\in(0.4,1.2)$可获得相对较好的收敛速度．然后固定η，图4.3给出了取定$\eta=0.5$时相对误差RE随正则化参数α的变化曲线，可见参数α的选择直接影响重构的精度．

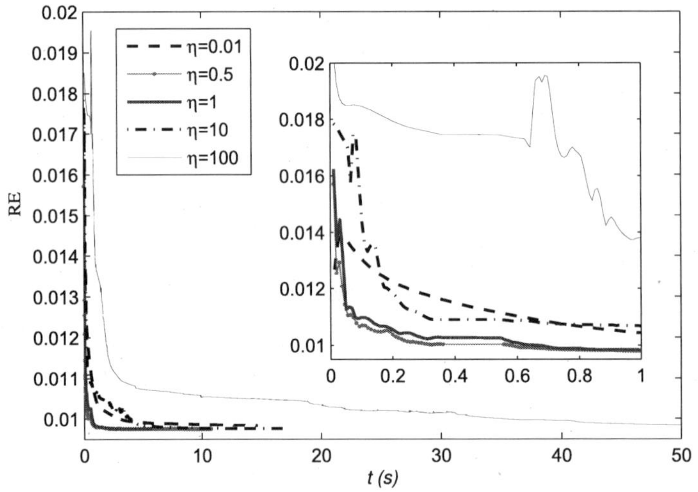

(a) 选取不同参数比值η时，相对误差RE随时间t的变化曲线

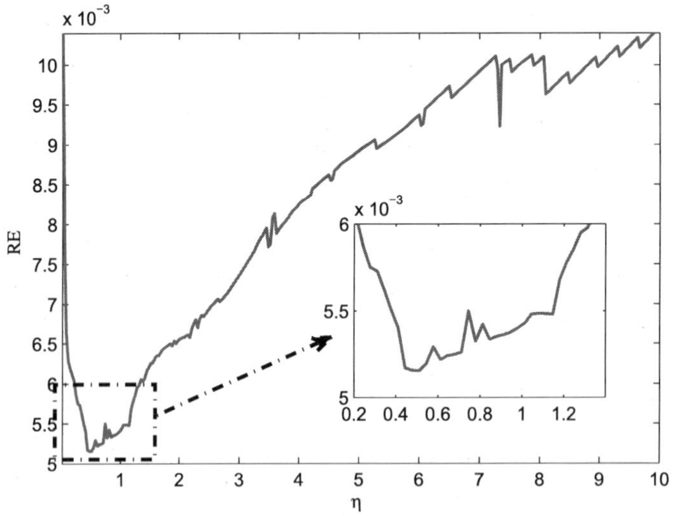

(b) 相对误差RE随参数比值η的变化曲线

图 4.2 分裂Bregman迭代算法中的参数分析

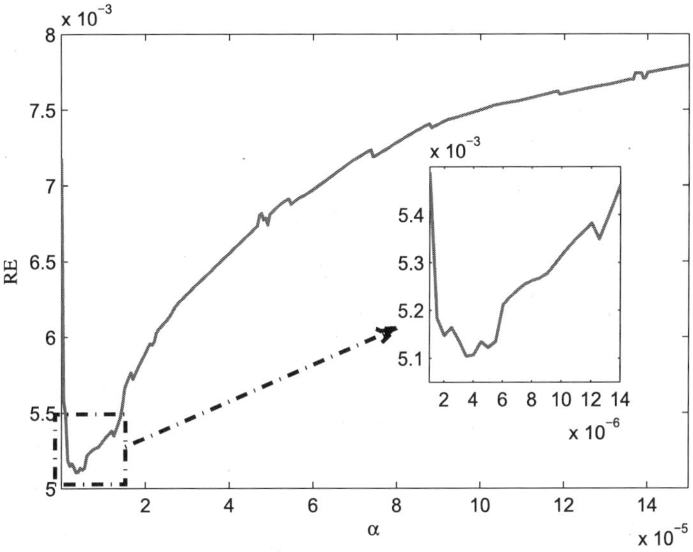

图 4.3 相对误差RE随正则化参数α的变化曲线($\eta = 0.5$)

根据以上结果分析，可以得出如下结论：参数β的选择直接影响着分裂Bregman迭代算法的收敛速度，即重构速度；而正则化参数α的选择则直接影响着重构精度，即重构质量.

4.4.2 ℓ_1-极小化算法的比较

为了检验分裂Bregman迭代算法在基于ℓ_1-范数正则的线性化EIT成像问题应用中的优越性，针对三种不同模型，在合成的理论数据中添加0.1 %的噪声，通过经验选择最优参数，可将其与当前现有的三种先进ℓ_1-范数极小化优化算法(IST算法[113]、FIST算法[117] 和L1-LS算法[116])进行比较. 图4.4(a)(b)(c)和(d)分别给出了四种不同优化算法的成像结果. 图中采用了与图4.2统一的色标棒来显示成像结果，便于可视化比较. 从成像结果可以看出，分裂Bregman迭代算法和FIST算法获得的重构效果更好，具有更清晰的边缘，而且目标体更接近实际情况.

仍以模型B为例，采用上述四种不同优化算法计算获得的重构图像见图4.4的中间列，表4.1分别列出了相对应的参数选择情况、目标函数值以及CPU运行时间. 由表4.1可知，分裂Bregman迭代算法在计算速度上具有竞争优势. 更重要的是，由分裂Bregman迭代算法重构得到的高电阻率值更接近于真实值8. 表4.2描述了图4.4的中间列的重构图像对应的误差结果比较. 由表4.2可知，分裂Bregman迭代算法的相对误差较小，说明该算法可获得更好的重构精度.

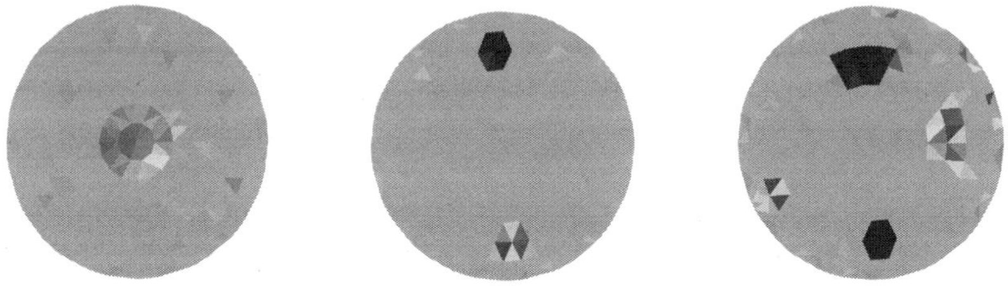

(a) 分裂Bregman迭代算法的重构结果

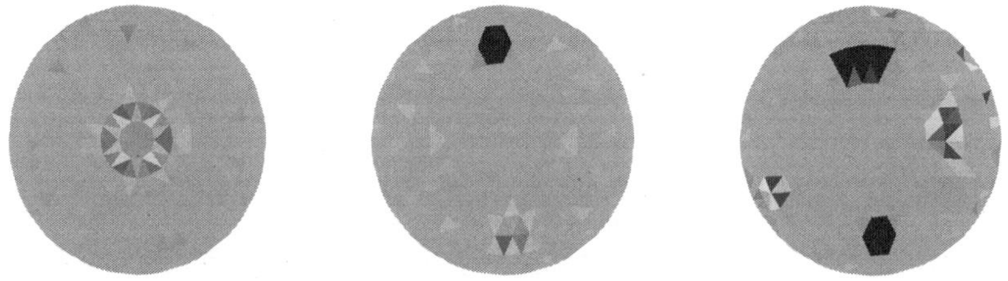

(b) FIST算法的重构结果

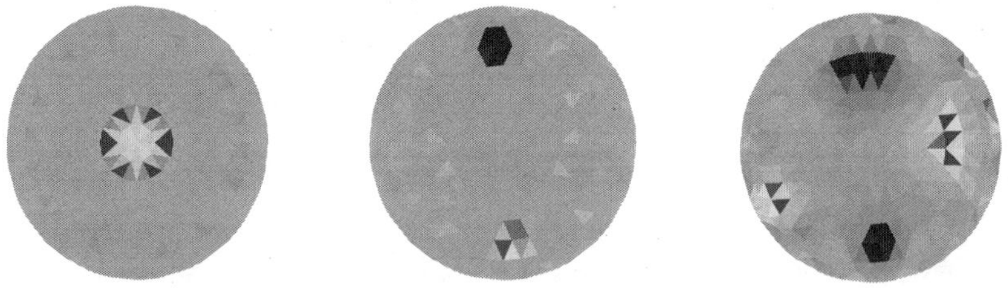

(c) IST算法的重构结果

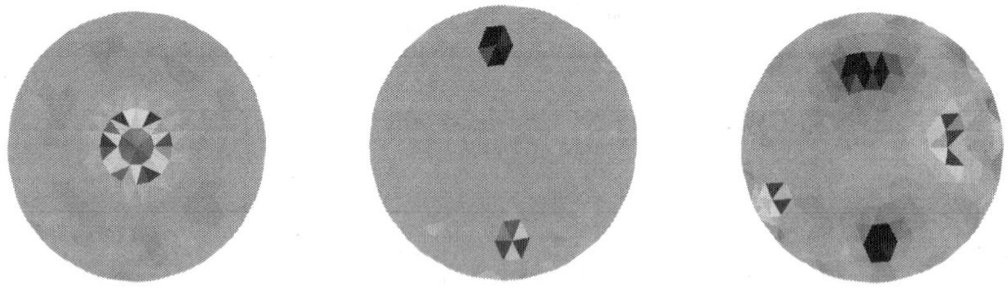

(d) L1-LS算法的重构结果

图 4.4 在0.1 %的噪声水平下，针对三种测试模型，采用四种不同算法的重构图像比较：模型A(左列)；模型B(中列)；模型C(右列)

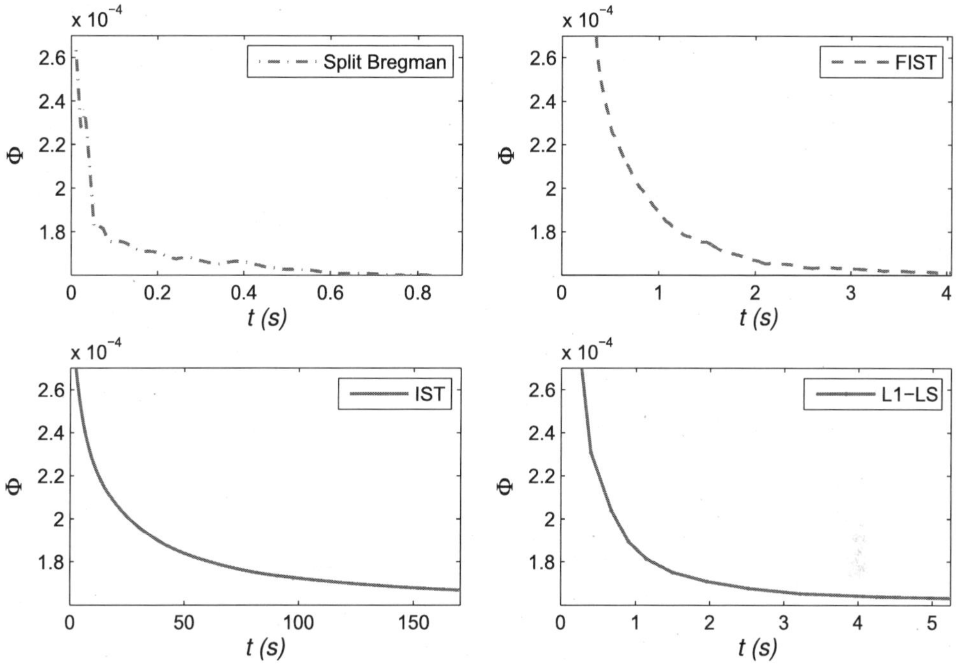

图 4.5 针对模型B，在0.1 %的噪声水平下四种不同算法的收敛性测试结果比较(“split Bregman” 表示分裂Bregman，纵坐标"Φ"表示目标函数值，横坐标"$t(s)$" 表示迭代时间)

表 4.1 模型B的重构结果比较($\alpha = 4 \times 10^{-6}$，$\tau$为迭代容许值，$\mu$为对偶间隙)

算法	分裂Bregman	FIST	IST	L1-LS
参数选择	$\eta = 1$	$\tau = 1 \times 10^{-7}$	$\tau = 1 \times 10^{-7}$	$\mu = 3 \times 10^{-5}$
目标函数值	$1.679\ 8{\times}10^{-4}$	$1.633\ 5{\times}10^{-4}$	$1.659\ 0{\times}10^{-4}$	$1.639\ 4{\times}10^{-4}$
CPU时间(s)	0.236 4	2.643 7	104.216	3.184 0
高电导率值	7.978 7	7.165 5	7.758 5	8.697 9

表 4.2 图4.4中间列显示的重构图像对应的误差结果比较

算法	分裂Bregman	FIST	IST	L1-LS
MAE	0.005 4	0.005 8	0.005 6	0.007 6
RMSE	0.025 1	0.025 9	0.024 7	0.032 7

另外，关于四种不同优化算法的收敛性，我们也进行了研究. 针对四种不同优化算法，图4.5刻画了目标函数值随迭代时间增加的变化情况. 从图4.5中可发现，这四种算法在最初的迭代过程中都快速收敛，达到近似解后收敛速度减慢. 其中分裂Bregman迭代算法具有更快的收敛速度. 对于其他两个模型，数值模拟具有相似的结果，这里不再赘述.

4.4.3 三种正则化模型的比较

针对具有空间稀疏性的非均匀电导率分布问题，为进一步验证ℓ_1-范数正则化方法的优越性，可将其与传统的ℓ_2-范数正则化和TV正则化进行数值模拟比较. 同时，为了检验ℓ_1-范数正则化的抗噪性，分别在理论计算得到的合成数据中添加0.3 %和0.5 %的噪声水平进行测试.

仍以模型B为例，图4.6给出了三种不同正则化方法的重构图像比较，其中左边列表示测量数据不含噪声的重构图像，中间列表示测量数据含0.3 %的噪声水平下的重构图像，右边列表示测量数据含0.5 %的噪声水平下的重构图像. 图4.6(a)为不同噪声水平下ℓ_1-范数正则化采用分裂Bregman迭代算法求解的重构图像，目标体边缘比较清晰，一定程度上消除了伪影. 图4.6(b)为不同噪声水平下ℓ_2-范数正则化的重构图像，虽能准确定位但目标体边缘比较模糊，而且多伪影. 图4.6(c)为不同噪声水平下TV正则化采用PDIPM算法求解的重构图像，目标体边缘呈现出“阶梯效应”，并存在少许伪影. 另外，对于不同噪声水平下图4.6显示的重构图像，表4.3给出了相应的数值结果比较，可以发现，ℓ_1-范数正则化方法得到的重构图像具有更小的相对误差，说明该方法获得的重构图像质量更好.

表 4.3 图4.6中显示的重构图像相对应的数值比较

误差	MAE			RMSE		
噪声	0 %	0.3 %	0.5 %	0 %	0.3 %	0.5 %
ℓ_1	0.005 3	0.007 1	0.011 2	0.020 8	0.0294	0.038 7
TV	0.006 2	0.017 8	0.024 5	0.020 3	0.037 7	0.046 9
ℓ_2	0.070 8	0.073 4	0.128 1	0.141 5	0.146 9	0.256 2

总之，通过对图4.6和表4.3的结果进行分析可知：在保证一定空间稀疏度的前提下，与传统的ℓ_2-范数正则化和TV正则化相比，ℓ_1-范数正则化确实改进了成像质量，清晰化了目标体边缘，一定程度上消除了成像伪影，而且对于数据的随机噪声也具有良好的抗噪性.

(a) ℓ_1-范数正则化采用分裂Bregman迭代算法求解的重构图像

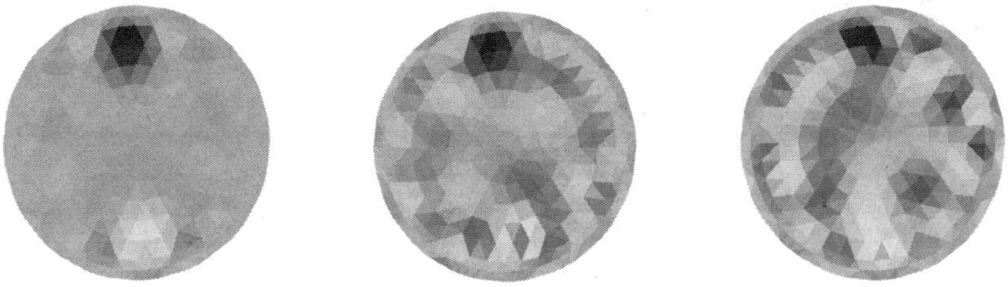

(b) ℓ_2-范数正则化的重构图像

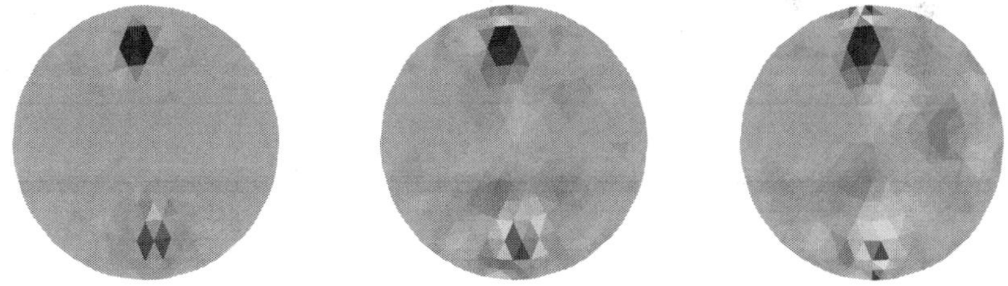

(c) TV正则化采用PDIPM算法求解的重构图像

图 4.6 针对模型B，不同噪声水平下三种正则化模型的重构图像比较：无噪声(左列)；0.3 %的噪声水平(中间列)；0.5 %的噪声水平(右列)

4.5 小结

本章系统地研究了求解基于Jacobian线性化EIT图像重构问题的三种常见正则化模型，分别是ℓ_2-范数正则化、TV正则化、ℓ_1-范数正则化. 首先，回顾了最为经典的ℓ_2-范数正则化和TV正则化这两种比较传统的正则化重构模型. 其次，针对具有空间稀疏性的非均匀电导率分布，借助空间域内的稀疏性度量，提出了一种ℓ_1-范数稀疏约束正则的重构模型，并引入了快速的分裂Bregman迭代算法进行优化求解，目的是获得高质量的快速重构. 最后，通过数值模拟分别对三种正则化模型以及相关算法进行了验证与比较. 数值模拟结果表明，与传统的ℓ_2-范数正则化和TV正则化相比较，ℓ_1-范数稀疏约束的正则化具有很大优势，具有改进成像质量的潜力，一定程度上消除了成像伪影，常值背景下重构的目标体边缘更加清晰化，而且对于数据噪声具有良好的抗噪性. 另外，与当前现有的几种ℓ_1-范数极小化方法相比较，分裂Bregman迭代算法在电导率值的估计、边缘位置的确定以及计算速度方面具有竞争优势.

第 5 章 基于弹性网正则化的稀疏重构方法

EIT图像重构问题在数学上可归结为一类严重不适定的非线性反问题，研究非线性的重构模型很重要. 考虑完全非线性EIT问题：

$$F(\boldsymbol{\sigma}) = \boldsymbol{U}^{\delta}, \tag{5.0.1}$$

这里，F表示模型空间到测量数据空间的非线性投影算子，$\boldsymbol{U}^{\delta}$表示具有加性Gauss噪声的观测数据. EIT图像重构的目的是由边界电极处的测量电压数据$\boldsymbol{U}^{\delta}$反推内部电导率分布$\boldsymbol{\sigma}$. 为了能够获得稳定的有意义的重构结果，通常需借助正则化技术，通过在最小二乘问题中引入正则化罚项$\mathcal{R}(\boldsymbol{\sigma})$，得到如下极小化目标泛函问题：

$$\min_{\boldsymbol{\sigma}} \left\{ \left\| F(\boldsymbol{\sigma}) - \boldsymbol{U}^{\delta} \right\|_{L_2(\Gamma)}^2 + \alpha \mathcal{R}(\boldsymbol{\sigma}) \right\}, \tag{5.0.2}$$

其中，正则化参数$\alpha > 0$起着平衡数据拟合项和正则化罚项的作用，依赖于噪声水平.

最为经典的正则化罚项选取方式是著名的ℓ_2-范数约束，即

$$\mathcal{R}(\boldsymbol{\sigma}) = \left\| \boldsymbol{R}(\boldsymbol{\sigma} - \boldsymbol{\sigma}_{\text{ref}}) \right\|_2^2 = \sum_i \left| [\boldsymbol{R}(\boldsymbol{\sigma} - \boldsymbol{\sigma}_{\text{ref}})]_i \right|^2,$$

这里，$\boldsymbol{R}$为离散差分算子，$\boldsymbol{\sigma}_{\text{ref}}$为由先验信息给出的参考模型，通常称这种约束正则化技术为ℓ_2-范数正则化. ℓ_2-范数正则化惩罚大分量远远多于小分量，由于噪声的影响，当试图惩罚小分量的时候，反而使和解信息相关的大分量的惩罚更强一些，从而导致重构解的失真变形[190]. 因此，ℓ_2-范数正则化的主要缺点就是重构图像边缘模糊、被过度光滑化，即以牺牲成像分

辨率为代价来提高反演解的稳定性. 这说明跳跃以及边界部分不能很好地重构，需要选择更好的方法获得好的重构结果. 而采用ℓ_1-范数约束罚项，即

$$\mathcal{R}(\boldsymbol{\sigma}) = \left\|\boldsymbol{R}\boldsymbol{\sigma}\right\|_1 = \sum_i \left|[\boldsymbol{R}\boldsymbol{\sigma}]_i\right|$$

表示分量$[\boldsymbol{R}\boldsymbol{\sigma}]_i$的绝对值和，能够克服这一缺点. 当$\boldsymbol{R}$为梯度算子时，$\ell_1$-范数约束罚项即为著名的全变差约束，该正则化技术能够有效重构阶跃不连续问题，更适合于分段常值的大型异常体的探测问题，但常常会产生“阶梯效应”. 当ℓ_1-范数直接用于平等压制图像的各个分量而非图像的梯度时，可以更强地惩罚小分量，从而能够有效捕捉重构图像的小尺度细节信息[110]. 因此，ℓ_1-范数正则化更适合具有尖角、角边界和包含小型异常体不连续问题的边界清晰化重构. 理论上，ℓ_1-范数正则化有利于重构空间域内或关于某种基或框架下的变换域内的稀疏解.

尽管在前一章中探讨了ℓ_1-范数正则化方法用于EIT图像重构问题的研究，较传统的正则化方法改进了成像质量，但还仅局限于线性化模型的研究. 本章在稀疏表示的框架下，利用稀疏性度量，探讨混合约束正则化在非线性EIT图像重构中的应用. 通过光滑的ℓ_2-范数先验和稀疏促进的ℓ_1-范数先验的凸组合，设计了一种弹性网正则化格式，用于处理完全非线性的EIT成像问题的研究，目的是对包含小型异常体图像的光滑部分和边缘区域进行同步反演，从而改进成像质量和提高对数据噪声的鲁棒性. 理论上讨论了弹性网正则化格式的稳定性与收敛性，同时给出了在适当条件下的收敛速度. 数值上基于分裂Bregman技术提出了一种简单快速的交替方向迭代算法，并通过无噪声数据和噪声数据的数值模拟来验证所提算法的性能.

5.1 弹性网正则化

受“elastic-net”[191]的启发，本节考虑的弹性网正则化约束惩罚项包含两部分：ℓ_1-范数稀疏约束惩罚项$S_1(\boldsymbol{\sigma})$和平滑惩罚项$S_2(\boldsymbol{\sigma})$.

很显然，电导率分布$\boldsymbol{\sigma}$在空间域内不具有稀疏性，需要借助稀疏性表示理论. 稀疏表示的基本思想是解(图像)在合适的变换域(或基或字典等)下表示系数大部分分量为零，只有少数个非零大系数；而非零系数揭示了解(图像)的内在结构和本质属性. 对于ℓ_1-范数稀疏约束惩罚项$S_1(\boldsymbol{\sigma})$，这里关于ℓ_1-范数框架中的稀疏性主要讨论两种类型：空间域稀疏性和变换域稀疏性.

未知电导率$\boldsymbol{\sigma}$通常由背景电导率$\boldsymbol{\sigma}_0$和包含物构成. 当背景电导率$\boldsymbol{\sigma}_0$已知时，令$\boldsymbol{\delta\sigma} := (\boldsymbol{\sigma} - \boldsymbol{\sigma}_0)$表示非均匀电导率(即包含物/异常体). 非均匀电导率分布$\boldsymbol{\delta\sigma}$在空间域中具有一定的稀疏度，即非均匀电导率$\boldsymbol{\delta\sigma}$的大部分分

量为零，只有少量的非零元，此时也称电导率分布具有空间域稀疏性，于是$S_1(\boldsymbol{\sigma})$可由非均匀电导率的ℓ_1-范数定义如下：

$$S_1(\boldsymbol{\sigma}) = \left\|\boldsymbol{\sigma} - \boldsymbol{\sigma}_0\right\|_1 = \sum_k \left|[\boldsymbol{\sigma} - \boldsymbol{\sigma}_0]_k\right|.$$

当背景电导率$\boldsymbol{\sigma}_0$未知时，可借助变换域内的稀疏性，即电导率分布$\boldsymbol{\sigma}$在某种变换域(如小波变换域或Fourier变换域等)内能够有效稀疏表示. 换句话说，假设电导率分布$\boldsymbol{\sigma}$在给定的某种正交基$\boldsymbol{\Psi} =: \left\{\psi_k\right\}_{k\in\mathbb{N}}$上具有稀疏表示，那么展开系数$[\boldsymbol{\Psi\sigma}]_k := \langle\boldsymbol{\sigma}, \psi_k\rangle$大部分为零或接近于零，只有有限多个(或少数)非零展开系数，此时$S_1(\boldsymbol{\sigma})$可由变换系数的ℓ_1-范数定义如下：

$$S_1(\boldsymbol{\sigma}) = \left\|\boldsymbol{\Psi\sigma}\right\|_1 = \sum_k \left|[\boldsymbol{\Psi\sigma}]_k\right|.$$

对于平滑惩罚项$S_2(\boldsymbol{\sigma})$，给定一个先验猜测$\boldsymbol{\sigma}_{\text{ref}}$，这里使用标准的$\ell_2$-范数约束，定义如下：

$$S_2(\boldsymbol{\sigma}) = \left\|\boldsymbol{R}(\boldsymbol{\sigma} - \boldsymbol{\sigma}_{\text{ref}})\right\|_2^2.$$

于是，引入如下的混合约束正则化惩罚项：

$$\mathcal{R}(\boldsymbol{\sigma}) = \lambda_2 S_2(\boldsymbol{\sigma}) + \lambda_1 S_1(\boldsymbol{\sigma}), \tag{5.1.1}$$

其中，λ_1和λ_2为非负参数，用于控制ℓ_1-范数和ℓ_2-范数的相对加权.

令$\beta = \lambda_2/(\lambda_1 + \lambda_2)$，可得到与(5.1.1)相等价的凸组合惩罚项形式：

$$\mathcal{R}_\beta(\boldsymbol{\sigma}) = \beta S_2(\boldsymbol{\sigma}) + (1-\beta) S_1(\boldsymbol{\sigma}), \tag{5.1.2}$$

这里，参数β用来平衡拟合项稀疏水平和解的光滑性.

因此，本章提出的弹性网正则化模型为

$$\min_{\boldsymbol{\sigma}} \left\{\Theta_{\alpha,\beta}(\boldsymbol{\sigma}) = \left\|F(\boldsymbol{\sigma}) - \boldsymbol{U}^\delta\right\|_{L_2(\Gamma)}^2 + \alpha\mathcal{R}_\beta(\boldsymbol{\sigma})\right\}, \tag{5.1.3}$$

其中，$\alpha > 0$为正则化参数. 这里限定参数β为非零值，即$0 < \beta < 1$，使其为混合罚项，这样通常会减弱解的过度光滑化行为并且同时保留边缘信息. 当$\beta = 1$时，罚项(5.1.2)退化为著名的ℓ_2-范数约束；当$\beta = 0$时，罚项(5.1.2)退化为ℓ_1-范数约束.

事实上，弹性网正则化的概念最早由Zou和Hastie[191]提出，用于研究统计问题. 随后，Jin等人[192]将弹性网正则化用于研究线性反问题，并提出了有效集求解算法.

5.2 正则性分析

下面给出弹性网正则化方法的稳定性和正则性分析. 记泛函$\Theta_{\alpha,\beta}(\boldsymbol{\sigma})$的极小解为$\boldsymbol{\sigma}^{\delta}_{\alpha,\beta}$，$\boldsymbol{\sigma}^{\dagger}$为$\mathcal{R}_{\beta}$-极小解，这里$\mathcal{R}_{\beta}$-极小解的定义为

$$\boldsymbol{\sigma}^{\dagger}=\arg\min_{\boldsymbol{\sigma}\in\mathcal{S}}\mathcal{R}_{\beta}(\boldsymbol{\sigma}),$$

其中，$\mathcal{S}=\{\boldsymbol{\sigma}\in\mathcal{A}:\|F(\boldsymbol{\sigma})-\boldsymbol{U}^{*}\|_{L_2(\Gamma)}=0\}$.

定理 5.2.1 (**存在性**) 令$\alpha>0, 0<\beta<1$，泛函$\Theta_{\alpha,\beta}(\boldsymbol{\sigma})$在容许集$\mathcal{A}$上存在极小解.

证明 由于$\Theta_{\alpha,\beta}(\boldsymbol{\sigma})\geqslant 0, \forall\boldsymbol{\sigma}\in\mathcal{A}$显然成立，故存在极小化序列$\{\boldsymbol{\sigma}^{n}\}\subset\mathcal{A}$，使得

$$\lim_{n\to\infty}\Theta_{\alpha,\beta}(\boldsymbol{\sigma}^{n})=\Theta_0:=\inf_{\boldsymbol{\sigma}\in\mathcal{A}}\Theta_{\alpha,\beta}(\boldsymbol{\sigma}),$$

故$\left\{\left\|F(\boldsymbol{\sigma}^{n})-\boldsymbol{U}^{\delta}\right\|\right\}$，$\left\{\left\|\boldsymbol{R}(\boldsymbol{\sigma}^{m}-\boldsymbol{\sigma}_{\mathrm{ref}})\right\|\right\}$和$\left\{\left\|\boldsymbol{\Psi}\boldsymbol{\sigma}^{m}\right\|\right\}$一致有界. 于是，存在$\{\boldsymbol{\sigma}^{n}\}$的子列$\{\boldsymbol{\sigma}^{m}\}$和$\tilde{\boldsymbol{\sigma}}\in\mathcal{A}$，使得$\boldsymbol{\sigma}^{m}\rightharpoonup\tilde{\boldsymbol{\sigma}}$. 又由于算子$F$是弱序列闭的，故有$F(\boldsymbol{\sigma}^{m})\rightharpoonup F(\tilde{\boldsymbol{\sigma}})$.

进一步，根据线性算子$\boldsymbol{R}$和$\boldsymbol{\Psi}$的弱连续性以及范数的弱下半连续性有

$$\begin{aligned}\left\|F(\tilde{\boldsymbol{\sigma}})-\boldsymbol{U}^{\delta}\right\|^2_{L_2(\Gamma)}&\leqslant\liminf_{m\to\infty}\left\|F(\boldsymbol{\sigma}^{m})-\boldsymbol{U}^{\delta}\right\|^2_{L_2(\Gamma)};\\ \left\|\boldsymbol{R}(\boldsymbol{\sigma}^{m}-\boldsymbol{\sigma}_{\mathrm{ref}})\right\|^2_2&\leqslant\liminf_{m\to\infty}\left\|\boldsymbol{R}(\tilde{\boldsymbol{\sigma}}-\boldsymbol{\sigma}_{\mathrm{ref}})\right\|^2_2;\\ \left\|\boldsymbol{\Psi}\boldsymbol{\sigma}^{m}\right\|_1&\leqslant\liminf_{m\to\infty}\left\|\boldsymbol{\Psi}\tilde{\boldsymbol{\sigma}}\right\|_1.\end{aligned}$$

故

$$\begin{aligned}\Theta_{\alpha,\beta}(\tilde{\boldsymbol{\sigma}})&=\left\|F(\tilde{\boldsymbol{\sigma}})-\boldsymbol{U}^{\delta}\right\|^2_{L_2(\Gamma)}+\alpha\mathcal{R}_{\beta}(\tilde{\boldsymbol{\sigma}})\\ &\leqslant\liminf_{m\to\infty}\left(\left\|F(\boldsymbol{\sigma}^{m})-\boldsymbol{U}^{\delta}\right\|^2_{L_2(\Gamma)}+\alpha\mathcal{R}_{\beta}(\boldsymbol{\sigma}^{m})\right)=\inf_{\boldsymbol{\sigma}\in\mathcal{A}}\Theta_{\alpha,\beta}(\boldsymbol{\sigma}).\end{aligned}$$

因此，$\tilde{\boldsymbol{\sigma}}$为$\Theta_{\alpha,\beta}(\boldsymbol{\sigma})$的极小解. 又$\forall 0<\beta<1$，泛函$\Theta_{\alpha,\beta}(\boldsymbol{\sigma})$是严格凸的，故极小解唯一，即有$\tilde{\boldsymbol{\sigma}}=\boldsymbol{\sigma}^{\delta}_{\alpha,\beta}$. 结论得证. □

定理 5.2.2 (**稳定性**) 令$\alpha>0$，$0<\beta<1$，噪声数据序列$\{\boldsymbol{U}^{n}\}\subset L_2(\Gamma)$且$\boldsymbol{U}^{n}\to\boldsymbol{U}^{\delta}$. 设$\boldsymbol{\sigma}^{n}\in\mathcal{A}$为$\boldsymbol{U}^{n}$代替$\boldsymbol{U}^{\delta}$时泛函

$$\Theta_{\alpha,\beta}(\boldsymbol{\sigma};\boldsymbol{U}^{n})=\left\|F(\boldsymbol{\sigma})-\boldsymbol{U}^{n}\right\|^2_{L_2(\Gamma)}+\alpha\mathcal{R}_{\beta}(\boldsymbol{\sigma})$$

的一个极小解. 为了明确$\Theta_{\alpha,\beta}(\boldsymbol{\sigma})$对测量数据的依赖，这里用$\Theta_{\alpha,\beta}(\boldsymbol{\sigma};\boldsymbol{U}^n)$代替$\Theta_{\alpha,\beta}(\boldsymbol{\sigma})$. 则$\{\boldsymbol{\sigma}^n\}$存在收敛的子列并收敛到$\Theta_{\alpha,\beta}(\boldsymbol{\sigma})$的极小解.

证明 由$\boldsymbol{\sigma}^n$的定义有

$$\lim_{n\to\infty}\Theta_{\alpha,\beta}(\boldsymbol{\sigma}^n;\boldsymbol{U}^n)=\inf_{\boldsymbol{\sigma}\in\mathcal{A}}\Theta_{\alpha,\beta}(\boldsymbol{\sigma};\boldsymbol{U}^n),$$

由此可知$\{\|F(\boldsymbol{\sigma}^n)-\boldsymbol{U}^n\|\}$，$\{\|\boldsymbol{R}(\boldsymbol{\sigma}^n-\boldsymbol{\sigma}_{\text{ref}})\|\}$和$\{\|\boldsymbol{\Psi}\boldsymbol{\sigma}^n\|\}$一致有界. 于是，存在$\{\boldsymbol{\sigma}^n\}$的子列$\{\boldsymbol{\sigma}^m\}$和$\tilde{\boldsymbol{\sigma}}\in\mathcal{A}$，使得

$$\boldsymbol{\sigma}^m\rightharpoonup\tilde{\boldsymbol{\sigma}},\quad F(\boldsymbol{\sigma}^m)\rightharpoonup F(\tilde{\boldsymbol{\sigma}}).$$

根据范数的弱下半连续性，有

$$\begin{aligned}\|F(\tilde{\boldsymbol{\sigma}})-\boldsymbol{U}^{\boldsymbol{\delta}}\|_{L_2(\Gamma)}^2&\leqslant\liminf_{m\to\infty}\|F(\boldsymbol{\sigma}^m)-\boldsymbol{U}^{\boldsymbol{\delta}}\|_{L_2(\Gamma)}^2\\&\leqslant\liminf_{m\to\infty}\left(\|F(\boldsymbol{\sigma}^m)-\boldsymbol{U}^m\|_{L_2(\Gamma)}^2+\|\boldsymbol{U}^m-\boldsymbol{U}^{\boldsymbol{\delta}}\|_{L_2(\Gamma)}^2\right)\\&=\liminf_{m\to\infty}\|F(\boldsymbol{\sigma}^m)-\boldsymbol{U}^m\|_{L_2(\Gamma)}^2\end{aligned}$$

和

$$\mathcal{R}_\beta(\tilde{\boldsymbol{\sigma}})\leqslant\liminf_{m\to\infty}\mathcal{R}_\beta(\boldsymbol{\sigma}^m).$$

从而有

$$\begin{aligned}\Theta_{\alpha,\beta}(\tilde{\boldsymbol{\sigma}};\boldsymbol{U}^{\boldsymbol{\delta}})&=\|F(\tilde{\boldsymbol{\sigma}})-\boldsymbol{U}^{\boldsymbol{\delta}}\|_{L_2(\Gamma)}^2+\alpha\mathcal{R}_\beta(\tilde{\boldsymbol{\sigma}})\\&\leqslant\liminf_{m\to\infty}\left(\|F(\boldsymbol{\sigma}^m)-\boldsymbol{U}^m\|_{L_2(\Gamma)}^2+\alpha\mathcal{R}_\beta(\boldsymbol{\sigma}^m)\right)\\&\leqslant\limsup_{m\to\infty}\left(\|F(\boldsymbol{\sigma}^m)-\boldsymbol{U}^m\|_{L_2(\Gamma)}^2+\alpha\mathcal{R}_\beta(\boldsymbol{\sigma}^m)\right)\\&\leqslant\lim_{m\to\infty}\left(\|F(\boldsymbol{\sigma})-\boldsymbol{U}^m\|_{L_2(\Gamma)}^2+\alpha\mathcal{R}_\beta(\boldsymbol{\sigma})\right)\\&\leqslant\lim_{m\to\infty}\left(\|F(\boldsymbol{\sigma})-\boldsymbol{U}^{\boldsymbol{\delta}}\|_{L_2(\Gamma)}^2+\|\boldsymbol{U}^m-\boldsymbol{U}^{\boldsymbol{\delta}}\|_{L_2(\Gamma)}^2+\alpha\mathcal{R}_\beta(\boldsymbol{\sigma})\right)\\&=\|F(\boldsymbol{\sigma})-\boldsymbol{U}^{\boldsymbol{\delta}}\|_{L_2(\Gamma)}^2+\alpha\mathcal{R}_\beta(\boldsymbol{\sigma})=\Theta_{\alpha,\beta}(\boldsymbol{\sigma};\boldsymbol{U}^{\boldsymbol{\delta}}),\quad\forall\boldsymbol{\sigma}\in\mathcal{A}.\end{aligned}$$

因此，$\tilde{\boldsymbol{\sigma}}$为$\Theta_{\alpha,\beta}(\boldsymbol{\sigma})$的一个极小解，且

$$\lim_{m\to\infty}\left(\|F(\boldsymbol{\sigma}^m)-\boldsymbol{U}^m\|_{L_2(\Gamma)}^2+\alpha\mathcal{R}_\beta(\boldsymbol{\sigma}^m)\right)=\|F(\tilde{\boldsymbol{\sigma}})-\boldsymbol{U}^{\boldsymbol{\delta}}\|_{L_2(\Gamma)}^2+\alpha\mathcal{R}_\beta(\tilde{\boldsymbol{\sigma}}).$$

下面证明$\boldsymbol{\sigma}^m \to \tilde{\boldsymbol{\sigma}}$. 假设$\boldsymbol{\sigma}^m \nrightarrow \tilde{\boldsymbol{\sigma}}$，故存在常数$c$使得

$$c := \limsup_{m\to\infty} \left\|\boldsymbol{R}(\boldsymbol{\sigma}^m - \boldsymbol{\sigma}_{\text{ref}})\right\|_2^2 > \left\|\boldsymbol{R}(\tilde{\boldsymbol{\sigma}} - \boldsymbol{\sigma}_{\text{ref}})\right\|_2^2,$$

并且$\{\boldsymbol{\sigma}^m\}$存在子列$\{\boldsymbol{\sigma}^{m_1}\}$使得$\left\|\boldsymbol{R}(\boldsymbol{\sigma}^{m_1} - \boldsymbol{\sigma}_{\text{ref}})\right\|_2^2 \to c$. 于是有

$$\begin{aligned}
&\lim_{m_1\to\infty} \left\{\left\|F(\boldsymbol{\sigma}^{m_1}) - \boldsymbol{U}^{m_1}\right\|_{L_2(\Gamma)}^2 + \alpha(1-\beta)\left\|\boldsymbol{\Psi}\boldsymbol{\sigma}^{m_1}\right\|_1\right\}\\
&= \left\|F(\tilde{\boldsymbol{\sigma}}) - \boldsymbol{U}^\delta\right\|_{L_2(\Gamma)}^2 + \alpha\mathcal{R}_\beta(\tilde{\boldsymbol{\sigma}}) - \lim_{m_1\to\infty} \alpha\beta\left\|\boldsymbol{R}(\boldsymbol{\sigma}^{m_1} - \boldsymbol{\sigma}_{\text{ref}})\right\|_2^2\\
&= \left\|F(\tilde{\boldsymbol{\sigma}}) - \boldsymbol{U}^\delta\right\|_{L_2(\Gamma)}^2 + \alpha(1-\beta)\|\boldsymbol{\Psi}\tilde{\boldsymbol{\sigma}}\|_1 + \alpha\beta\left(\left\|\boldsymbol{R}(\tilde{\boldsymbol{\sigma}} - \boldsymbol{\sigma}_{\text{ref}})\right\|_2^2 - c\right)\\
&< \left\|F(\tilde{\boldsymbol{\sigma}}) - \boldsymbol{U}^\delta\right\|_{L_2(\Gamma)}^2 + \alpha(1-\beta)\left\|\boldsymbol{\Psi}\tilde{\boldsymbol{\sigma}}\right\|_1.
\end{aligned}$$

这与前面的弱下半连续性结果矛盾. 因此，可知$\boldsymbol{\sigma}^m \to \tilde{\boldsymbol{\sigma}}$. 又$\forall 0 < \beta < 1$，泛函$\Theta_{\alpha,\beta}(\boldsymbol{\sigma})$是严格凸的，故极小解唯一，即有$\tilde{\boldsymbol{\sigma}} = \sigma_{\alpha,\beta}^\delta$. 结论得证. □

引理 5.2.1　令$0 < \beta < 1$. 假定$\{\boldsymbol{\sigma}^n\} \subset \ell_2$，$\hat{\boldsymbol{\sigma}} \in \ell_2$，满足

$$\boldsymbol{\sigma}^n \rightharpoonup \hat{\boldsymbol{\sigma}} \text{且} \mathcal{R}_\beta(\boldsymbol{\sigma}^n) \to \mathcal{R}_\beta(\hat{\boldsymbol{\sigma}}),$$

则$\left\|\boldsymbol{\sigma}^n - \hat{\boldsymbol{\sigma}}\right\|_2^2 \to 0$.

证明　根据假设条件$\mathcal{R}_\beta(\boldsymbol{\sigma}^n) \to \mathcal{R}_\beta(\hat{\boldsymbol{\sigma}})$以及Fatou引理有

$$\begin{aligned}
&\limsup_{n\to\infty} \left\|\boldsymbol{\sigma}^n - \hat{\boldsymbol{\sigma}}\right\|_2^2\\
&= \limsup_{n\to\infty} \left[2\big(\mathcal{R}_\beta(\boldsymbol{\sigma}^n) + \mathcal{R}_\beta(\hat{\boldsymbol{\sigma}})\big) - 2\big(\mathcal{R}_\beta(\boldsymbol{\sigma}^n) + \mathcal{R}_\beta(\hat{\boldsymbol{\sigma}})\big) + \left\|\boldsymbol{\sigma}^n - \hat{\boldsymbol{\sigma}}\right\|_2^2\right]\\
&= \limsup_{n\to\infty} \left[4\mathcal{R}_\beta(\hat{\boldsymbol{\sigma}}) + 2\big(\mathcal{R}_\beta(\boldsymbol{\sigma}^n) - \mathcal{R}_\beta(\hat{\boldsymbol{\sigma}})\big) - 2\big(\mathcal{R}_\beta(\boldsymbol{\sigma}^n) + \mathcal{R}_\beta(\hat{\boldsymbol{\sigma}})\big) + \left\|\boldsymbol{\sigma}^n - \hat{\boldsymbol{\sigma}}\right\|_2^2\right]\\
&= 4\mathcal{R}_\beta(\hat{\boldsymbol{\sigma}}) - \liminf_{n\to\infty} \left[2\big(\mathcal{R}_\beta(\boldsymbol{\sigma}^n) + \mathcal{R}_\beta(\hat{\boldsymbol{\sigma}})\big) - 2(\mathcal{R}_\beta(\boldsymbol{\sigma}^n) - \mathcal{R}_\beta(\hat{\boldsymbol{\sigma}})\big) - \left\|\boldsymbol{\sigma}^n - \hat{\boldsymbol{\sigma}}\right\|_2^2\right]\\
&= 4\mathcal{R}_\beta(\hat{\boldsymbol{\sigma}}) - \liminf_{n\to\infty} \left[2\big(\mathcal{R}_\beta(\boldsymbol{\sigma}^n) + \mathcal{R}_\beta(\hat{\boldsymbol{\sigma}})\big) - \left\|\boldsymbol{\sigma}^n - \hat{\boldsymbol{\sigma}}\right\|_2^2\right]\\
&= 4\mathcal{R}_\beta(\hat{\boldsymbol{\sigma}}) - \liminf_{n\to\infty} \sum_i \left[2\bigg(\beta\left|[\boldsymbol{R}(\boldsymbol{\sigma}^n - \boldsymbol{\sigma}_{\text{ref}})]_i\right|^2 + (1-\beta)\left|[\boldsymbol{\Psi}\boldsymbol{\sigma}^n]_i\right|\right.\\
&\qquad \left. + \beta\left|[R(\hat{\boldsymbol{\sigma}} - \boldsymbol{\sigma}_{\text{ref}})]_i\right|^2 + (1-\beta)\left|[\boldsymbol{\Psi}\hat{\boldsymbol{\sigma}}]_i\right|\bigg) - \left|\boldsymbol{\sigma}_i^n - \hat{\boldsymbol{\sigma}}_i\right|^2\right]
\end{aligned}$$

$$\leqslant 4\mathcal{R}_\beta(\hat{\boldsymbol{\sigma}}) - \sum_i \liminf_{n\to\infty}\Bigg[2\Bigg(\beta\Big|[\boldsymbol{R}(\boldsymbol{\sigma}^n - \boldsymbol{\sigma}_{\mathrm{ref}})]_i\Big|^2 + (1-\beta)\Big|[\boldsymbol{\Psi}\boldsymbol{\sigma}^n]_i\Big|$$

$$+\beta\Big|[\boldsymbol{R}(\hat{\boldsymbol{\sigma}} - \boldsymbol{\sigma}_{\mathrm{ref}})]_i\Big|^2 + (1-\beta)\Big|[\boldsymbol{\Psi}\hat{\boldsymbol{\sigma}}]_i\Big|\Bigg) - \Big|\boldsymbol{\sigma}_i^n - \hat{\boldsymbol{\sigma}}_i\Big|^2\Bigg].$$

由于$\boldsymbol{\sigma}^n \rightharpoonup \hat{\boldsymbol{\sigma}}$且算子$L$和$\boldsymbol{\Psi}$都是线性的，故

$$\boldsymbol{\sigma}_i^n \to \hat{\boldsymbol{\sigma}}_i,\ [\boldsymbol{R}(\boldsymbol{\sigma}^n - \boldsymbol{\sigma}_{\mathrm{ref}})]_i \to [\boldsymbol{R}(\hat{\boldsymbol{\sigma}} - \boldsymbol{\sigma}_{\mathrm{ref}})]_i, [\boldsymbol{\Psi}\boldsymbol{\sigma}^n]_i \to [\boldsymbol{\Psi}\hat{\boldsymbol{\sigma}}]_i,\quad \forall i \in \mathbb{N}.$$

于是

$$\sum_i \liminf_{n\to\infty}\Bigg[2\Bigg(\beta\Big|[\boldsymbol{R}(\boldsymbol{\sigma}^n - \boldsymbol{\sigma}_{\mathrm{ref}})]_i\Big|^2 + (1-\beta)\Big|[\boldsymbol{\Psi}\boldsymbol{\sigma}^n]_i\Big| + \beta\Big|[\boldsymbol{R}(\hat{\boldsymbol{\sigma}} - \boldsymbol{\sigma}_{\mathrm{ref}})]_i\Big|^2$$

$$+(1-\beta)\Big|[\boldsymbol{\Psi}\hat{\boldsymbol{\sigma}}]_i\Big|\Bigg) - \Big|\boldsymbol{\sigma}_i^n - \hat{\boldsymbol{\sigma}}_i\Big|^2\Bigg]$$

$$= 4\sum_i\Bigg(\beta\Big|[\boldsymbol{R}(\hat{\boldsymbol{\sigma}} - \boldsymbol{\sigma}_{\mathrm{ref}})]_i\Big|^2 + (1-\beta)\Big|[\boldsymbol{\Psi}\hat{\boldsymbol{\sigma}}]_i\Big|\Bigg) = 4\mathcal{R}_\beta(\hat{\boldsymbol{\sigma}}),$$

将其代入到上面的不等式中，有

$$\limsup_{n\to\infty}\big\|\boldsymbol{\sigma}^n - \hat{\boldsymbol{\sigma}}\big\|_2^2 \leqslant 4\mathcal{R}_\beta(\hat{\boldsymbol{\sigma}}) - 4\mathcal{R}_\beta(\hat{\boldsymbol{\sigma}}) = 0.$$

结论得证. □

定理 5.2.3 (**收敛性**) 令$0<\beta<1$，取噪声水平序列$\{\delta_n\}$，且$\delta_n \to 0$. 设正则化参数$\alpha_n := \alpha(\delta_n)$满足如下条件：

$$\lim_{\delta_n\to 0}\alpha_n = 0,\quad \lim_{\delta_n\to 0}\frac{\delta_n^2}{\alpha_n} = 0.$$

令$\{\boldsymbol{U}^n\} \subset L_2(\Gamma)$使得$\|\boldsymbol{U}^n - \boldsymbol{U}^*\|_{L_2(\Gamma)}^2 \leqslant \delta_n^2$，$\{\boldsymbol{\sigma}_{\alpha_n,\beta}^n\}$为$\Theta_{\alpha_n,\beta}(\boldsymbol{\sigma};\boldsymbol{U}^n)$的极小解序列，则存在$\{\boldsymbol{\sigma}_{\alpha_n,\beta}^n\}$的子列$\{\boldsymbol{\sigma}_{\alpha_{n_1},\beta}^{n_1}\}$收敛到$\mathcal{R}_\beta$-极小解$\boldsymbol{\sigma}^\dagger$.

证明 由极小解序列$\{\boldsymbol{\sigma}_{\alpha_n,\beta}^n\}$和$\boldsymbol{\sigma}^\dagger$的定义有

$$\begin{aligned}
&\big\|F(\boldsymbol{\sigma}_{\alpha_n,\beta}^n) - \boldsymbol{U}^n\big\|_{L_2(\Gamma)}^2 + \alpha_n\mathcal{R}_\beta(\boldsymbol{\sigma}_{\alpha_n,\beta}^n)\\
\leqslant\ &\big\|F(\boldsymbol{\sigma}^\dagger) - \boldsymbol{U}^n\big\|_{L_2(\Gamma)}^2 + \alpha_n\mathcal{R}_\beta(\boldsymbol{\sigma}^\dagger)\\
\leqslant\ &\big\|F(\boldsymbol{\sigma}^\dagger) - \boldsymbol{U}^*\big\|_{L_2(\Gamma)}^2 + \|\boldsymbol{U}^* - \boldsymbol{U}^n\|_{L_2(\Gamma)}^2 + \alpha_n\mathcal{R}_\beta(\boldsymbol{\sigma}^\dagger)\\
\leqslant\ &\delta_n^2 + \alpha_n\mathcal{R}_\beta(\boldsymbol{\sigma}^\dagger),
\end{aligned}$$

可知$\{\|F(\boldsymbol{\sigma}_{\alpha_n,\beta}^n)-\boldsymbol{U}^n\|\}$和$\{\mathcal{R}_\beta(\boldsymbol{\sigma}_{\alpha_n,\beta}^n)\}$一致有界.

故存在$\{\boldsymbol{\sigma}_{\alpha_n,\beta}^n\}$的子列$\{\boldsymbol{\sigma}_{\alpha_{n_1},\beta}^{n_1}\}$和$\tilde{\boldsymbol{\sigma}}\in\mathcal{A}$，使得

$$\boldsymbol{\sigma}_{\alpha_{n_1},\beta}^{n_1}\rightharpoonup\tilde{\boldsymbol{\sigma}},\quad F(\boldsymbol{\sigma}_{\alpha_{n_1},\beta}^{n_1})\rightharpoonup F(\tilde{\boldsymbol{\sigma}}).$$

根据弱下半连续性以及三角不等式，可得

$$\begin{aligned}\|F(\hat{\boldsymbol{\sigma}})-\boldsymbol{U}^*\|_{L_2(\Gamma)}^2&\leqslant\liminf_{\delta_{n_1}\to0}\left(\|F(\boldsymbol{\sigma}_{\alpha_{n_1},\beta}^{n_1})-\boldsymbol{U}^{n_1}\|_{L_2(\Gamma)}^2+\|\boldsymbol{U}^{n_1}-\boldsymbol{U}^*\|_{L_2(\Gamma)}^2\right)\\&\leqslant\liminf_{\delta_{n_1}\to0}\left(2\delta_{n_1}^2+\alpha_{n_1}\mathcal{R}_\beta(\boldsymbol{\sigma}^\dagger)\right).\end{aligned}$$

由假设条件$\alpha_{n_1}\to0(\delta_{n_1}\to0)$，有$\|F(\hat{\boldsymbol{\sigma}})-\boldsymbol{U}^*\|_{L_2(\Gamma)}^2=0$，即$F(\hat{\boldsymbol{\sigma}})=\boldsymbol{U}^*$.

类似地，有

$$\mathcal{R}_\beta(\hat{\boldsymbol{\sigma}})\leqslant\liminf_{\delta_{n_1}\to0}\mathcal{R}_\beta(\boldsymbol{\sigma}_{\alpha_{n_1},\beta}^{n_1})\leqslant\liminf_{\delta_{n_1}\to0}\left\{\frac{\delta_{n_1}^2}{\alpha_{n_1}}+\mathcal{R}_\beta(\boldsymbol{\sigma}^\dagger)\right\}=\mathcal{R}_\beta(\boldsymbol{\sigma}^\dagger).$$

由于$\boldsymbol{\sigma}^\dagger$为$\mathcal{R}_\beta$-极小解，故$\hat{\boldsymbol{\sigma}}=\boldsymbol{\sigma}^\dagger$，且

$$\lim_{\delta_{n_1}\to0}\mathcal{R}_\beta(\boldsymbol{\sigma}_{\alpha_{n_1},\beta}^{n_1})=\mathcal{R}_\beta(\boldsymbol{\sigma}^\dagger),$$

根据引理5.2.1可得

$$\lim_{\delta_{n_1}\to0}\|\boldsymbol{\sigma}_{\alpha_{n_1},\beta}^{n_1}-\boldsymbol{\sigma}^\dagger\|_2^2=0.$$

结论得证. □

5.3 收敛性速度

下面主要研究弹性网正则化方法的收敛速度，给出了该方法的误差阶估计$O(\sqrt{\delta})$.

定理 5.3.1 (**收敛阶**) 令$\alpha>0$，$0<\beta<1$，$F(\boldsymbol{\sigma}^\dagger)=\boldsymbol{U}^*$. 设$\|\boldsymbol{U}^\delta-\boldsymbol{U}^*\|\leqslant\delta$，同时成立如下源条件：

$$\exists\boldsymbol{\omega}:(F'(\boldsymbol{\sigma}^\dagger))^*\boldsymbol{\omega}\in\left(2\beta\boldsymbol{R}^*\boldsymbol{R}(\boldsymbol{\sigma}^\dagger-\boldsymbol{\sigma}_{\text{ref}})+(1-\beta)\boldsymbol{\Psi}^*\text{sign}(\boldsymbol{\Psi}\boldsymbol{\sigma}^\dagger)\right),\quad(5.3.1)$$

并添加假设条件

$$\frac{L\|\boldsymbol{\omega}\|}{2\beta\|\boldsymbol{R}\|^2} < 1, \tag{5.3.2}$$

则当$\alpha(\delta) \sim \delta(\delta > 0)$时，有

$$\left\|\boldsymbol{\sigma}_{\alpha,\beta}^{\delta} - \boldsymbol{\sigma}^{\dagger}\right\| = O(\sqrt{\delta}).$$

证明 由极小解$\boldsymbol{\sigma}_{\alpha,\beta}^{\delta}$的定义，$F(\boldsymbol{\sigma}^{\dagger}) = \boldsymbol{U}^*$且$\|\boldsymbol{U}^* - \boldsymbol{U}^{\boldsymbol{\delta}}\| \leqslant \delta$，有

$$\begin{aligned}
&\left\|F(\boldsymbol{\sigma}_{\alpha,\beta}^{\delta}) - \boldsymbol{U}^{\boldsymbol{\delta}}\right\|_{L_2(\Gamma)}^2 + \alpha\mathcal{R}_\beta(\boldsymbol{\sigma}_{\alpha,\beta}^{\delta}) \\
\leqslant &\left\|F(\boldsymbol{\sigma}^{\dagger}) - \boldsymbol{U}^{\boldsymbol{\delta}}\right\|_{L_2(\Gamma)}^2 + \alpha\mathcal{R}_\beta(\boldsymbol{\sigma}^{\dagger}) \\
\leqslant &\left\|F(\boldsymbol{\sigma}^{\dagger}) - \boldsymbol{U}^*\right\|_{L_2(\Gamma)}^2 + \|\boldsymbol{U}^* - \boldsymbol{U}^{\boldsymbol{\delta}}\|_{L_2(\Gamma)}^2 + \alpha\mathcal{R}_\beta(\boldsymbol{\sigma}^{\dagger}) \\
\leqslant &\,\delta^2 + \alpha\mathcal{R}_\beta(\boldsymbol{\sigma}^{\dagger}),
\end{aligned}$$

故$\forall \boldsymbol{\xi} \in \operatorname{sign}(\boldsymbol{\Psi}\boldsymbol{\sigma}^{\dagger})$，有

$$\begin{aligned}
\delta^2 \geqslant &\left\|F(\boldsymbol{\sigma}_{\alpha,\beta}^{\delta}) - \boldsymbol{U}^{\boldsymbol{\delta}}\right\|_{L_2(\Gamma)}^2 + \alpha\big(\mathcal{R}_\beta(\boldsymbol{\sigma}_{\alpha,\beta}^{\delta}) - \mathcal{R}_\beta(\boldsymbol{\sigma}^{\dagger})\big) \\
= &\left\|F(\boldsymbol{\sigma}_{\alpha,\beta}^{\delta}) - \boldsymbol{U}^{\boldsymbol{\delta}}\right\|_{L_2(\Gamma)}^2 + \alpha\Bigg(\beta\left\|\boldsymbol{R}(\boldsymbol{\sigma}_{\alpha,\beta}^{\delta} - \boldsymbol{\sigma}_{\mathrm{ref}})\right\|_2^2 + (1-\beta)\left\|\boldsymbol{\Psi}\boldsymbol{\sigma}_{\alpha,\beta}^{\delta}\right\|_1 \\
&- \beta\left\|\boldsymbol{R}(\boldsymbol{\sigma}^{\dagger} - \boldsymbol{\sigma}_{\mathrm{ref}})\right\|_2^2 - (1-\beta)\left\|\boldsymbol{\Psi}\boldsymbol{\sigma}^{\dagger}\right\|_1\Bigg) \\
= &\left\|F(\boldsymbol{\sigma}_{\alpha,\beta}^{\delta}) - \boldsymbol{U}^{\boldsymbol{\delta}}\right\|_{L_2(\Gamma)}^2 + \alpha\Bigg[\beta\Bigg(\left\|\boldsymbol{R}(\boldsymbol{\sigma}_{\alpha,\beta}^{\delta} - \boldsymbol{\sigma}_{\mathrm{ref}})\right\|_2^2 - \left\|\boldsymbol{R}(\boldsymbol{\sigma}^{\dagger} - \boldsymbol{\sigma}_{\mathrm{ref}})\right\|_2^2\Bigg) \\
&+ (1-\beta)\Bigg(\left\|\boldsymbol{\Psi}\boldsymbol{\sigma}_{\alpha,\beta}^{\delta}\right\|_1 - \left\|\boldsymbol{\Psi}\boldsymbol{\sigma}^{\dagger}\right\|_1\Bigg)\Bigg] \\
= &\left\|F(\boldsymbol{\sigma}_{\alpha,\beta}^{\delta}) - \boldsymbol{U}^{\boldsymbol{\delta}}\right\|_{L_2(\Gamma)}^2 \\
&+ \alpha\Bigg[\beta\Bigg(\left\|\boldsymbol{R}(\boldsymbol{\sigma}_{\alpha,\beta}^{\delta} - \boldsymbol{\sigma}^{\dagger})\right\|_2^2 + 2\langle\boldsymbol{R}(\boldsymbol{\sigma}^{\dagger} - \boldsymbol{\sigma}_{\mathrm{ref}}), \boldsymbol{R}(\boldsymbol{\sigma}_{\alpha,\beta}^{\delta} - \boldsymbol{\sigma}_{\mathrm{ref}})\rangle\Bigg) \\
&+ (1-\beta)\underbrace{\Bigg(\left\|\boldsymbol{\Psi}\boldsymbol{\sigma}_{\alpha,\beta}^{\delta}\right\|_1 - \left\|\boldsymbol{\Psi}\boldsymbol{\sigma}^{\dagger}\right\|_1 - \langle\boldsymbol{\xi}, \boldsymbol{\Psi}\boldsymbol{\sigma}_{\alpha,\beta}^{\delta} - \boldsymbol{\Psi}\boldsymbol{\sigma}^{\dagger}\rangle\Bigg)}_{\geqslant 0} \\
&+ (1-\beta)\langle\boldsymbol{\xi}, \boldsymbol{\Psi}\boldsymbol{\sigma}_{\alpha,\beta}^{\delta} - \boldsymbol{\Psi}\boldsymbol{\sigma}^{\dagger}\rangle\Bigg]
\end{aligned}$$

$$
\begin{aligned}
&\geqslant \left\|F(\boldsymbol{\sigma}_{\alpha,\beta}^{\delta})-\boldsymbol{U}^{\boldsymbol{\delta}}\right\|_{L_2(\Gamma)}^2\\
&\quad+\alpha\Big[\beta\Big(\left\|\boldsymbol{R}(\boldsymbol{\sigma}_{\alpha,\beta}^{\delta}-\boldsymbol{\sigma}^{\dagger})\right\|_2^2+2\langle\boldsymbol{R}(\boldsymbol{\sigma}^{\dagger}-\boldsymbol{\sigma}_{\mathrm{ref}}),\boldsymbol{R}(\boldsymbol{\sigma}_{\alpha,\beta}^{\delta}-\boldsymbol{\sigma}_{\mathrm{ref}})\rangle\Big)\\
&\quad+(1-\beta)\langle\boldsymbol{\xi},\boldsymbol{\Psi}\boldsymbol{\sigma}_{\alpha,\beta}^{\delta}-\boldsymbol{\Psi}\boldsymbol{\sigma}^{\dagger}\rangle\Big]\\
&=\left\|F(\boldsymbol{\sigma}_{\alpha,\beta}^{\delta})-\boldsymbol{U}^{\boldsymbol{\delta}}\right\|_{L_2(\Gamma)}^2+\alpha\beta\left\|\boldsymbol{R}(\boldsymbol{\sigma}_{\alpha,\beta}^{\delta}-\boldsymbol{\sigma}^{\dagger})\right\|_2^2+\alpha\langle 2\beta\boldsymbol{R}^*\boldsymbol{R}(\boldsymbol{\sigma}^{\dagger}-\boldsymbol{\sigma}_{\mathrm{ref}})\\
&\quad+(1-\beta)\boldsymbol{\Psi}^*\boldsymbol{\xi},\boldsymbol{\sigma}_{\alpha,\beta}^{\delta}-\boldsymbol{\sigma}^{\dagger}\rangle.
\end{aligned}
$$

由于$\boldsymbol{\xi}\in\mathrm{sign}(\boldsymbol{\Psi}\boldsymbol{\sigma}^{\dagger})$的任意性，通过适当选取可以使得源条件(5.3.1)，即$2\beta\boldsymbol{R}^*\boldsymbol{R}(\boldsymbol{\sigma}^{\dagger}-\boldsymbol{\sigma}_{\mathrm{ref}})+(1-\beta)\boldsymbol{\Psi}^*\boldsymbol{\xi}=F'(\boldsymbol{\sigma}^{\dagger})*\boldsymbol{\omega}$成立. 根据上面的不等式可得

$$
\begin{aligned}
&\left\|F(\boldsymbol{\sigma}_{\alpha,\beta}^{\delta})-\boldsymbol{U}^{\boldsymbol{\delta}}\right\|_{L_2(\Gamma)}^2+\alpha\beta\left\|\boldsymbol{R}(\boldsymbol{\sigma}_{\alpha,\beta}^{\delta}-\boldsymbol{\sigma}^{\dagger})\right\|_2^2\\
\leqslant\ &\delta^2-\alpha\langle\boldsymbol{\omega},F'(\boldsymbol{\sigma}^{\dagger})\big(\boldsymbol{\sigma}_{\alpha,\beta}^{\delta}-\boldsymbol{\sigma}^{\dagger}\big)\rangle.
\end{aligned}\tag{5.3.3}
$$

定义线性误差$E(\boldsymbol{\sigma}_{\alpha,\beta}^{\delta},\boldsymbol{\sigma}^{\dagger})$如下：

$$
E(\boldsymbol{\sigma}_{\alpha,\beta}^{\delta},\boldsymbol{\sigma}^{\dagger})=F(\boldsymbol{\sigma}_{\alpha,\beta}^{\delta})-F(\boldsymbol{\sigma}^{\dagger})-F'(\boldsymbol{\sigma}^{\dagger})(\boldsymbol{\sigma}_{\alpha,\beta}^{\delta}-\boldsymbol{\sigma}^{\dagger}),
$$

对(5.3.3)应用线性误差的定义以及Cauchy-Schwarz不等式可得

$$
\begin{aligned}
&\left\|F(\boldsymbol{\sigma}_{\alpha,\beta}^{\delta})-\boldsymbol{U}^{\boldsymbol{\delta}}\right\|_{L_2(\Gamma)}^2+\alpha\beta\left\|\boldsymbol{R}(\boldsymbol{\sigma}_{\alpha,\beta}^{\delta}-\boldsymbol{\sigma}^{\dagger})\right\|_2^2\\
\leqslant\ &\delta^2-\alpha\langle\boldsymbol{\omega},F(\boldsymbol{\sigma}_{\alpha,\beta}^{\delta})-F(\boldsymbol{\sigma}^{\dagger})\rangle+\alpha\langle\boldsymbol{\omega},E(\boldsymbol{\sigma}_{\alpha,\beta}^{\delta},\boldsymbol{\sigma}^{\dagger})\rangle\\
=\ &\delta^2-\alpha\langle\boldsymbol{\omega},(F(\boldsymbol{\sigma}_{\alpha,\beta}^{\delta})-\boldsymbol{U}^{\boldsymbol{\delta}})-(F(\boldsymbol{\sigma}^{\dagger})-\boldsymbol{U}^{\boldsymbol{\delta}})\rangle\\
&+\alpha\langle\boldsymbol{\omega},E(\boldsymbol{\sigma}_{\alpha,\beta}^{\delta},\boldsymbol{\sigma}^{\dagger})\rangle\\
\leqslant\ &\delta^2+\alpha\delta\|\boldsymbol{\omega}\|+\alpha\|\boldsymbol{\omega}\|\left\|F(\boldsymbol{\sigma}_{\alpha,\beta}^{\delta})-\boldsymbol{U}^{\boldsymbol{\delta}}\right\|_{L_2(\Gamma)}\\
&+\alpha\|\boldsymbol{\omega}\|\left\|E(\boldsymbol{\sigma}_{\alpha,\beta}^{\delta},\boldsymbol{\sigma}^{\dagger})\right\|_{L_2(\Gamma)}.
\end{aligned}\tag{5.3.4}
$$

进一步得到如下的平方形式：

$$
\begin{aligned}
&\left(\left\|F(\boldsymbol{\sigma}_{\alpha,\beta}^{\delta})-\boldsymbol{U}^{\boldsymbol{\delta}}\right\|_{L_2(\Gamma)}-\frac{\alpha\|\boldsymbol{\omega}\|}{2}\right)^2+\alpha\beta\left\|\boldsymbol{R}(\boldsymbol{\sigma}_{\alpha,\beta}^{\delta}-\boldsymbol{\sigma}^{\dagger})\right\|_2^2\\
\leqslant\ &\left(\delta+\frac{\alpha\|\boldsymbol{\omega}\|}{2}\right)^2+\alpha\|\boldsymbol{\omega}\|\left\|E(\boldsymbol{\sigma}_{\alpha,\beta}^{\delta},\boldsymbol{\sigma}^{\dagger})\right\|_{L_2(\Gamma)}.
\end{aligned}
$$

根据引理3.2.3可知，前面定义的线性误差满足如下的估计式：

$$
\|E(\boldsymbol{\sigma}_{\alpha,\beta}^{\delta},\boldsymbol{\sigma}^{\dagger})\|_{L_2(\Gamma)}\leqslant\frac{L}{2}\left\|\boldsymbol{\sigma}_{\alpha,\beta}^{\delta}-\boldsymbol{\sigma}^{\dagger}\right\|_2^2,
$$

其中，L为$F'(\boldsymbol{\sigma})$的Lipschitz常数. 于是有

$$\begin{aligned}\alpha\beta\left\|\boldsymbol{R}(\boldsymbol{\sigma}_{\alpha,\beta}^{\delta}-\boldsymbol{\sigma}^{\dagger})\right\|_2^2 &\leqslant \left(\delta+\frac{\alpha\|\boldsymbol{\omega}\|}{2}\right)^2+\alpha\|\boldsymbol{\omega}\|\left\|E(\boldsymbol{\sigma}_{\alpha,\beta}^{\delta},\boldsymbol{\sigma}^{\dagger})\right\|_{L_2(\Gamma)}\\ &\leqslant \left(\delta+\frac{\alpha\|\boldsymbol{\omega}\|}{2}\right)^2+\alpha\|\boldsymbol{\omega}\|\cdot\frac{L}{2}\left\|\boldsymbol{\sigma}_{\alpha,\beta}^{\delta}-\boldsymbol{\sigma}^{\dagger}\right\|_2^2.\end{aligned}$$

由(5.3.2)可得

$$\left\|\boldsymbol{\sigma}_{\alpha,\beta}^{\delta}-\boldsymbol{\sigma}^{\dagger}\right\|_2^2\leqslant\left(\delta+\frac{\alpha\|\boldsymbol{\omega}\|}{2}\right)^2\Big/\left(\alpha\beta\|\boldsymbol{R}\|^2-\alpha\|\boldsymbol{\omega}\|\frac{L}{2}\right),$$

则当$\alpha(\delta)\sim\delta$时，有

$$\left\|\boldsymbol{\sigma}_{\alpha,\beta}^{\delta}-\boldsymbol{\sigma}^{\dagger}\right\|=O(\sqrt{\delta}).$$

结论得证. □

5.4 交替方向迭代算法

由于正演算子F非线性依赖于电导率分布$\boldsymbol{\sigma}$，采用简化的线性模型通过非迭代算法获得其精确解几乎不可能. 对于完全非线性问题，通常考虑标准的迭代线性化方法[82]. 设真实解$\boldsymbol{\sigma}^*$的第k个近似值$\boldsymbol{\sigma}^k$已求出，为了求得下一个近似值$\boldsymbol{\sigma}^{k+1}$，将$F(\boldsymbol{\sigma})$在$\boldsymbol{\sigma}^k$处进行泰勒(Taylor)级数展开，忽略高阶项，有

$$F(\boldsymbol{\sigma})\approx F(\boldsymbol{\sigma}^k)+F'(\boldsymbol{\sigma}^k)(\boldsymbol{\sigma}-\boldsymbol{\sigma}^k), \tag{5.4.1}$$

然后采用线性化函数$F(\boldsymbol{\sigma}^k)+F'(\boldsymbol{\sigma}^k)(\boldsymbol{\sigma}-\boldsymbol{\sigma}^k)$代替$F(\boldsymbol{\sigma})$，问题(5.1.3)的极小化过程转化为：给定$\boldsymbol{\sigma}^k$，求解

$$\min_{\boldsymbol{\delta\sigma}}\left\{\left\|F'(\boldsymbol{\sigma}^k)\boldsymbol{\delta\sigma}+F(\boldsymbol{\sigma}^k)-\boldsymbol{U}^{\delta}\right\|^2+\alpha_k\Theta_\beta(\boldsymbol{\sigma}^k+\boldsymbol{\delta\sigma})\right\}, \tag{5.4.2}$$

令$\boldsymbol{\sigma}^{k+1}=\boldsymbol{\sigma}^k+\boldsymbol{\delta\sigma}$，则依次重复此迭代过程直到迭代次数达到预定次数或者满足某种停止准则. 停止准则可选择为目标函数值小于预定阈值或前后两次迭代值之间的差值小于预定阈值等.

然而，极小化问题(5.4.2)中ℓ_1-范数的存在导致了非光滑的目标泛函，这是一个非光滑优化问题，使得传统的优化方法不再适用. 本节基于分裂Bregman迭代技术的基本思想提出了一种简单快速的交替方向迭代算法.

下面分两种情况讨论：

（1）变换域内情形

在变换域框架下，假设电导率分布关于基$\boldsymbol{\Psi}$具有稀疏性表示，则弹性网正则化模型变为

$$\min_{\boldsymbol{\delta\sigma}}\left\{\left\|F'(\boldsymbol{\sigma}^k)\boldsymbol{\delta\sigma}+F(\boldsymbol{\sigma}^k)-\boldsymbol{U}^{\delta}\right\|_{L_2(\Gamma)}^2+\alpha_k\left[\beta\left\|\boldsymbol{R}(\boldsymbol{\sigma}^k+\boldsymbol{\delta\sigma}-\boldsymbol{\sigma}_{\text{ref}})\right\|_2^2+(1-\beta)\left\|\boldsymbol{\Psi}(\boldsymbol{\sigma}^k+\boldsymbol{\delta\sigma})\right\|_1\right]\right\}. \quad (5.4.3)$$

首先根据分裂Bregman迭代技术的基本思想，引入辅助变量$\boldsymbol{d}$和等式约束$\boldsymbol{d}=\boldsymbol{\Psi}(\boldsymbol{\sigma}^k+\boldsymbol{\delta\sigma})$，得到与(5.4.3)等价的如下形式:

$$\begin{cases}(\boldsymbol{\delta\sigma},\boldsymbol{d}^{k+1})=\arg\min\limits_{\boldsymbol{\delta\sigma},\boldsymbol{d}}\left\{\left\|F'(\boldsymbol{\sigma}^k)\boldsymbol{\delta\sigma}+F(\boldsymbol{\sigma}^k)-\boldsymbol{U}^{\delta}\right\|_{L_2(\Gamma)}^2\right.\\ \qquad+\alpha_k\left[\beta\left\|\boldsymbol{R}(\boldsymbol{\sigma}^k+\boldsymbol{\delta\sigma}-\boldsymbol{\sigma}_{\text{ref}})\right\|_2^2+(1-\beta)\left\|\boldsymbol{d}\right\|_1\right]\\ \qquad\left.+\mu\left\|\boldsymbol{d}-\boldsymbol{\Psi}(\boldsymbol{\sigma}^k+\boldsymbol{\delta\sigma})-\boldsymbol{b}_{\boldsymbol{d}}^k\right\|_2^2\right\},\\ \boldsymbol{b}_{\boldsymbol{d}}^{k+1}=\boldsymbol{b}_{\boldsymbol{d}}^k+\boldsymbol{\Psi}(\boldsymbol{\sigma}^k+\boldsymbol{\delta\sigma})-\boldsymbol{d}^{k+1},\end{cases} \quad (5.4.4)$$

其中，$\mu>0$为松弛因子.

进一步，根据交替方向迭代优化技术，给定$\boldsymbol{d}$和$\boldsymbol{b}_{\boldsymbol{d}}^k$，关于$\boldsymbol{\delta\sigma}$求解极小化问题(5.4.4)，忽略掉与$\boldsymbol{\delta\sigma}$无关的常值项，得到如下子问题:

$$\min_{\boldsymbol{\delta\sigma}}\left\{\left\|F'(\boldsymbol{\sigma}^k)\boldsymbol{\delta\sigma}+F(\boldsymbol{\sigma}^k)-\boldsymbol{U}^{\delta}\right\|_{L_2(\Gamma)}^2+\alpha_k\beta\left\|\boldsymbol{R}(\boldsymbol{\sigma}^k+\boldsymbol{\delta\sigma}-\boldsymbol{\sigma}_{\text{ref}})\right\|_2^2+\mu\left\|\boldsymbol{d}-\boldsymbol{\Psi}(\boldsymbol{\sigma}^k+\boldsymbol{\delta\sigma})-\boldsymbol{b}_{\boldsymbol{d}}^k\right\|_2^2\right\}. \quad (5.4.5)$$

针对式(5.4.5)关于$\boldsymbol{\delta\sigma}$求极小化，易知其满足如下Euler公式:

$$\begin{aligned}&\left[F'(\boldsymbol{\sigma}^k)^{\mathrm{T}}F'(\boldsymbol{\sigma}^k)+\alpha_k\beta\boldsymbol{R}^{\mathrm{T}}\boldsymbol{R}+\mu\boldsymbol{I}\right]\boldsymbol{\delta\sigma}\\ =&F'(\boldsymbol{\sigma}^k)^{\mathrm{T}}\big(\boldsymbol{U}^{\delta}-F(\boldsymbol{\sigma}^k)\big)-\alpha_k\beta\boldsymbol{R}^{\mathrm{T}}\boldsymbol{R}(\boldsymbol{\sigma}^k-\boldsymbol{\sigma}_{\text{ref}})-\mu\big(\boldsymbol{\sigma}^k+\boldsymbol{\Psi}^{\mathrm{T}}(\boldsymbol{b}_{\boldsymbol{d}}^k-\boldsymbol{d})\big),\end{aligned} \quad (5.4.6)$$

此时可直接采用共轭梯度法求得修正项$\boldsymbol{\delta\sigma}^j$.

给定$\boldsymbol{\sigma}^{k+1}=\boldsymbol{\sigma}^k+\boldsymbol{\delta\sigma}^j$和$\boldsymbol{b}_{\boldsymbol{d}}^k$，关于$\boldsymbol{d}$求解无约束优化问题(5.4.4)，有

$$\min_{\boldsymbol{d}}\left\{\alpha_k(1-\beta)\left\|\boldsymbol{d}\right\|_1+\mu\left\|\boldsymbol{d}-\boldsymbol{\Psi}\boldsymbol{\sigma}^{k+1}-\boldsymbol{b}_{\boldsymbol{d}}^k\right\|_2^2\right\}, \quad (5.4.7)$$

该子问题属于ℓ_1-范数去噪问题，极小解可通过软阈值收缩算法[113]快速求解，其解可显式表示为

$$\boldsymbol{d}^{k+1} = \text{Shrinkage}(\boldsymbol{\Psi}(\boldsymbol{\sigma}^k + \boldsymbol{\delta\sigma}) + \boldsymbol{b}_{\boldsymbol{d}}^k, \eta), \tag{5.4.8}$$

其中，$\eta = \dfrac{\alpha_k(1-\beta)}{2\mu}$为阈值水平，且Shrinkage为软阈值收缩算子，其分量形式为

$$\text{Shrinkage}(x,t) = \text{sign}(x)\max(|x| - t, 0).$$

算法5.1描述了求解极小化问题(5.4.2)的完整程序. 这里，初始电导率估计$\boldsymbol{\sigma}_0$为已知的背景电导率分布，α_0为选择的初始正则化参数，q_α为自适应调节正则化参数的步长大小. 该算法的的总迭代数和计算时间依赖于松弛因子μ. 由于阈值水平η和松弛因子μ有关，起着促进解稀疏性的重要作用，因此松弛因子μ越大通常会导致分裂Bregman迭代的收敛速度越慢. 选择适当的松弛因子μ，可使得共轭梯度法和分裂Bregman迭代快速收敛.

算法5.1. 变换域内弹性网正则重构的交替方向迭代算法

输入参数：α_0，q_α，β，μ，τ，$\boldsymbol{\sigma}_{\text{ref}}$

初始化：$k=0$，$\boldsymbol{\sigma}^k = \boldsymbol{\sigma}_0$，$\boldsymbol{d}^0 = 0$，$\boldsymbol{b}_{\boldsymbol{d}}^0 = 0$

Repeat

令$j=0$，$\eta = \alpha_k(1-\beta)/(2\mu)$

Repeat

- 根据式(5.4.6)计算$\boldsymbol{\delta\sigma}^{j+1}$
- 计算$\boldsymbol{d}^{j+1} = \text{Shrinkage}(\boldsymbol{\Psi}(\boldsymbol{\sigma}^k + \boldsymbol{\delta\sigma}^{j+1}) + \boldsymbol{b}_{\boldsymbol{d}}^j, \eta)$
- 计算$\boldsymbol{b}_{\boldsymbol{d}}^{j+1} = \boldsymbol{b}_{\boldsymbol{d}}^j + \boldsymbol{\Psi}(\boldsymbol{\sigma}^k + \boldsymbol{\delta\sigma}^{j+1}) - \boldsymbol{d}^{j+1}$
- 更新$j \leftarrow j+1$

Until $\left\|\boldsymbol{\delta\sigma}^j\right\| < \tau$

令$\boldsymbol{\sigma}^{k+1} = \boldsymbol{\sigma}^k + \boldsymbol{\delta\sigma}^j$

修正$\alpha_{k+1} = q_\alpha \alpha_k$

更新$k \leftarrow k+1$

$\left\|F(\boldsymbol{\sigma}^k) - \boldsymbol{U}^\delta\right\| < \left\|\boldsymbol{U} - \boldsymbol{U}^\delta\right\|$

（2）空间域内情形

在空间域框架下，假设$\boldsymbol{\sigma}_0$为背景电导率，则非均匀电导率分布具有空间域稀疏性，即$\boldsymbol{\sigma} - \boldsymbol{\sigma}_0$的大部分元素为零，对应的弹性网正则化模型变为

$$\min_{\boldsymbol{\delta\sigma}} \Big\{ \left\|F'(\boldsymbol{\sigma}^k)\boldsymbol{\delta\sigma} + F(\boldsymbol{\sigma}^k) - \boldsymbol{U}^\delta\right\|^2 + \alpha_k \Big[(1-\beta)\left\|\boldsymbol{\sigma}^k + \boldsymbol{\delta\sigma} - \boldsymbol{\sigma}_0\right\|_1 + \beta \left\|\boldsymbol{R}(\boldsymbol{\sigma}^k + \boldsymbol{\delta\sigma} - \boldsymbol{\sigma}_{\text{ref}})\right\|_2^2 \Big] \Big\}. \tag{5.4.9}$$

类似于算法5.1，引入辅助变量$\boldsymbol{d}$和等式约束$\boldsymbol{d} = \boldsymbol{\sigma}^k + \boldsymbol{\delta\sigma} - \boldsymbol{\sigma}_0$，得到三步迭代格式：

$$\text{Step1}: \boldsymbol{\delta\sigma} = \arg\min_{\boldsymbol{\delta\sigma}} \left\{ \left\| F'(\boldsymbol{\sigma}^k)\boldsymbol{\delta\sigma} + F(\boldsymbol{\sigma}^k) - \boldsymbol{U}^\delta \right\|^2 \right.$$
$$\left. +\alpha_k\beta \left\| \boldsymbol{R}(\boldsymbol{\sigma}^k + \boldsymbol{\delta\sigma} - \boldsymbol{\sigma}_{\text{ref}}) \right\|^2 + \mu \left\| \boldsymbol{d} - (\boldsymbol{\sigma}^k + \boldsymbol{\delta\sigma} - \boldsymbol{\sigma}_0) - \boldsymbol{b}_{\boldsymbol{d}}^k \right\|^2 \right\},$$

$$\text{Step2}: \boldsymbol{d}^{k+1} = \arg\min_{\boldsymbol{d}} \left\{ \alpha_k(1-\beta)\left\|\boldsymbol{d}\right\|_1 + \mu\left\| \boldsymbol{d} - (\boldsymbol{\sigma}^k + \boldsymbol{\delta\sigma} - \boldsymbol{\sigma}_0) - \boldsymbol{b}_{\boldsymbol{d}}^k \right\|^2 \right\},$$

$$\text{Step3}: \boldsymbol{b}_{\boldsymbol{d}}^{k+1} = \boldsymbol{b}_{\boldsymbol{d}}^k + (\boldsymbol{\sigma}^k + \boldsymbol{\delta\sigma} - \boldsymbol{\sigma}_0) - \boldsymbol{d}^{k+1}.$$

关于Step1，易知$\boldsymbol{\delta\sigma}$满足如下Euler公式：

$$\left[F'(\boldsymbol{\sigma}^k)^{\mathrm{T}}F'(\boldsymbol{\sigma}^k) + \alpha_k\beta\boldsymbol{R}^{\mathrm{T}}\boldsymbol{R} + \mu\boldsymbol{I}\right]\boldsymbol{\delta\sigma} = F'(\boldsymbol{\sigma}^k)^{\mathrm{T}}(\boldsymbol{U}^\delta - F(\boldsymbol{\sigma}^k))$$
$$-\alpha_k\beta\boldsymbol{R}^{\mathrm{T}}\boldsymbol{R}(\boldsymbol{\sigma}^k - \boldsymbol{\sigma}_{\text{ref}}) - \mu(\boldsymbol{\sigma}^k - \boldsymbol{\sigma}_0 + \boldsymbol{b}_{\boldsymbol{d}}^k - \boldsymbol{d}). \quad (5.4.10)$$

关于Step2，可通过如下软阈值收缩算子快速求解：

$$\boldsymbol{d}^{k+1} = \text{Shrinkage}(\boldsymbol{\sigma}^k + \boldsymbol{\delta\sigma} - \boldsymbol{\sigma}_0 + \boldsymbol{b}_{\boldsymbol{d}}^k, \eta), \quad (5.4.11)$$

其中，$\eta = \alpha_k(1-\beta)/(2\mu)$.

算法5.2描述了求解极小化问题(5.4.9)的完整程序.

算法 5.2. 空间域内弹性网正则重构的交替方向迭代算法

输入参数：α_0，q_α，β，μ，τ
初始化：$k=0$，$\boldsymbol{\sigma}^k = \boldsymbol{\sigma}_0$，$\boldsymbol{d}^0 = 0$，$\boldsymbol{b}_{\boldsymbol{d}}^0 = 0$
Repeat
  令$j=0$，$\eta = \alpha_k(1-\beta)/(2\mu)$
  Repeat
    • 根据式(5.4.10)计算$\boldsymbol{\delta\sigma}^{j+1}$
    • 计算$\boldsymbol{d}^{j+1} = \text{Shrinkage}(\boldsymbol{\sigma}^k + \boldsymbol{\delta\sigma}^{j+1} - \boldsymbol{\sigma}_0 + \boldsymbol{b}_{\boldsymbol{d}}^j, \eta)$
    • 计算$\boldsymbol{b}_{\boldsymbol{d}}^{j+1} = \boldsymbol{b}_{\boldsymbol{d}}^j + (\boldsymbol{\sigma}^k + \boldsymbol{\delta\sigma}^{j+1} - \boldsymbol{\sigma}_0) - \boldsymbol{d}^{j+1}$
    • 更新$j \leftarrow j+1$
  Until$\left\|\boldsymbol{\delta\sigma}^j\right\| < \tau$
  令$\boldsymbol{\sigma}^{k+1} = \boldsymbol{\sigma}^k + \boldsymbol{\delta\sigma}^j$
  修正$\alpha_{k+1} = q_\alpha\alpha_k$
  更新$k \leftarrow k+1$
Until $\left\|F(\boldsymbol{\sigma}^k) - \boldsymbol{U}^\delta\right\| < \left\|\boldsymbol{U} - \boldsymbol{U}^\delta\right\|$

5.5 数值模拟

本节评估本章提出的弹性网正则化方法在非线性EIT图像重构问题中的重构性能.

假设电导率分布$\boldsymbol{\sigma}$在场域Ω中除包含p个异常体$B_j(j=1,2,\cdots,p)$外，其他位置呈分段常值的均匀分布，满足

$$\boldsymbol{\sigma}(r)=\begin{cases}\boldsymbol{\sigma}_0, & r\in\Omega\backslash\bigcup_j B_j,\\ \boldsymbol{\sigma}_j, & r\in B_j.\end{cases}$$

异常体B_j的边界记为∂B_j. 尖角边界为所有异常体的边界和，即$\bigcup_j\partial B_j$，而光滑区域为$\Omega\backslash\bigcup_j\partial B_j$.

下面构造三种测试模型进行数值模拟，如图5.1所示，模型A包含2个异常体($p=2$)，模型B包含3个异常体($p=3$)，模型C包含5个异常体($p=5$). 其中高电阻率部分和低电阻率部分分别用红色和蓝色显示(见彩图)，其值分别为8Ω · m和1Ω · m，背景电阻率取值为4Ω · m. 除非另有说明，否则接下来所有的重构图像均以1~8的统一色标尺度显示，便于可视化比较.

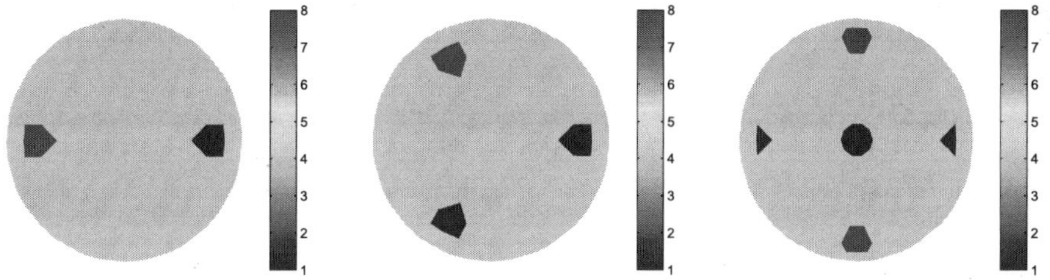

图 5.1 三种测试模型：模型A(左)；模型B(中)；模型C(右)

显然，以上三种测试模型在空间域内都不是稀疏的，必须寻求某种稀疏表示方法. 比如可以借助小波变换域的稀疏表示，这里取$\boldsymbol{\Psi}$为Haar小波. 图5.2记录了小波展开系数的振幅图，从中可以看出，大多数系数都在零附近，这就表明Haar小波表示存在大量小系数，只有少数非零系数. 此外，假设背景电导率$\boldsymbol{\sigma}_0$已知，则可在空间域中考虑非均匀电导率分布$(\boldsymbol{\sigma}-\boldsymbol{\sigma}_0)$的稀疏性. 图5.3记录了非均匀电导率的振幅图. 很明显，非均匀电导率$(\boldsymbol{\sigma}-\boldsymbol{\sigma}_0)$中的大多数元素都是零，只有少数非零系数. 因此，Haar小波变换和非均匀电导率均能有效地为电导率分布提供一种稀疏表示形式. 但是，观察图5.2和图5.3可以发现，图5.3显示出空间域上具有更好的稀疏性表示.

5.5.1 参数分析

参数的选择非常重要，因为不合适的参数可能导致无意义的结果. 在这一部分中，讨论了所提方法的参数选择策略. 稍后通过无噪声数据进行

测试. 除重构图像的可视化比较外，为了对所提出算法的重构结果进行定量评估，下面采用相对误差(relative error，RE)

$$\mathrm{RE} = \frac{\left\|\boldsymbol{\sigma} - \boldsymbol{\sigma}^*\right\|_2^2}{\left\|\boldsymbol{\sigma}^*\right\|_2^2},$$

来对比重构的结果，其中$\boldsymbol{\sigma}$为重构的电导率分布，$\boldsymbol{\sigma}^*$为真实的电导率分布. 误差越小表明重构的结果越好.

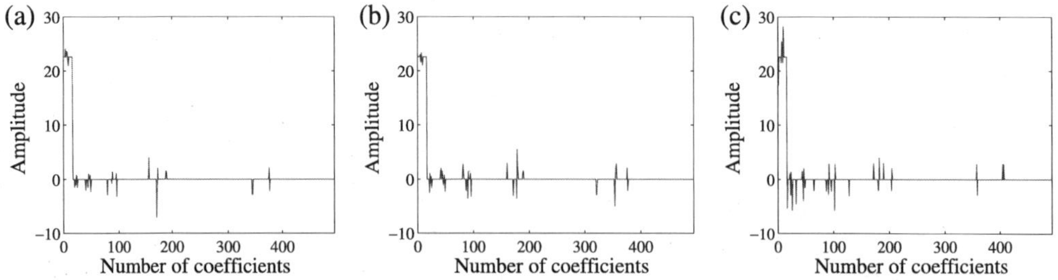

图 5.2　小波展开系数的振幅图：(a) 模型A；(b) 模型B；(c) 模型C (纵坐标“Amplitude”表示振幅，横坐标“Number of coefficients”表示小波展开系数的个数)

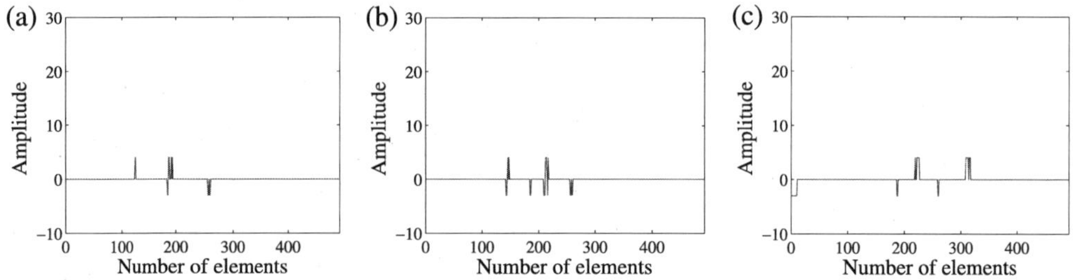

图 5.3　非均匀电导率的振幅图：(a) 模型A；(b) 模型B；(c) 模型C (纵坐标“Amplitude”表示振幅，横坐标“Number of elements”表示非均匀电导率的分量个数)

正则化矩阵(即加权算子)$\boldsymbol{R}$通常取为单位矩阵$\boldsymbol{I}$，这里考虑一个包含光滑假设的二阶差分算子

$$\boldsymbol{R}_2 = \begin{pmatrix} -1 & 2 & 1 & & \\ & \ddots & \ddots & \ddots & \\ & & -1 & 2 & 1 \end{pmatrix}.$$

为了确保得到比较理想的重构结果，合理选择正则化参数α也很关键，这里采用下降几何序列

$$\alpha_k = q^k \alpha_0, \quad \alpha_0 > 0, \quad 0 < q < 1$$

来选取正则化参数，其中初始值α_0和因子q的选择取决于模型和噪声水平. 外层Gauss-Newton迭代步通过Morozov偏差原理终止，要求数据残差小于噪声水平，即

$$\left\|F(\boldsymbol{\sigma}) - \boldsymbol{U}^{\delta}\right\| < \left\|\boldsymbol{U} - \boldsymbol{U}^{\delta}\right\|.$$

内层循环的交替方向迭代优化方法在10次迭代之后或更新步$\boldsymbol{\delta\sigma}$小于$\tau = 1 \times 10^{-2}$时终止.

此外，算法5.1和算法5.2的总迭代次数和计算时间取决于松弛因子μ，较大的μ值将导致分裂Bregman技术的收敛速度较慢，因为式(5.4.8)中的阈值水平η依赖于μ，起着稀疏促进的关键作用. 选择适当的松弛因子μ，通常会使CG方法和分裂Bregman方法都具有合理的收敛性. 弹性网正则化的主要目的是，同时重构图像的光滑区域和尖角边缘区域. 从弹性网正则化模型式(5.1.3)中可以看到，参数β很关键，随着β值的减小，ℓ_2-范数惩罚的作用逐渐减弱，而ℓ_1-范数惩罚的作用逐渐增强. 因此，参数β同时控制着解的稀疏度与正则性，直接影响着弹性网函数的性能，我们试图通过调整参数β来平衡ℓ_1-范数和ℓ_2-范数的权重，进而更好地重构光滑区域以及尖角边界区域. 后面我们将会研究参数μ和参数β对于弹性网正则化方法重构结果的影响.

5.5.2 无噪声情况

首先测试算法5.1在无噪声干扰情况下的重构性能. 表5.1列出了三种测试模型的参数情况：模型A选择初始正则化参数$\alpha_0 = 1 \times 10^{-6}$，步长$q_\alpha = 0.6$；模型B选取$\alpha_0 = 1 \times 10^{-6}$，步长$q_\alpha = 0.8$；模型C选取$\alpha_0 = 1 \times 10^{-7}$，步长$q_\alpha = 0.5$. 固定$\beta = 0.1$，首先研究松弛因子$\mu$对算法5.1性能的影响. 针对三种测试模型，图5.4给出了重构图像相对误差随迭代步增加的变化曲线，结果发现三种模型在$\mu = 1 \times 10^{-9}$，$\mu = 1 \times 10^{-10}$，$\mu = 1 \times 10^{-11}$时具有相对较好的收敛速度，这里取$\mu = 1 \times 10^{-10}$.

表 5.1 无噪声情况下算法5.1的参数设置

参数	模型A	模型B	模型C
α_0	1×10^{-6}	1×10^{-6}	1×10^{-7}
q_α	0.6	0.8	0.5

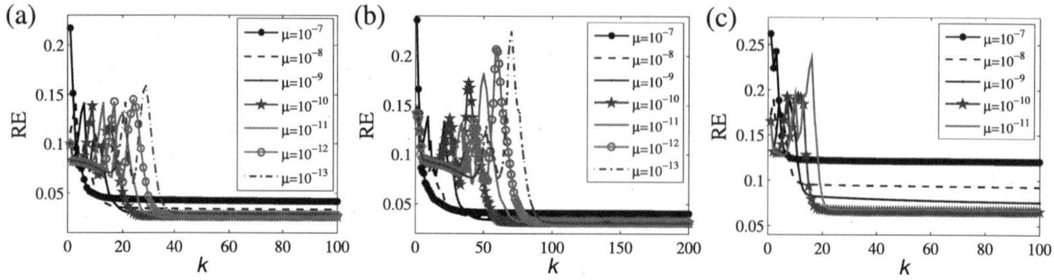

图 5.4 固定$\beta = 0.1$，选取不同松弛因子μ时，相对误差RE随迭代步数k的变化曲线：(a) 模型A；(b) 模型B；(c) 模型C

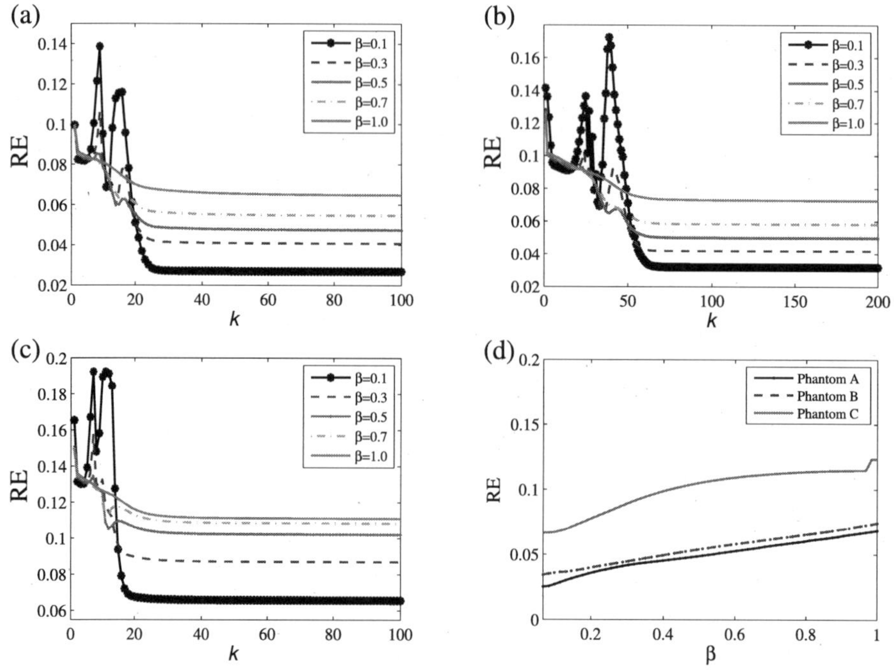

图 5.5 $\beta = 0.1$, 0.3, 0.5, 0.7, 1.0时，相对误差RE随迭代步数k的变化曲线：(a) 模型A，(b) 模型B，(c) 模型C；(d) 相对误差RE随参数β的变化曲线 (“Phantom A”表示模型A，“Phantom B”表示模型B，“Phantom C”表示模型C)

表 5.2 图5.6中重构图像相对应的数值比较

参数	$\beta = 0.1$	$\beta = 0.3$	$\beta = 0.5$	$\beta = 0.7$	$\beta = 1.0$
模型A	0.027 2	0.041 7	0.048 8	0.056 7	0.068 5
模型B	0.032 4	0.042 4	0.050 0	0.065 9	0.088 4
模型C	0.067 0	0.089 3	0.105 6	0.112 3	0.124 0

根据弹性网罚项公式(5.1.2)，随着参数β值的减小，ℓ_2-范数的影响逐渐减弱，而ℓ_1-范数的影响逐渐增强，也就是说，随着参数β值的减小，ℓ_1-范数正在发挥重要作用. 下面进一步研究参数β对于重构结果的影响. 针对构造的三种测试模型，采用算法5.1进行图像重构，图5.5(a)(b)(c)分别给出了$\beta = 0.1,\ 0.3,\ 0.5,\ 0.7,\ 1.0$时重构图像的相对误差随迭代步增加的变化曲线. 结果表明，在以上选定的参数β值的实验中，本章所提出的算法5.1是收敛的，并且$\beta = 0.1$时重构图像的相对误差最小. 图5.5(d)给出了相对误差随参数β值增加的变化情况，可以看出参数β值越小，重构图像的相对误差就越小. 针对三种模型，图5.6分别给出了$\beta = 0.1,\ 0.3,\ 0.5,\ 0.7,\ 1.0$时算法5.1的重构图像. 很显然，参数$\beta$值越小，重构图像的边界越清晰，越能有效地抑制伪影，改进成像质量，进一步验证了ℓ_1-范数对重构结果的影响. 表5.2列出了图5.6(a)(b)(c)中重构图像的误差结果. 正如预期的一样，数值结果表明，算法5.1具有令人满意的数值性能. 假设背景电导率$\boldsymbol{\sigma}_0$是已知的，算法5.2的数值测试具有相似的结果，这里不详细列出.

下面比较算法5.1和算法5.2的重构性能. 图5.7给出了分别使用算法5.1和算法5.2得到的重构图像，对应的相对误差结果如表5.3所示. 从图5.7可以看出，算法5.2得到的重构图像具有更清晰的边缘和更少的伪影，从表5.3中可以看出算法5.2得到的重构图像具有更小的相对误差. 正如所料，算法5.2要优于算法5.1，获得了更好的重构结果，因为观察图5.2和图5.3可以发现，用于算法5.2的空间稀疏表示(见图5.3)具有更好的稀疏度.

表 5.3 图5.7中重构图像相对应的数值比较

算法	模型A	模型B	模型C
算法5.1	0.027 2	0.032 4	0.067 0
算法5.2	0.015 6	0.019 5	0.053 5

表 5.4 噪声情况下算法5.1的参数设置

算法	算法5.1			算法5.2		
噪声	α_0	q_α	μ	α_0	q_α	μ
0.1%	1×10^{-4}	0.6	1×10^{-6}	1×10^{-5}	0.6	1×10^{-6}
0.3%	1×10^{-3}	0.6	1×10^{-5}	1×10^{-3}	0.6	1×10^{-4}

5.5.3 有噪声情况

EIT图像重构本质上属于典型的不适定反问题. 在数据采集过程中，测量数据不可避免地含有噪声，数据的微小扰动会给重构图像的质量带

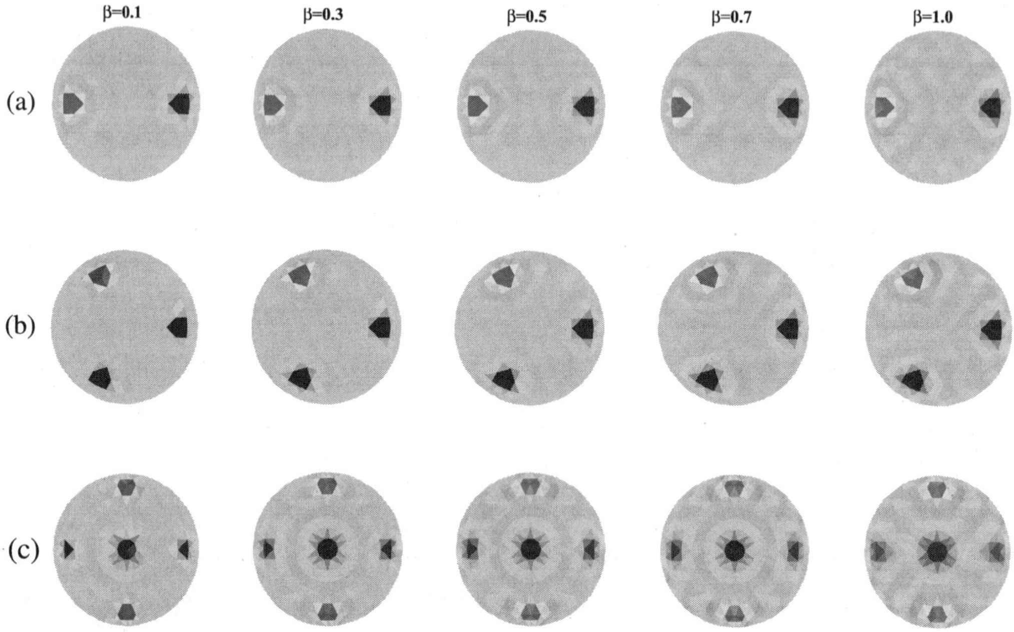

图 5.6 针对三种模型，无噪情况下，算法5.1取不同参数β(从左到右依次为$\beta = 0.1,\ 0.3,\ 0.5,\ 0.7,\ 1.0$) 时对应的重构图像比较

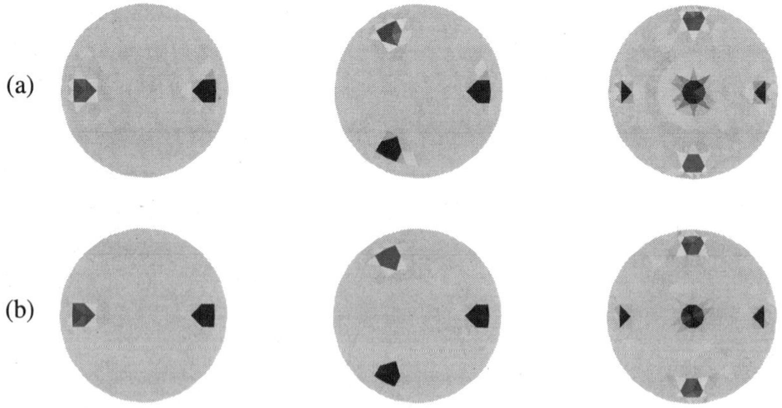

图 5.7 针对三种模型，无噪情况下，$\beta = 0.1$时两种算法的重构图像比较：(a) 算法5.1；(b) 算法5.2

来很大的影响. 因此，设计稳定的图像重构算法尤为关键. 为了评估本章所提出算法对噪声的鲁棒性，在实际模拟中，在理论模拟得到的电压数据中添加了不同水平的Gauss白噪声来模拟测量的噪声数据，即$\boldsymbol{U}^{\delta} = \boldsymbol{U}^{\text{syn}} + \delta \cdot \boldsymbol{n}$，其中$\delta$为噪声水平，$\boldsymbol{n}$为与$\boldsymbol{U}^{\text{syn}}$维数一致的服从Gauss 分布的随机向量. 由于EIT问题本身对于噪声的高度敏感性，在下面的实验中考虑$\delta = 0.1\%$和$\delta = 0.3\%$两种不同噪声水平下的重构.

接下来，测试参数β在噪声污染情况下对重构结果的影响. 表5.4列出了参数选取情况. 图5.8和图5.9分别描述了算法5.1和算法5.2在不同噪声水平下重构误差的相对误差随参数β的变化曲线. 观察发现，参数β从0.05到1.0的变化过程中，重构图像的相对误差先减小后增大. 由于噪声的影响，罚项ℓ_1-范数和罚项ℓ_2-范数之间存在一定的权衡. 可以看出，参数β不宜太大，存在最优值，其范围可能在0.05和0.5之间. 也就是说，针对这三种模型，当参数β的值落在0.05和0.5之间时，将会带来良好的重构性能，也能够增强对噪声的鲁棒性. 此外，通过对比图5.5(d)和图5.8的结果可以发现，噪声情况下ℓ_2-范数的正则性作用是必不可少的.

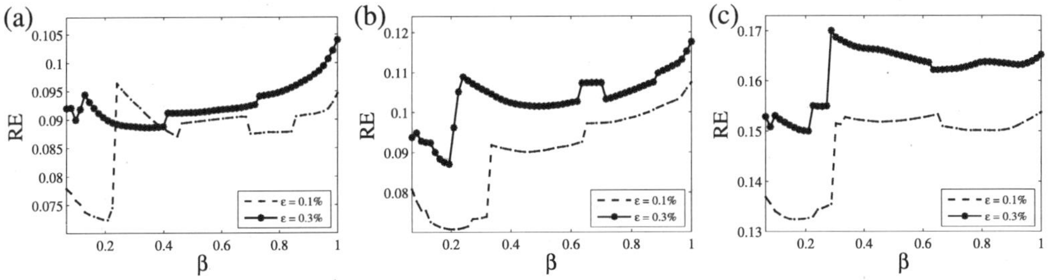

图 5.8 针对三种模型，在不同噪声水平下，算法5.1重构图像的相对误差RE随参数β的变化曲线：(a) 模型A；(b) 模型B；(c) 模型C

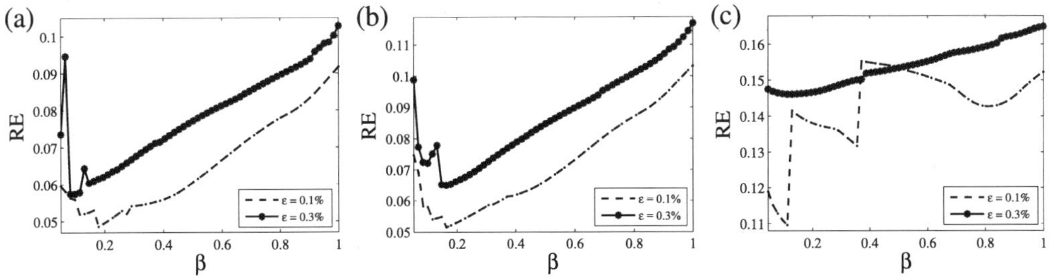

图 5.9 针对三种模型，在不同噪声水平下，算法5.2重构图像的相对误差RE随参数β的变化曲线：(a) 模型A；(b) 模型B；(c) 模型C

最后，研究本章所提出的方法与TV正则化、ℓ_1-范数正则化和ℓ_2-范数正则化在噪声数据下对不同位置上不同形状的异常体的识别效果. 图5.10展示了算法5.1、算法5.2、TV正则化、ℓ_1-范数正则化($\beta = 0$)和ℓ_2-范数正则化($\beta = 1.0$)在不同噪声水平下的重构图像，对应的相对误差的数值比较见表5.5. 从图5.10中可以看到，算法5.2产生了更好的重构效果，边缘更清晰，伪影更少，但TV正则化却呈现出了"阶梯效应"，并且ℓ_1-范数正则化表现出的伪影较多. 从表5.5可以看出，本章提出的弹性网正则化方法在重构精度上有了更大的提高，特别是算法5.2与TV正则化相比更具竞争力和优越性. 同时，正如预期的一样，重构图像的空间分辨率随着噪声水平的增加略有下降，重构误差也随着噪声的增大而增大. 总之，数值结果表明，本章提出的弹性网正则化方法具有良好的数值性能，改进了成像质量.

表 5.5 图5.10中重构图像相对应的数值比较

模型	模型A		模型B		模型C	
噪声	0.1%	0.3%	0.1%	0.3%	0.1%	0.3%
算法5.1	0.072 4	0.088 6	0.070 7	0.087 0	0.132 4	0.150 0
算法5.2	0.048 6	0.057 4	0.051 5	0.065 0	0.109 6	0.146 1
TV	0.058 4	0.084 6	0.057 5	0.081 9	0.138 7	0.157 9
L1	0.088 7	0.084 2	0.166 1	0.125 2	0.145 1	0.150 3
L2	0.094 6	0.104 0	0.107 4	0.117 6	0.153 8	0.165 2

5.6 小结

电阻抗成像的图像分辨率低，图像重构算法的发展重点集中在改进成像质量上. 为进一步提高成像分辨率以及对于数据噪声的鲁棒性，本章提出了一种基于ℓ_2-范数和ℓ_1-范数凸组合约束的非线性EIT图像重构方法，称为弹性网正则化，实现了对包含小型异常体图像的光滑部分和边缘区域的同步重构. 理论上，讨论了弹性网正则化格式的收敛性与稳定性，同时给出了在适当条件下的收敛速度. 数值上，探讨了两种稀疏表示(空间域和变换域)下的重构，提出了一种简单快速的交替方向迭代算法.

相比ℓ_2-范数正则化，弹性网正则化涉及两个参数(β和μ)的选取问题. 本章提出的优化算法对于任意的松弛因子$\mu > 0$都收敛，μ的选择仅影响收敛速度. 表5.4中的参数凭经验选取以确保获得足够快的收敛速度. 通常要求参数μ比初始正则化参数α_0小$10^2 \sim 10^4$倍，而α_0的选择准则为：对于无噪声数据，选取α_0的数量级同$\boldsymbol{J}^{\mathrm{T}}\boldsymbol{J}$中的元素一致；对于噪声污染的数据，选取$\alpha_0$的数量级同噪声水平一致.

数值模拟验证了弹性网正则化方法的可行性与有效性. 结果表明，弹性网正则化通过适当选取参数β能够获得更好的重构效果，具有良好的抗噪性，清晰化了目标边缘，提高了成像的空间分辨率，改进了成像质量. 因此，本章所提出的弹性网正则化用于EIT的图像重构问题是一种很有前途的重构算法.

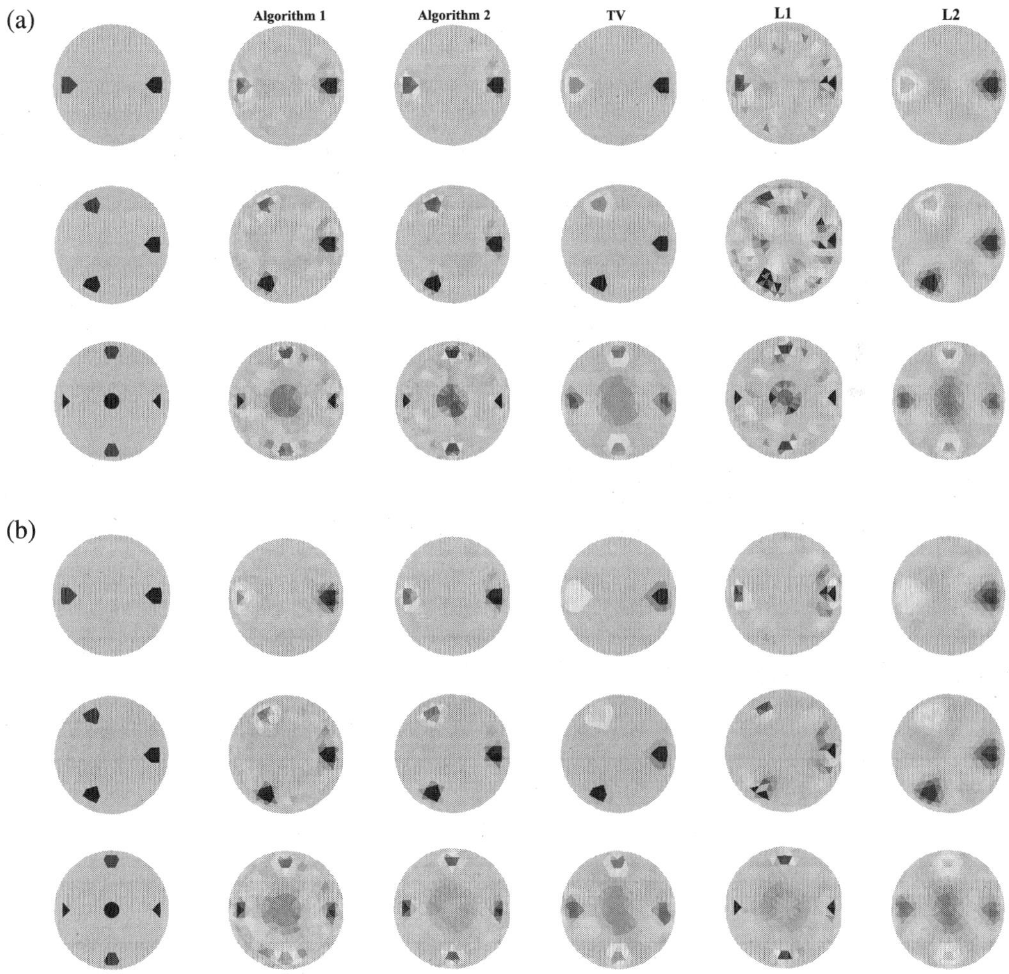

图 5.10 针对三种测试模型，不同噪声水平下，从左到右依次为算法5.1(Algorithm 1)、算法5.2(Algorithm 2)、TV正则化、ℓ_1-正则化和ℓ_2-正则化的重构图像结果比较：(a) 噪声水平$\delta = 0.1\%$；(b) 噪声水平$\delta = 0.3\%$

第 6 章 基于非凸ℓ_p-正则化的稀疏重构方法

基于非凸罚函数的正则化是另一种非常成功且广泛使用的非光滑约束正则化方法. 非凸ℓ_0-拟范数直接度量了解的稀疏性，具有高稀疏性，但是对其优化十分困难，是一个需要组合搜索的NP-hard问题. 在有噪声情况下，ℓ_0-拟范数完全不适合作为稀疏性的度量，因为原本稀疏的问题，被噪声污染后，其ℓ_0-拟范数会迅速增大，这时通常采用的方法是用ℓ_0^ε-拟范数来代替ℓ_0-拟范数. 而从ℓ_0-拟范数的定义来看，参数ε至关重要，且基于ℓ_0^ε-拟范数的优化问题求解起来也是十分困难的.

最为常用的是ℓ_1-范数对ℓ_0-拟范数的凸松弛逼近，线性规划理论为其提供了许多快速、有效的优化求解算法. 注意到虽然凸的ℓ_1-范数是对ℓ_0-拟范数的最紧凸松弛，但介于ℓ_0-拟范数和ℓ_1-范数之间存在很多能更好地近似ℓ_0-拟范数的非凸松弛. 为此，ℓ_p-拟范数$(0 < p < 1)$代替ℓ_0-拟范数成为一种非常实用的稀疏性度量，用于进一步增强解的稀疏性. ℓ_p-拟范数$(0 < p < 1)$比ℓ_1-范数更接近于ℓ_0-拟范数且连续性要优于ℓ_0-拟范数，所以ℓ_p-拟范数$(0 < p < 1)$极小化问题受到很多关注. 然而ℓ_p-拟范数$(0 < p < 1)$是非凸、非光滑、非Lipschitz的，文献[193]指出非凸ℓ_p-拟范数极小化问题通常仍是NP-hard的，因此非凸ℓ_p-拟范数极小化依然存在很大困难. 由Xu等人[194,195]提出的基于$\ell_{1/2}$-范数的非凸方法在相关领域获得了极大的成功，这个事实也促进了基于非凸非光滑罚函数的稀疏约束极小化问题的广泛研究[196–203]. Lai和Lu等人[196,197]考虑不同函数逼近模型，并设计出了有效的迭代加权优化算法，每次迭代将ℓ_p-拟范数光滑化，并对其梯度方程采用局部线性化处理. Chen团队[198–203]在理论和算法方面做出了杰出的工作. 如文献[200]给出了一阶稳定点的定义，提出了光滑化梯度算法，对每个光滑参数，用梯度下降法求解一个光滑化优化问题. 文献[201]提出的光滑化投影梯度法由于加入了箱约束，使得算法性能相对于光滑化梯

度下降法来说得到了提升. 但EIT图像重构问题的高度非线性性和不适定性，为非凸非光滑约束正则化的算法实现带来了挑战.

本章针对非线性EIT图像重构问题，基于非凸非光滑$\ell_p(0 < p < 1)$-稀疏约束，借助绝对值函数的Huber光滑近似函数的凸化思想建立光滑逼近模型，给出了光滑化近似算法的一般框架，理论分析了光滑近似模型产生的近似解是原非凸稀疏模型的一个稳定点，并基于同伦摄动技术分别在空间域和小波变换域下构造了快速的迭代优化算法获得稀疏解，实现了非线性EIT问题的非凸稀疏模型重构. 数值模拟结果表明，相比凸ℓ_1-范数正则化，非凸ℓ_p-稀疏正则化模型在成像质量和抗噪性方面具有更大的优越性.

6.1 非凸ℓ_p-正则化

对于不适定问题，经常需借助解的光滑性或稀疏性等先验信息处理其不适定性. 非光滑重构技术的应用对于EIT成像过程非常重要，该技术可处理不连续或小异常体的情况.

考虑非光滑非凸的ℓ_p-稀疏正则化，最小化泛函如下：

$$\min_{\boldsymbol{\sigma}} \ \boldsymbol{\Phi}(\boldsymbol{\sigma}) := \frac{1}{2}\left\|F(\boldsymbol{\sigma}) - \boldsymbol{U}^{\delta}\right\|_2^2 + \alpha\|\boldsymbol{\sigma}\|_p^p, \tag{6.1.1}$$

式中，$\|\boldsymbol{\sigma}\|_p := \left(\sum\limits_{i=1}^{n}|\sigma_i|^p\right)^{\frac{1}{p}}\big(p \in (0,1)\big)$称为$\ell_p$-拟范数，正则化参数$\alpha > 0$用于平衡数据拟合项和正则化项. 当$p = 2$时，为经典的Tikhonov正则化(即$\ell_2$-正则化)，虽保障了解的稳定性，但该方法只能解决解光滑的问题，不能解决解非光滑的问题；当$1 \leqslant p < 2$时，具有促稀疏性，其中$p = 1$时，为广泛关注的ℓ_1-稀疏正则化，但随着p值的增大，平滑性增强；当$p < 1$时，重构结果更加稀疏，且随着p值的减小，稀疏性增强. 同时，关于p值的确定一直是困扰研究者们的一大问题，目前尚未有研究明确指出如何选取p值.

然而，ℓ_p-拟范数的非凸非光滑性，在计算上为ℓ_p-正则化优化问题(6.1.1)的求解带来了很大困难，属于强NP-hard的[204]，获得其全局最小解充满了挑战. 问题(6.1.1)的非光滑性指的是不可微性. 因此，采用梯度优化算法时，在计算梯度上存在一定困难. 为了使梯度在数值上易于处理，下面考虑问题(6.1.1)的光滑化近似版本. 首先基于绝对值函数

$$\|\boldsymbol{\sigma}\|_p^p := \sum_{i=1}^{n}|\sigma_i|^p$$

的光滑化近似函数进行平滑逼近.

6.1.1 光滑逼近和光滑化模型

令$\mathbb{R}_+$表示所有正实数集合，$\|\cdot\|_2$表示ℓ_2-范数. 对于任意$\boldsymbol{\sigma}\in\mathbb{R}^n$，$|\boldsymbol{\sigma}|^p$表示$n$-维向量，它的第$i$个分量为$|\sigma_i|^p$，即$|\boldsymbol{\sigma}|^p=(|\sigma_1|^p,\cdots,|\sigma_n|^p)^{\mathrm{T}}$.

记$g(t):=|t|=\max\{t,-t\}$, $\forall t\in\mathbb{R}$，及

$$g_\mu(t)=\begin{cases} t, & t\geqslant \dfrac{\mu}{2},\\ \dfrac{t^2}{\mu}+\dfrac{\mu}{4}, & -\dfrac{\mu}{2}<t<\dfrac{\mu}{2},\\ -t, & t\leqslant -\dfrac{\mu}{2},\end{cases}\quad \forall\mu>0,$$

则有

$$g_\mu(t)-g(t)=\begin{cases} 0, & |t|\geqslant\dfrac{\mu}{2},\\ \dfrac{(2t+\mu)^2}{4\mu}, & -\dfrac{\mu}{2}<t\leqslant 0,\\ \dfrac{(2t-\mu)^2}{4\mu}, & 0\leqslant t<\dfrac{\mu}{2},\end{cases}$$

显然

$$g(t)\leqslant g_\mu(t)\leqslant g(t)+\frac{\mu}{4},\quad \forall t\in\mathbb{R},$$

因此

$$\lim_{\mu\to 0^+} g_\mu(t)=g(t).$$

函数$g_\mu(t)$也被称为Huber函数[205,206]，常用于鲁棒统计学中. 图6.1给出了函数$g(t)$和函数$g_\mu(t)$的图像，很显然，参数μ值越小逼近效果就越好.

下面给出函数$g_\mu(t)$的几个有用性质，这些结论表明，函数$g_\mu(t)$是绝对值函数$g(t)$的一个光滑逼近函数.

命题 6.1.1 对于任意$(\mu,t)\in\mathbb{R}_+\times\mathbb{R}$，成立：

（i）$0\leqslant g_\mu(t)-g(t)\leqslant\dfrac{\mu}{4}$且$\lim\limits_{\mu\to 0^+} g_\mu(t)=g(t)$.

（ii）$g_\mu(t)$是连续可微的，且

$$g'_\mu(t)=\begin{cases} 1, & t\geqslant\dfrac{\mu}{2},\\ \dfrac{2t}{\mu}, & -\dfrac{\mu}{2}<t<\dfrac{\mu}{2},\\ -1, & t\leqslant-\dfrac{\mu}{2}.\end{cases}\tag{6.1.2}$$

（iii）$|g'_\mu(t)| \leqslant 1$且$\lim\limits_{\mu\to 0^+} g'_\mu(t) = \text{sign(t)}$.

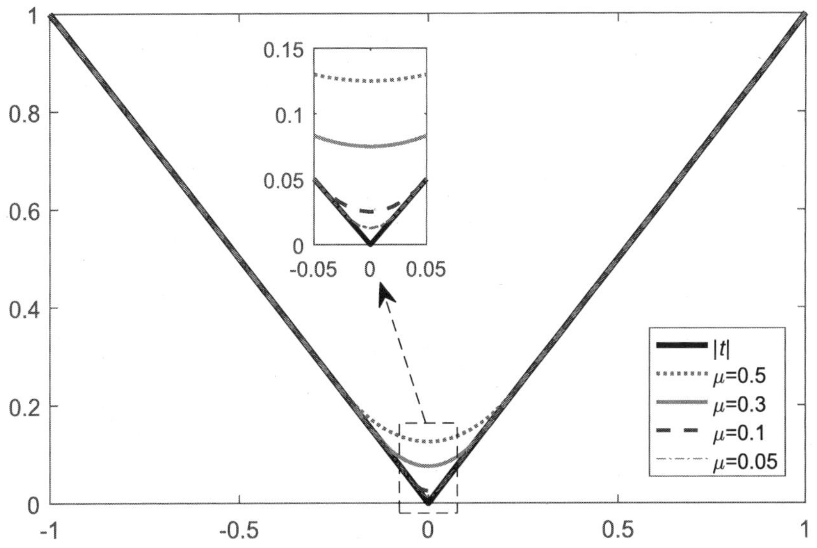

图 6.1 函数$g(t)$和函数$g_\mu(t)$的图像

然而，$g_\mu(t)$在$t=\dfrac{\mu}{2}$处不是二次可微的. $\forall t\in\left(-\dfrac{\mu}{2},\dfrac{\mu}{2}\right)$，$g_\mu(t)$的二阶导满足$g''_\mu(t)=\dfrac{2}{\mu}>0$，故$g_\mu(t)$在$\left(-\dfrac{\mu}{2},\dfrac{\mu}{2}\right)$上是严格凸的. 通过引入函数$g_\mu(t)$和$g(t)$，下面考虑问题(6.1.1)的一个光滑逼近. 令

$$\boldsymbol{G}(\boldsymbol{\sigma})=(g(\sigma_1),g(\sigma_2),\cdots,g(\sigma_n))^{\mathrm{T}},$$

其中，$\boldsymbol{\sigma}=(\sigma_1,\sigma_2,\cdots,\sigma_n)^{\mathrm{T}}$. 问题(6.1.1)的目标泛函$\boldsymbol{\Phi}(\boldsymbol{\sigma})$可改写为

$$\boldsymbol{\Phi}(\boldsymbol{\sigma}):=\mathcal{J}(\boldsymbol{\sigma})+\alpha\|\boldsymbol{G}(\boldsymbol{\sigma})\|_p^p=\mathcal{J}(\boldsymbol{\sigma})+\alpha\sum_{i=1}^{n}g^p(\sigma_i),\quad p\in(0,1). \tag{6.1.3}$$

进一步，记

$$\boldsymbol{G}_\mu(\boldsymbol{\sigma})=(g_\mu(\sigma_1),g_\mu(\sigma_2),\cdots,g_\mu(\sigma_n))^{\mathrm{T}}$$

和

$$\boldsymbol{\Phi}_\mu(\boldsymbol{\sigma}):=\mathcal{J}(\boldsymbol{\sigma})+\alpha\|\boldsymbol{G}_\mu(\boldsymbol{\sigma})\|_p^p=\mathcal{J}(\boldsymbol{\sigma})+\alpha\sum_{i=1}^{n}g_\mu^p(\sigma_i),\quad p\in(0,1). \tag{6.1.4}$$

接下来考虑目标泛函$\boldsymbol{\Phi}(\boldsymbol{\sigma})$和函数$\boldsymbol{\Phi}_\mu(\boldsymbol{\sigma})$之间的关系.

命题 6.1.2 给定$p \in (0,1)$，对于任意的$(\mu, \boldsymbol{\sigma}) \in \mathbb{R}_+ \times \mathbb{R}^n$，成立

$$\boldsymbol{\Phi}(\boldsymbol{\sigma}) \leqslant \boldsymbol{\Phi}_\mu(\boldsymbol{\sigma}) \leqslant \boldsymbol{\Phi}(\boldsymbol{\sigma}) + \alpha n\left(\frac{\mu}{4}\right)^p.$$

证明 由于$g(\sigma_i) \leqslant g_\mu(\sigma_i) \leqslant g(\sigma_i) + \dfrac{\mu}{4}$，$i = 1, 2, \cdots, n$，故$\forall p \in (0,1)$，有

$$g^p(\sigma_i) \leqslant g_\mu^p(\sigma_i) \leqslant \left(g(\sigma_i) + \frac{\mu}{4}\right)^p \leqslant g^p(\sigma_i) + \left(\frac{\mu}{4}\right)^p,$$

显然

$$\sum_{i=1}^n g^p(\sigma_i) \leqslant \sum_{i=1}^n g_\mu^p(\sigma_i) \leqslant \sum_{i=1}^n \left(g^p(\sigma_i) + \left(\frac{\mu}{4}\right)^p\right),$$

即

$$\|\boldsymbol{G}(\boldsymbol{\sigma})\|_p^p \leqslant \|\boldsymbol{G}_\mu(\boldsymbol{\sigma})\|_p^p \leqslant \|\boldsymbol{G}(\boldsymbol{\sigma})\|_p^p + \sum_{i=1}^n \left(\frac{\mu}{4}\right)^p. \tag{6.1.5}$$

于是，根据$\boldsymbol{\Phi}(\boldsymbol{\sigma})$和$\boldsymbol{\Phi}_\mu(\boldsymbol{\sigma})$的定义，可知

$$\boldsymbol{\Phi}(\boldsymbol{\sigma}) \leqslant \boldsymbol{\Phi}_\mu(\boldsymbol{\sigma}) \leqslant \boldsymbol{\Phi}(\boldsymbol{\sigma}) + \alpha n\left(\frac{\mu}{4}\right)^p, \quad p \in (0,1),$$

命题得证. □

根据命题6.1.2，易知

$$\lim_{\mu \to 0^+} \boldsymbol{\Phi}_\mu(\boldsymbol{\sigma}) = \boldsymbol{\Phi}(\boldsymbol{\sigma}).$$

回顾正向算子$F(\boldsymbol{\sigma})$的几个性质[147,148]，如下：

引理 6.1.1 对于任意$\boldsymbol{\sigma}$，$\boldsymbol{\sigma} + \boldsymbol{\delta\sigma} \in \mathcal{A}$，正向算子$F(\boldsymbol{\sigma})$是一致有界连续的，并且是Fréchlet可微的. 此外，它的Fréchlet导数$F'(\boldsymbol{\sigma})$是有界的且Lipschitz 连续的，满足如下估计式：

$$\|F(\boldsymbol{\sigma} + \boldsymbol{\delta\sigma}) - F(\boldsymbol{\sigma})\|_H \leqslant C\|\boldsymbol{\delta\sigma}\|_{L^\infty(\Omega)},$$

$$\left\|F'(\boldsymbol{\sigma} + \boldsymbol{\delta\sigma}) - F'(\boldsymbol{\sigma})\right\|_{\mathcal{L}(L^\infty(\Omega),\ H)} \leqslant L\left\|\boldsymbol{\delta\sigma}\right\|_{L^\infty(\Omega)}.$$

进一步，$\forall \mu > 0$，由于函数g_μ连续可微，由函数$\boldsymbol{\Phi}_\mu(\boldsymbol{\sigma})$的定义(6.1.4)可以看出，$\boldsymbol{\Phi}_\mu(\boldsymbol{\sigma})$连续可微. 这表明，$\boldsymbol{\Phi}_\mu(\boldsymbol{\sigma})$是$\boldsymbol{\Phi}(\boldsymbol{\sigma})$的一个光滑逼近函数. 进一步说明，非凸非光滑$\ell_p$-极小化问题(6.1.1)可由下面的无约束光滑化正则问题来逼近：

$$\min_{\boldsymbol{\sigma}} \ \boldsymbol{\Phi}_\mu(\boldsymbol{\sigma}) := \mathcal{J}(\boldsymbol{\sigma}) + \alpha \|\boldsymbol{G}_\mu(\boldsymbol{\sigma})\|_p^p, \quad p \in (0,1). \tag{6.1.6}$$

因而，代替直接求解原问题(6.1.1)，可通过设计算法迭代求解光滑化问题(6.1.6)，并使得$\mu \to 0^+$，从而得到原问题的解.

6.1.2 收敛性分析

本节首先提出求解无约束光滑化正则问题(6.1.6)的光滑化算法的一般框架，继而讨论所提算法的收敛性，然后给出其稳定点的下界估计.

下面回顾(6.1.1)的一阶稳定点的定义，参见文献[197, 198].

定义 6.1.1 对于任意的$\boldsymbol{\sigma} \in \mathbb{R}^n$，令$\boldsymbol{\Sigma} := \mathrm{diag}(\boldsymbol{\sigma})$表示$n \times n$对角阵，其对角线元素由向量$\boldsymbol{\sigma}$构成. 若

$$\boldsymbol{\Sigma} \nabla \mathcal{J}(\boldsymbol{\sigma}) + \alpha p |\boldsymbol{\sigma}|^p = 0, \tag{6.1.7}$$

其中$\nabla \mathcal{J}(\boldsymbol{\sigma}) := F'(\boldsymbol{\sigma})^{\mathrm{T}}(F(\boldsymbol{\sigma}) - \boldsymbol{U}^\delta)$，则称$\boldsymbol{\sigma} \in \mathbb{R}^n$为问题(6.1.1)的一个稳定点.

记(6.1.6)中的正则项$\|\boldsymbol{G}_\mu(\boldsymbol{\sigma})\|_p^p$的梯度为

$$\boldsymbol{G}'_{\mu,p}(\boldsymbol{\sigma}) := \nabla \|\boldsymbol{G}_\mu(\boldsymbol{\sigma})\|_p^p = \left(\frac{\partial \|\boldsymbol{G}_\mu(\boldsymbol{\sigma})\|_p^p}{\partial \sigma_1}, \frac{\partial \|\boldsymbol{G}_\mu(\boldsymbol{\sigma})\|_p^p}{\partial \sigma_2}, \cdots, \frac{\partial \|\boldsymbol{G}_\mu(\boldsymbol{\sigma})\|_p^p}{\partial \sigma_n} \right)^{\mathrm{T}},$$

其中，

$$\frac{\partial \|\boldsymbol{G}_\mu(\boldsymbol{\sigma})\|_p^p}{\partial \sigma_i} = p g_\mu^{p-1}(\sigma_i) g'_\mu(\sigma_i), \quad i = 1, 2, \cdots, n,$$

且$g'_\mu(\sigma_i)$由(6.1.2)计算. 于是，问题(6.1.6)的一阶必要条件为

$$\nabla \boldsymbol{\Phi}_\mu(\boldsymbol{\sigma}) = \nabla \mathcal{J}(\boldsymbol{\sigma}) + \alpha \boldsymbol{G}'_{\mu,p}(\boldsymbol{\sigma}) = 0. \tag{6.1.8}$$

这就意味着，如果$\boldsymbol{\sigma}^*$满足(6.1.2)，那么$\boldsymbol{\sigma}^*$为问题(6.1.6)的一个稳定点.

基于目标函数$\boldsymbol{\Phi}_\mu(\boldsymbol{\sigma})$及其梯度$\nabla \boldsymbol{\Phi}_\mu(\boldsymbol{\sigma})$，下面给出一般框架下的光滑化算法：

算法6.1. 光滑化算法

输入：$\boldsymbol{\sigma}^0$，$p\in(0,1)$，$q_\mu\in(0,1)$，$\alpha>0$

初始化：$k:=0$，$\mu_k:=\mu_0$

（1）计算$\boldsymbol{\sigma}_{\mu_k}$：

$$\boldsymbol{\sigma}_{\mu_k}=\arg\min_{\boldsymbol{\sigma}}\ \boldsymbol{\Phi}_{\mu_k}(\boldsymbol{\sigma})$$

（2）更新$\mu_{k+1}=q_\mu\mu_k$

（3）若收敛，置$\boldsymbol{\sigma}^*:=\boldsymbol{\sigma}_{\mu_k}$；否则，置$k\leftarrow k+1$，返回（1）

输出：$\boldsymbol{\sigma}^*$

定理 6.1.1　假设$\{\boldsymbol{\sigma}_{\mu_k}\}$为由算法6.1迭代产生的序列，则以下结论成立：

（i）序列$\{\boldsymbol{\sigma}_{\mu_k}\}$的任一聚点是问题(6.1.1)的一个稳定点.

（ii）对任意的k，若$\{\boldsymbol{\sigma}_{\mu_k}\}$为问题(6.1.6)的一个全局极小点，则当$k\to+\infty$时，序列$\{\boldsymbol{\sigma}_{\mu_k}\}$的任一聚点是问题(6.1.1)的一个全局极小点.

证明　首先，证明水平集$\{\boldsymbol{\sigma}|\boldsymbol{\Phi}_\mu(\boldsymbol{\sigma})\leqslant\boldsymbol{\Phi}_\mu(\boldsymbol{\sigma}^0)\}$对于任意给定的初始点$\boldsymbol{\sigma}^0$有界. 若$\{\boldsymbol{\sigma}|\boldsymbol{\Phi}_\mu(\boldsymbol{\sigma})\leqslant\boldsymbol{\Phi}_\mu(\boldsymbol{\sigma}^0)\}$无界，则存在

$$\{\boldsymbol{\sigma}_{\mu_k}\}\subset\left\{\boldsymbol{\sigma}|\,\boldsymbol{\Phi}_\mu(\boldsymbol{\sigma})\leqslant\boldsymbol{\Phi}_\mu(\boldsymbol{\sigma}^0)\right\}$$

使得$\|\boldsymbol{\sigma}_{\mu_k}\|\to+\infty$. 由(6.1.5)可得

$$\begin{aligned}\boldsymbol{\Phi}_\mu(\boldsymbol{\sigma})&=\mathcal{J}(\boldsymbol{\sigma})+\alpha\|\boldsymbol{G}_\mu(\boldsymbol{\sigma})\|_p^p\\&\geqslant\mathcal{J}(\boldsymbol{\sigma})+\alpha\big(\|\boldsymbol{G}(\boldsymbol{\sigma})\|_p^p-\big|\|\boldsymbol{G}(\boldsymbol{\sigma})\|_p^p-\|\boldsymbol{G}_\mu(\boldsymbol{\sigma})\|_p^p\big|\big)\\&\geqslant\mathcal{J}(\boldsymbol{\sigma})+\alpha\|\boldsymbol{G}(\boldsymbol{\sigma})\|_p^p-\alpha n\Big(\frac{\mu}{4}\Big)^p\\&=\mathcal{J}(\boldsymbol{\sigma})+\alpha\|\boldsymbol{\sigma}\|_p^p-\alpha n\Big(\frac{\mu}{4}\Big)^p,\end{aligned}\tag{6.1.9}$$

于是$\|\boldsymbol{\sigma}_{\mu_k}\|\to+\infty$表明$\boldsymbol{\Phi}_\mu(\boldsymbol{\sigma}_{\mu_k})\to+\infty$，这与$\boldsymbol{\Phi}_\mu(\boldsymbol{\sigma}_{\mu_k})\leqslant\boldsymbol{\Phi}_\mu(\boldsymbol{\sigma}^0)$相矛盾.

因此，序列$\{\boldsymbol{\sigma}_{\mu_k}\}$有界. 进而，序列$\{\boldsymbol{\sigma}_{\mu_k}\}$至少存在一个收敛子序列. 令$\bar{\boldsymbol{\sigma}}$为序列$\{\boldsymbol{\sigma}_{\mu_k}\}$的一个聚点，不失一般性，记$\lim\limits_{k\to\infty}\boldsymbol{\sigma}_{\mu_k}=\bar{\boldsymbol{\sigma}}$.

令$\boldsymbol{\Sigma}_{\mu_k}:=\mathrm{diag}(\boldsymbol{\sigma}_{\mu_k})$，且$\boldsymbol{\Sigma}:=\mathrm{diag}(\bar{\boldsymbol{\sigma}})$.

（i）由算法6.1可知：$\boldsymbol{\sigma}_{\mu_k}$满足问题(6.1.6)的一阶必要条件，因而，由式(6.1.8)可得

$$\nabla\boldsymbol{\Phi}_{\mu_k}(\boldsymbol{\sigma}_{\mu_k})=\nabla\mathcal{J}(\boldsymbol{\sigma}_{\mu_k})+\alpha\boldsymbol{G}'_{\mu_k,p}(\boldsymbol{\sigma}_{\mu_k})=0.$$

进而，

$$\boldsymbol{\Sigma}_{\mu_k}\nabla\boldsymbol{\Phi}_{\mu}(\boldsymbol{\sigma}_{\mu_k})=\boldsymbol{\Sigma}_{\mu_k}\nabla\mathcal{J}(\boldsymbol{\sigma}_{\mu_k})+\alpha\boldsymbol{\Sigma}_{\mu_k}\boldsymbol{G}'_{\mu_k,p}(\boldsymbol{\sigma}_{\mu_k})=0. \tag{6.1.10}$$

结合$\boldsymbol{G}'_{\mu,p}$的定义，有

$$\left[\boldsymbol{\Sigma}_{\mu_k}\boldsymbol{G}'_{\mu_k,p}(\boldsymbol{\sigma}_{\mu_k})\right]_i=p[\boldsymbol{\sigma}_{\mu_k}]_i g_{\mu_k}^{p-1}([\boldsymbol{\sigma}_{\mu_k}]_i)g'_{\mu_k}([\boldsymbol{\sigma}_{\mu_k}]_i),\quad i=1,2,\cdots,n,$$

于是

$$\lim_{k\to\infty}\left[\boldsymbol{\Sigma}_{\mu_k}\boldsymbol{G}'_{\mu_k,p}(\boldsymbol{\sigma}_{\mu_k})\right]_i=\lim_{k\to\infty}p\bar{\sigma}_i g_{\mu_k}^{p-1}(\bar{\sigma}_i)g'_{\mu_k}(\bar{\sigma}_i).$$

由于$\mu_k\to 0^+(k\to\infty)$，由命题6.1.2的（i）及（iii），可得

$$\lim_{k\to\infty}\left[\boldsymbol{\Sigma}_{\mu_k}\boldsymbol{G}'_{\mu_k,p}(\boldsymbol{\sigma}_{\mu_k})\right]_i=p\bar{\sigma}_i g^{p-1}(\bar{\sigma}_i)\mathrm{sign}(\bar{\sigma}_i)=p|\bar{\sigma}_i|^p,\quad i=1,2,\cdots,n.$$

因而，由(6.2.2)可得

$$0=\lim_{k\to\infty}\boldsymbol{\Sigma}_{\mu_k}\nabla\mathcal{J}(\boldsymbol{\sigma}_{\mu_k})+\lim_{k\to\infty}\alpha\boldsymbol{\Sigma}_{\mu_k}\boldsymbol{G}'_{\mu_k,p}(\boldsymbol{\sigma}_{\mu_k})=\boldsymbol{\Sigma}\nabla\mathcal{J}(\bar{\boldsymbol{\sigma}})+\alpha p|\bar{\boldsymbol{\sigma}}|^p,$$

即$\bar{\boldsymbol{\sigma}}$满足(6.1.7)，这表明$\bar{\boldsymbol{\sigma}}$是问题(6.1.1)的一个稳定点.

（ii）令$\boldsymbol{\sigma}^*$是问题(6.1.1)的一个全局极小点，那么根据不等式

$$\boldsymbol{\Phi}(\boldsymbol{\sigma}^*)\leqslant\boldsymbol{\Phi}(\boldsymbol{\sigma}_{\mu_k})\leqslant\boldsymbol{\Phi}_{\mu_k}(\boldsymbol{\sigma}_{\mu_k})\leqslant\boldsymbol{\Phi}_{\mu_k}(\boldsymbol{\sigma}^*)\leqslant\boldsymbol{\Phi}(\boldsymbol{\sigma}^*)+\alpha n\left(\frac{\mu}{4}\right)^p,$$

令$k\to+\infty$，有$\boldsymbol{\Phi}(\bar{\boldsymbol{\sigma}})=\boldsymbol{\Phi}(\boldsymbol{\sigma}^*)$. 因此，序列$\{\boldsymbol{\sigma}_{\mu_k}\}$的任一聚点$\bar{\boldsymbol{\sigma}}$是问题(6.1.1)的一个全局极小点. □

在文献[198]中，Chen等人建立了ℓ_2-$\ell_p(0<p<1)$极小化模型的局部最优解的非零输入元的一个下界估计. 通过消除近似解中那些足够小的元素，理论上解释了ℓ_2-$\ell_p(0<p<1)$极小化模型在参数$0<p<1$时会产生更稀疏解的原因. 下面给出光滑逼近问题(6.1.6)稳定点的非零元素的下界理论，假设光滑参数$\mu>0^+$足够小. 该定理清楚地给出了解的稀疏性与选择的正则化参数之间的关系.

定理 6.1.2 令$\mu>0^+$足够小，设$\boldsymbol{\sigma}^*_\mu$为问题(6.1.6)的一个稳定点且包含在水平集$\{\boldsymbol{\sigma}|\boldsymbol{\Phi}_\mu(\boldsymbol{\sigma})\leqslant\boldsymbol{\Phi}_\mu(\boldsymbol{\sigma}^0)\}$中，这里初始点$\boldsymbol{\sigma}^0$任意给定. 令常数

$$L:=\left(\frac{\alpha p}{\beta}\right)^{\frac{1}{1-p}}-\frac{\mu}{4},$$

则有

$$(\boldsymbol{\sigma}^*_\mu)_i\in[-L,L]\ \Rightarrow\ |(\boldsymbol{\sigma}^*_\mu)_i|\leqslant\frac{\mu}{2},\quad i\in\{1,2,\cdots,n\}.$$

证明 由于$\boldsymbol{\sigma}_\mu^*$是问题(6.1.6)的一个稳定点，故相应的一阶必要条件为

$$\nabla \boldsymbol{\Phi}_\mu(\boldsymbol{\sigma}_\mu^*) = \nabla \mathcal{J}(\boldsymbol{\sigma}_\mu^*) + \alpha \boldsymbol{G}'_{\mu,p}(\boldsymbol{\sigma}_\mu^*) = 0,$$

显然有

$$\|\nabla \mathcal{J}(\boldsymbol{\sigma}_\mu^*)\| = \|\alpha \boldsymbol{G}'_{\mu,p}(\boldsymbol{\sigma}_\mu^*)\|.$$

根据$\boldsymbol{\Phi}_\mu(\boldsymbol{\sigma}_\mu^*) \leqslant \boldsymbol{\Phi}_\mu(\mathbf{0})$及伴随算子$F'(\boldsymbol{\sigma})^*$的有界性，可得

$$\begin{aligned}\|\alpha \boldsymbol{G}'_{\mu,p}(\boldsymbol{\sigma}_\mu^*)\|_2^2 &= \|\nabla \mathcal{J}(\boldsymbol{\sigma}_\mu^*)\|_2^2 = \|F'(\boldsymbol{\sigma}_\mu^*)^*(F(\boldsymbol{\sigma}_\mu^*) - \boldsymbol{U}^{\boldsymbol{\delta}})\|_2^2 \\ &\leqslant \|F'(\boldsymbol{\sigma}_\mu^*)^*\|_2^2\big(\|F(\boldsymbol{\sigma}_\mu^*) - \boldsymbol{U}^{\boldsymbol{\delta}}\|_2^2 + 2\alpha\|\boldsymbol{G}_\mu(\boldsymbol{\sigma}_\mu^*)\|_p^p\big) \\ &\leqslant B^2\|F(\mathbf{0}) - \boldsymbol{U}^{\boldsymbol{\delta}}\|_2^2 = \beta^2, \end{aligned} \tag{6.1.11}$$

其中，$B > 0$，这里取$\beta = B\|F(\mathbf{0}) - \boldsymbol{U}^{\boldsymbol{\delta}}\|_2$.

假设$[\boldsymbol{\sigma}_\mu^*]_i \in (-L, L)$但$|[\boldsymbol{\sigma}_\mu^*]_i| > \dfrac{\mu}{2}$，则有

$$\begin{aligned}\|\alpha \boldsymbol{G}'_{\mu,p}(\boldsymbol{\sigma}_\mu^*)\| &\geqslant \alpha\big|[\boldsymbol{G}'_{\mu,p}([\boldsymbol{\sigma}_\mu^*]_i)\big| = \alpha p g_\mu^{p-1}([\boldsymbol{\sigma}_\mu^*]_i)\big|g'_\mu([\boldsymbol{\sigma}_\mu^*]_i)\big| \\ &\geqslant \alpha p\left[g([\boldsymbol{\sigma}_\mu^*]_i) + \frac{\mu}{4}\right]^{p-1}\big|g'_\mu([\boldsymbol{\sigma}_\mu^*]_i)\big| \\ &\geqslant \alpha p\left[\big|[\boldsymbol{\sigma}_\mu^*]_i\big| + \frac{\mu}{4}\right]^{p-1}. \end{aligned} \tag{6.1.12}$$

由(6.1.11)和(6.1.12)，可知

$$\big|[\boldsymbol{\sigma}_\mu^*]_i\big| \geqslant \left(\frac{\alpha p}{\beta}\right)^{\frac{1}{1-p}} - \frac{\mu}{4} = L.$$

这与$[\boldsymbol{\sigma}_\mu^*]_i \in (-L, L)$相矛盾. 定理得证. □

6.2 同伦摄动迭代法

同伦摄动方法是解决科学和实际工程问题中非线性方程的一种有效的迭代方法[207–209]. 目前，该方法已经拓展到了非线性不适定反问题的求解中，并被应用于多个领域[133, 134, 210, 211]. 该方法的主要思想是通过引入一个同伦参数并将同伦技巧与传统的摄动方法相结合. 同伦摄动方法最显著的特征之一是通过少数的几个扰动项就足以获得一个合理的准确的解. 本节中，将针对连续可微的光滑逼近问题(6.1.6)，结合同伦摄动技术设计一种新型的迭代优化求解方法.

首先考虑标准的局部线性化迭代方法，将$F(\boldsymbol{\sigma})$在$\boldsymbol{\sigma}^k$处进行一阶Taylor展开，得到

$$F(\boldsymbol{\sigma}) \approx F(\boldsymbol{\sigma}^k) + \boldsymbol{J}_k(\boldsymbol{\sigma} - \boldsymbol{\sigma}^k),$$

其中，$\boldsymbol{J}_k := F'(\boldsymbol{\sigma}^k)$为正向算子$F(\boldsymbol{\sigma})$的Jacobian矩阵在$\boldsymbol{\sigma}^k$处的值. 于是，光滑逼近问题(6.1.6)改写为

$$\min_{\boldsymbol{\sigma}} \ \tilde{\boldsymbol{\Phi}}_\mu(\boldsymbol{\sigma}) := \frac{1}{2}\left\|\boldsymbol{J}_k(\boldsymbol{\sigma} - \boldsymbol{\sigma}^k) + F(\boldsymbol{\sigma}^k) - \boldsymbol{U}^\delta\right\|_2^2 + \alpha\|\boldsymbol{G}_\mu(\boldsymbol{\sigma})\|_p^p, \tag{6.2.1}$$

这里$p \in (0,1)$.

引入记号$\boldsymbol{r}_k := F(\boldsymbol{\sigma}^k) - \boldsymbol{U}^\delta$，易知问题(6.2.1)的Euler方程为

$$\nabla\tilde{\boldsymbol{\Phi}}_\mu(\boldsymbol{\sigma}) = \boldsymbol{J}_k^{\mathrm{T}}(\boldsymbol{J}_k(\boldsymbol{\sigma} - \boldsymbol{\sigma}^k) + \boldsymbol{r}_k) + \alpha\boldsymbol{G}'_{\mu,p}(\boldsymbol{\sigma}) = 0, \tag{6.2.2}$$

式中，$(^{\mathrm{T}})$表示矩阵的转置. 为求解(6.2.2)，构造不动点同伦函数

$$H(\boldsymbol{\sigma},\lambda) : \mathbb{R} \times [0,1] \to \mathbb{R},$$

且满足

$$H(\boldsymbol{\sigma},\lambda) = \lambda\big[\boldsymbol{J}_k^{\mathrm{T}}\big(\boldsymbol{J}_k(\boldsymbol{\sigma}-\boldsymbol{\sigma}^k)+\boldsymbol{r}_k\big)+\alpha\boldsymbol{G}'_{\mu,p}(\boldsymbol{\sigma})\big]+(1-\lambda)(\boldsymbol{\sigma}-\boldsymbol{\sigma}^k) = 0, \tag{6.2.3}$$

其中，$\lambda \in [0,1]$为嵌入的同伦参数. 方程(6.2.3)的解$\boldsymbol{\sigma}$依赖参数λ，因此可将其视为参数λ的函数，即$\boldsymbol{\sigma}(\lambda)$，显然，从方程(6.2.3)得

$$\begin{cases} H(\boldsymbol{\sigma},0) = \boldsymbol{\sigma} - \boldsymbol{\sigma}^k = 0, \\ H(\boldsymbol{\sigma},1) = \nabla\tilde{\boldsymbol{\Phi}}_\mu(\boldsymbol{\sigma}) = \boldsymbol{J}_k^{\mathrm{T}}\big(\boldsymbol{J}_k(\boldsymbol{\sigma} - \boldsymbol{\sigma}^k) + \boldsymbol{r}_k\big) + \alpha\boldsymbol{G}'_{\mu,p}(\boldsymbol{\sigma}) = 0. \end{cases} \tag{6.2.4}$$

当参数λ从0到1连续的变化时，问题$H(\boldsymbol{\sigma},0) = 0$连续地向原问题$H(\boldsymbol{\sigma},1) = 0$变型，即$\boldsymbol{\sigma}(\lambda)$由$\boldsymbol{\sigma}^k$连续地变化到近似解$\boldsymbol{\sigma}$.

然后，进一步将$\boldsymbol{G}'_{\mu,p}(\boldsymbol{\sigma})$在$\boldsymbol{\sigma}^k$处进行Taylor展开，并忽略高阶项，即

$$\boldsymbol{G}'_{\mu,p}(\boldsymbol{\sigma}) = \boldsymbol{G}'_{\mu,p}(\boldsymbol{\sigma}^k) + \boldsymbol{G}''_{\mu,p}(\boldsymbol{\sigma}^k)(\boldsymbol{\sigma} - \boldsymbol{\sigma}^k), \tag{6.2.5}$$

其中，$\boldsymbol{G}''_{\mu,p}(\boldsymbol{\sigma})$为$\|\boldsymbol{G}_\mu(\boldsymbol{\sigma})\|_p^p$的海森矩阵(Hessian matrix).

当$t \to \left(\frac{\mu}{2}\right)^-$或$\left(-\frac{\mu}{2}\right)^+$时，$g''_\mu(t) \to +\infty$，故海森矩阵$\boldsymbol{G}''_{\mu,p}(\boldsymbol{\sigma})$可近似为

$$\boldsymbol{G}''_{\mu,p}(\boldsymbol{\sigma}) = \mathrm{diag}\left(\frac{\partial^2\|\boldsymbol{G}_\mu(\boldsymbol{\sigma})\|_p^p}{\partial^2\sigma_1}, \frac{\partial^2\|\boldsymbol{G}_\mu(\boldsymbol{\sigma})\|_p^p}{\partial^2\sigma_2}, \cdots, \frac{\partial^2\|\boldsymbol{G}_\mu(\boldsymbol{\sigma})\|_p^p}{\partial^2\sigma_n}\right),$$

式中

$$\frac{\partial^2\|\boldsymbol{G}_\mu(\boldsymbol{\sigma})\|_p^p}{\partial^2\sigma_i} \approx p(p-1)g_\mu^{p-2}(\sigma_i)(g_\mu'(\sigma_i))^2, \quad i=1,2,\cdots,n.$$

于是有

$$\begin{aligned}\lambda\big[\boldsymbol{J}_k^{\mathrm{T}}\big(\boldsymbol{J}_k(\boldsymbol{\sigma}-\boldsymbol{\sigma}^k)+\boldsymbol{r}_k\big)+\alpha\big(\boldsymbol{G}'_{\mu,p}(\boldsymbol{\sigma}^k)+\boldsymbol{G}''_{\mu,p}(\boldsymbol{\sigma}^k)(\boldsymbol{\sigma}-\boldsymbol{\sigma}^k)\big)\big]\\ +(1-\lambda)(\boldsymbol{\sigma}-\boldsymbol{\sigma}^k)=0.\end{aligned} \tag{6.2.6}$$

根据同伦摄动技术，假设(6.2.6)的解$\boldsymbol{\sigma}(\lambda)$可表示为$\lambda$的幂级数：

$$\boldsymbol{\sigma}(\lambda)=\sum_{n=0}^{\infty}\boldsymbol{\sigma}_n^k\lambda^n. \tag{6.2.7}$$

将(6.2.7)代入到(6.2.6)中，并取$\boldsymbol{\sigma}_0^k:=\boldsymbol{\sigma}^k$，可得

$$\begin{aligned}\lambda\left[\boldsymbol{J}_k^{\mathrm{T}}\left(\boldsymbol{J}_k\big(\sum_{n=1}^{\infty}\boldsymbol{\sigma}_n^k\lambda^n\big)+\boldsymbol{r}_k\right)+\alpha\left(\boldsymbol{G}'_{\mu,p}(\boldsymbol{\sigma}^k)+\boldsymbol{G}''_{\mu,p}(\boldsymbol{\sigma}^k)\big(\sum_{n=1}^{\infty}\boldsymbol{\sigma}_n^k\lambda^n\big)\right)\right]\\ +(1-\lambda)\left(\sum_{n=1}^{\infty}\boldsymbol{\sigma}_n^k\lambda^n\right)=0.\end{aligned} \tag{6.2.8}$$

对λ的不同幂次合并同类项，依照同次幂系数相等原则，可得

$$\begin{aligned}&\lambda^1:\ \boldsymbol{\sigma}_1^k=-\big[\boldsymbol{J}_k^{\mathrm{T}}\boldsymbol{r}_k+\alpha\boldsymbol{G}'_{\mu,p}(\boldsymbol{\sigma}^k)\big];\\ &\lambda^n:\ \boldsymbol{\sigma}_n^k=\big[\boldsymbol{I}-\boldsymbol{J}_k^{\mathrm{T}}\boldsymbol{J}_k-\alpha\boldsymbol{G}''_{\mu,p}(\boldsymbol{\sigma}^k)\big]^n\boldsymbol{\sigma}_1^k,\quad n=2,3,\ldots\end{aligned} \tag{6.2.9}$$

当$\lambda\to 1$时，由幂级数解(6.2.7)可得(6.1.8)的近似解$\boldsymbol{\sigma}$，即

$$\begin{aligned}\boldsymbol{\sigma}&=\lim_{\lambda\to1}\boldsymbol{\sigma}(\lambda)=\boldsymbol{\sigma}_0^k+\boldsymbol{\sigma}_1^k+\boldsymbol{\sigma}_2^k+\cdots\\ &=\boldsymbol{\sigma}_0^k+\boldsymbol{\sigma}_1^k+\big[\boldsymbol{I}-\boldsymbol{J}_k^{\mathrm{T}}\boldsymbol{J}_k-\alpha\boldsymbol{G}''_{\mu,p}(\boldsymbol{\sigma}^k)\big]\boldsymbol{\sigma}_1^k+\cdots\\ &=\boldsymbol{\sigma}_0^k+\lim_{N\to\infty}\sum_{n=1}^{\mathrm{N}}\big[\boldsymbol{I}-\boldsymbol{J}_k^{\mathrm{T}}\boldsymbol{J}_k-\alpha\boldsymbol{G}''_{\mu,p}(\boldsymbol{\sigma}^k)\big]^{n-1}\boldsymbol{\sigma}_1^k.\end{aligned} \tag{6.2.10}$$

根据公式(6.2.10)，采用一阶近似截断(即$\mathrm{N}=1$)可得如下迭代格式：

$$\boldsymbol{\sigma}^{k+1}=\boldsymbol{\sigma}^k-\nu_k\big[\boldsymbol{J}_k^{\mathrm{T}}\boldsymbol{r}_k+\alpha\boldsymbol{G}'_{\mu,p}(\boldsymbol{\sigma}^k)\big],\quad k=0,1,2,\cdots \tag{6.2.11}$$

这是经典的Landweber迭代(LDI)方法.

采用二阶近似截断(即$\mathrm{N}=2$)可得如下新的迭代格式：

$$\boldsymbol{\sigma}^{k+1}=\boldsymbol{\sigma}^{k}-\nu_k\big(2\boldsymbol{I}-\boldsymbol{J}_k^{\mathrm{T}}\boldsymbol{J}_k-\alpha\boldsymbol{G}''_{\mu,p}(\boldsymbol{\sigma}^{k})\big)\big[\boldsymbol{J}_k^{\mathrm{T}}\boldsymbol{r}_k+\alpha\boldsymbol{G}'_{\mu,p}(\boldsymbol{\sigma}^{k})\big],\quad k=0,1,2,\cdots \tag{6.2.12}$$

该迭代格式称为同伦摄动迭代(HPI)方法. 这里，$\nu_k>0$为适当选取的步长. 事实上，选取固定步长常常会导致梯度方法的收敛速度较慢. 在每步迭代中，适当选取步长ν_k对获得令人满意的收敛速度至关重要. 因此，这里采用如下步长选取准则[220]：对于适当的$\nu_0>0$和$\nu_1>0$，

$$\nu_k=\min\left\{\nu_0\|\boldsymbol{r}_k\|_2^2/\|\boldsymbol{J}_k^{\mathrm{T}}\boldsymbol{r}_k+\alpha\boldsymbol{G}'_{\mu,p}(\boldsymbol{\sigma}^{k})\|_2^2,\nu_1\right\}.$$

6.3 算法实现

众所周知，非凸ℓ_p-正则化在重构稀疏参数(即只有少数非零元或多数近似零元)方面具有巨大的潜力. 稀疏表示的稀疏性是稀疏重构的关键. 下面，主要讨论两种稀疏表示形式：

情形I： 空间域稀疏性. 真实电导率分布$\boldsymbol{\sigma}^*$通常可视为由背景电导率$\boldsymbol{\sigma}_0$和异常体构成. 假设$\boldsymbol{\sigma}_0$已知，令$\boldsymbol{\delta\sigma}^*:=(\boldsymbol{\sigma}^*-\boldsymbol{\sigma}_0)$表示非均匀电导率(即包含物/异常体). 显然，远离背景电导率且包含简单小异常体的电导率分布在空间域内具有稀疏性(即$\boldsymbol{\delta\sigma}^*$具有大量的非零元). 利用空间域稀疏性先验信息，将求$\boldsymbol{\sigma}^*$的近似解$\boldsymbol{\sigma}$转化为求$\boldsymbol{\delta\sigma}^*$的近似解$\boldsymbol{\delta\sigma}$. 因此，极小化问题(6.1.6)改写为

$$\min_{\boldsymbol{\delta\sigma}}\ \boldsymbol{\Phi}(\boldsymbol{\delta\sigma}):=\frac{1}{2}\big\|F(\boldsymbol{\sigma}_0+\boldsymbol{\delta\sigma})-\boldsymbol{U}^{\delta}\big\|_2^2+\alpha\big\|\boldsymbol{G}_{\mu}(\boldsymbol{\delta\sigma})\big\|_p^p,\quad p\in(0,1). \tag{6.3.1}$$

然后，利用前面推导出的LDI方法(6.2.11)/HPI方法(6.2.12)求解非均匀电导率$\boldsymbol{\delta\sigma}$，可得

$$\text{LDI}:\ \boldsymbol{\delta\sigma}^{k+1}=\boldsymbol{\delta\sigma}^{k}-\nu_k\big[\boldsymbol{J}_k^{\mathrm{T}}\boldsymbol{r}_k+\alpha\boldsymbol{G}'_{\mu,p}(\boldsymbol{\delta\sigma}^{k})\big], \tag{6.3.2}$$

和

$$\text{HPI}:\ \boldsymbol{\delta\sigma}^{k+1}=\boldsymbol{\delta\sigma}^{k}-\nu_k\big(2\boldsymbol{I}-\boldsymbol{J}_k^{\mathrm{T}}\boldsymbol{J}_k-\alpha\boldsymbol{G}''_{\mu,p}(\boldsymbol{\delta\sigma}^{k})\big)\big[\boldsymbol{J}_k^{\mathrm{T}}\boldsymbol{r}_k+\alpha\boldsymbol{G}'_{\mu,p}(\boldsymbol{\delta\sigma}^{k})\big], \tag{6.3.3}$$

令$\boldsymbol{\sigma}^{k+1}=\boldsymbol{\sigma}_0+\boldsymbol{\delta\sigma}^{k+1}$，重复迭代直到满足停止准则.

情形II：变换域稀疏性. 当电导率参数光滑时，需借助变换域内的稀疏表示. 由于小波变换可将光滑参数转化为变换域内的稀疏参数，故将ℓ_p-正则化问题和小波方法相结合，从而得到稀疏促进的ℓ_p-正则化问题：

$$\min_{\boldsymbol{\sigma}} \ \boldsymbol{\Phi}(\boldsymbol{\sigma}) := \mathcal{J}(\boldsymbol{\sigma}) + \alpha \|\boldsymbol{G}_\mu(\boldsymbol{\sigma}_\omega)\|_p^p, \tag{6.3.4}$$

其中，$\boldsymbol{\sigma}_\omega = \boldsymbol{W}\boldsymbol{\sigma}$表示$\boldsymbol{\sigma}$在变换矩阵$\boldsymbol{W}$的稀疏表示系数. 根据前面推导出的LDI方法(6.2.11)/HPI方法(6.2.12)，可得

$$\text{WLDI}: \quad \boldsymbol{\sigma}^{k+1} = \boldsymbol{\sigma}^k - \nu_k \big[\boldsymbol{J}_k^{\mathrm{T}} \boldsymbol{r}_k + \alpha \boldsymbol{W}^{\mathrm{T}} \boldsymbol{G}'_{\mu,p}(\boldsymbol{\sigma}_\omega^k)\big], \tag{6.3.5}$$

和

$$\text{WHPI}: \quad \boldsymbol{\sigma}^{k+1} = \boldsymbol{\sigma}^k - \nu_k \big(2\boldsymbol{I} - \boldsymbol{J}_k^{\mathrm{T}} \boldsymbol{J}_k - \alpha \boldsymbol{G}''_{\mu,p}(\boldsymbol{\sigma}^k)\big) \big[\boldsymbol{J}_k^{\mathrm{T}} \boldsymbol{r}_k + \alpha \boldsymbol{W}^{\mathrm{T}} \boldsymbol{G}'_{\mu,p}(\boldsymbol{\sigma}_\omega^k)\big]. \tag{6.3.6}$$

优化求解非凸ℓ_p-正则化问题(6.1.1)的具体过程见算法6.2所示. 在该算法中，采用偏差原则作为停止准则，即选择停止指标$k_\delta = k_\delta(\delta, \boldsymbol{U}^{\boldsymbol{\delta}})$，使得

$$\|F(\boldsymbol{\sigma}^{k_\delta}) - \boldsymbol{U}^{\boldsymbol{\delta}}\| \leqslant \tau\delta \leqslant \|F(\boldsymbol{\sigma}^k) - \boldsymbol{U}^{\boldsymbol{\delta}}\|, \quad 0 \leqslant k < k_\delta,$$

对于充分大的$\tau > 1$成立，即$\boldsymbol{\sigma}^{k_\delta}$为近似解.

算法6.2. $\ell_2 - \ell_p$极小化问题的同伦摄动迭代算法

输入：$\mu_0 > 0, \alpha > 0, \tau > 0, p \in (0,1)$, $q_\mu \in (0,1)$和$\nu_0, \nu_1 > 0$

情形I:

迭代初始值：$\boldsymbol{\sigma}_0$, $k = 0$, $\mu_k = \mu_0$, $\boldsymbol{\delta\sigma}^k = \boldsymbol{0}$

Iteration:

While 不满足停止准则 do

- 计算$\boldsymbol{\sigma}^k = \boldsymbol{\sigma}_0 + \boldsymbol{\delta\sigma}^k$
- 计算$\boldsymbol{J}_k$和$\boldsymbol{r}_k$
- 确定步长因子$\nu_k = \min\big\{\nu_0 \|\boldsymbol{r}_k\|_2^2 / \|\boldsymbol{J}_k^{\mathrm{T}} \boldsymbol{r}_k + \alpha \boldsymbol{G}'_{\mu,p}(\boldsymbol{\delta\sigma}^k)\|_2^2, \nu_1\big\}$
- 根据公式(6.3.2)/(6.3.3)计算$\boldsymbol{\delta\sigma}^{k+1}$
- 更新$\mu_{k+1} = q_\mu \mu_k$和$k \leftarrow k+1$
- 检验停止准则

End While

输出：近似电导率$\boldsymbol{\sigma} = \boldsymbol{\sigma}_0 + \boldsymbol{\delta\sigma}^{k+1}$

情形II:

迭代初始值：$\boldsymbol{\sigma}_0$, $k = 0$, $\mu_k = \mu_0$, $\boldsymbol{\sigma}^k = \boldsymbol{\sigma}_0$

Iteration:

While 不满足停止准则 do

- 计算$\boldsymbol{J}_k$和$\boldsymbol{r}_k$
- 确定步长因子$\nu_k = \min\big\{\nu_0 \|\boldsymbol{r}_k\|_2^2 / \|\boldsymbol{J}_k^{\mathrm{T}} \boldsymbol{r}_k + \alpha \boldsymbol{W}^{\mathrm{T}} \boldsymbol{G}'_{\mu,p}(\boldsymbol{\sigma}_\omega^k)\|_2^2, \nu_1\big\}$
- 根据公式(6.3.5)/(6.3.6)计算$\boldsymbol{\sigma}^{k+1}$
- 更新$\mu_{k+1} = q_\mu \mu_k$和$k \leftarrow k+1$
- 检验停止准则

End While

输出：近似电导率$\boldsymbol{\sigma} := \boldsymbol{\sigma}^{k+1}$

6.4 数值模拟

数值实验主要分为三部分. 首先，通过比较LDI方法和HPI方法研究了HPI方法在计算效率上的优势，并测试了不同稀疏表示下的稀疏重构效果. 其次，通过选取参数$p=2$, 1, 0.5, 0.25，分别研究了ℓ_p-稀疏正则化用于非线性EIT成像时的重构性能. 最后，在含有噪声数据的情况下，考察了ℓ_p-稀疏正则化方法对小异常体的成像效果.

研究ℓ_p-稀疏正则化方法的抗噪性时，噪声数据

$$\boldsymbol{U}^{\boldsymbol{\delta}} = \boldsymbol{U}^{\mathrm{syn}}(\boldsymbol{\sigma}^*) + \delta \cdot \boldsymbol{n},$$

其中，$\boldsymbol{U}^{\mathrm{syn}}(\boldsymbol{\sigma}^*)$表示精确的测量数据，$\delta$为相对噪声水平，$\boldsymbol{n}$为服从$U[0,1]$的随机向量. 参数的选择对重构图像的质量至关重要，因为不合适的参数可能导致没有意义的结果. 正则化参数α的选取依赖于反演模型和噪声水平. 一般来说，α的数量级应该同$F'(\boldsymbol{\sigma}_0)^{\mathrm{T}}F'(\boldsymbol{\sigma}_0)$的元素的数量级相一致. 在以下所有数值结果中，正则化参数α都是根据经验选择的相对最优值. 设初始值$\boldsymbol{\sigma}^0$为背景电导率，实验中所涉及的其余相关参数选取分别为$\mu_0=1$，$q_\mu=0.5$，$\nu_0=0.5$，$\nu_1=1\ 000$，$\tau=20$. 此外，为了更加直观、准确地评价重构图像质量，在实验过程中给出了相关的量化分析数据. 相对误差(RE)为分析重构精度提供了可靠的数据分析，重构图像的相对误差RE值越小，重构质量就越好.

下面考察所提算法对位于圆形模拟区域中的多个小异常体的重构能力. 图6.2给出了4种测试模型，(a)(b)(c)(d)依次包含了不同形状、不同数量的小异常体. 背景电阻抗为$4\Omega\cdot\mathrm{m}$，蓝色(见彩图)异常体为$1\Omega\cdot\mathrm{m}$，红色(见彩图)异常体为$8\Omega\cdot\mathrm{m}$. 除非另有说明，否则接下来所有的重构图像均以1~8的统一色标尺度显示，这样便于可视化比较.

首先，假设背景电导率$\boldsymbol{\sigma}_0$已知，考虑非均匀电导率参数$\boldsymbol{\delta\sigma}^*$的空间域稀疏性. 针对**情形I**，探讨了两种不同噪声水平下，$p=0.5$时LDI方法和HPI方法的重构结果. 表6.1记录了噪声水平$\delta=0.5\%$和$\delta=0.1\%$下LDI方法和HPI方法的迭代步、计算耗时(分)和相对误差(RE). 数值结果表明，HPI方法减少了迭代次数，节省了计算时间，特别是在较小的噪声水平下，进一步展示了HPI方法在重构准确度方面的优势. 由表6.1易见，HPI方法具有显著的加速效果. 图6.4中的第三列给出了相应的重构图像，结果令人满意.

图6.3形象地描述了非均匀电导率稀疏表示元素向量和Haar小波稀疏表示系数向量的比较示意图. 从图6.3中可以清楚地观察到两种稀疏表示的区别，可以看出，在相应的元素/系数向量中，大多数元素/系数都在零附近，即存在许多小元素/系数，大的非零元是零散地分布在整个向量中的. 因此，空间域的非均匀性和Haar小波变换都能有效地提供一种稀疏表

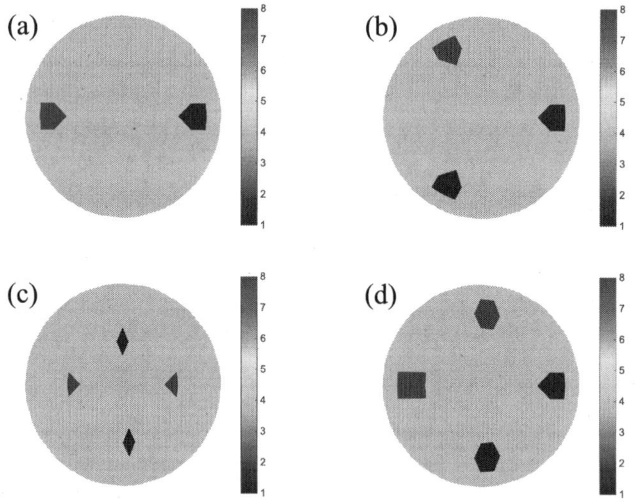

图 6.2 四种测试模型：(a) 模型A；(b) 模型B；(c) 模型C；(d) 模型D

表 6.1 针对**情形I**，LDI方法和HPI方法重构结果的数值比较($p=0.5$)

模型	δ	α	方法	迭代步	计算耗时(分)	RE(%)
模型A	0.5%	1.02×10^{-4}	LDI	456	1.15	7.33
			HPI	**170**	**0.47**	**6.09**
	0.1%	1.15×10^{-5}	LDI	2 145	5.09	5.90
			HPI	**1 438**	**3.37**	**5.61**
模型B	0.5%	1.15×10^{-4}	LDI	174	0.41	9.46
			HPI	**114**	**0.22**	**8.92**
	0.1%	7.25×10^{-6}	LDI	2 389	5.34	7.69
			HPI	**2 157**	**4.98**	**7.21**
模型C	0.5%	4.35×10^{-5}	LDI	1 392	3.13	11.64
			HPI	**1 248**	**2.93**	**11.57**
	0.1%	8.50×10^{-6}	LDI	9 769	21.92	7.85
			HPI	**5 296**	**12.81**	**6.92**
模型D	0.5%	1.14×10^{-4}	LDI	486	1.26	10.94
			HPI	**428**	**0.97**	**9.72**
	0.1%	1.40×10^{-5}	LDI	2 493	5.94	8.62
			HPI	**2 301**	**5.42**	**8.28**

示. 凸起位置的分量越少，表明稀疏度越好. 观察图6.3易见，空间域稀疏表示的稀疏性要更好些. 事实上，有效的稀疏表示是关键，稀疏度直接影响着重构结果. 表6.2记录了$\delta = 0.5\%$时，分别在两种稀疏表示(**情形I**和**情形II**)下，HPI方法的重构结果比较. 正如预期的一样，**情形I**下的HPI方法重构效果更好，我们获得了相对更为准确的重构结果，因为空间域内稀疏表示的稀疏性更好，特别是对于模型A和模型D更明显，这也进一步验证了稀疏度对稀疏重构结果的影响.

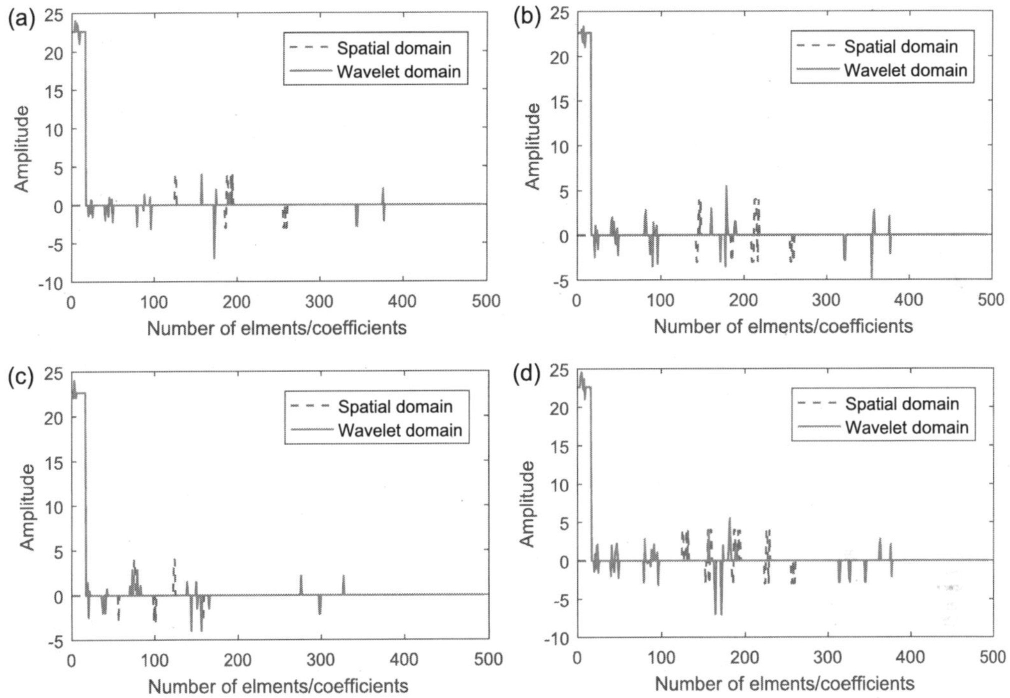

图 6.3 非均匀电导率稀疏表示元素(空间域)和Haar小波稀疏表示系数(小波域)的示意图比较：(a) 模型A；(b) 模型B；(c) 模型C；(d) 模型D (“Spatial domain”表示空间域，“Wavelet domain”表示小波域，纵坐标“Amplitude”表示振幅，横坐标“Number of elments/coefficients”表示分量个数/小波展开系数个数)

最后，通过分析在不同p值情况下ℓ_p-正则化方法的重构结果，研究了非凸ℓ_p-稀疏正则化方法的成像优势. 文献[193]中的研究结果表明，$\ell_p(0 < p < 1)$-正则化可用$\ell_{1/2}$-正则化代替，因为当$0.5 \leqslant p < 1$时，$\ell_{1/2}$-正则化总能产生最佳的稀疏解；当$0 < p \leqslant 0.5$时，$\ell_{1/2}$-正则化可达到非凸ℓ_p-正则化的最佳稀疏效果. 图6.4给出了两种不同噪声水平下，基于空间域的稀疏表示，当$p = 1,\ 0.5,\ 0.25$时，采用HPI方法优化求解ℓ_p-稀疏正则化的

重构图像，并与Tikhonov正则化(即$p=2$时的ℓ_2-正则化)的重构结果进行了比较. 观察图6.4中取不同p值的重构结果，$p=0.5$时的重构结果要优于$p=0.25$, 1, 2时的重构结果. 可以看到，当$p=1$时，重构图像的背景呈现出严重的伪影，尤其是随着输入数据噪声水平的增加表现得更为明显. 但是非凸ℓ_p-稀疏正则化消除了这些伪影，成像的背景相对清晰，特别是当$p=0.5$时，具有更清晰的边缘和更少的伪影，获得了更好的重构结果. 也就是说，非凸ℓ_p-稀疏正则化能够有效地增强定位和减少伪影，具有更清晰的重构背景，尤其是对小异常体的定位效果更为突出(参见模型C的重构结果). 另外，随着噪声水平的增加，模型C的空间分辨率略有下降，对于小异常体可能需要更多的测量信息. 由此可见，与ℓ_1-正则化和ℓ_2-正则化相比，非凸ℓ_p-稀疏正则化是一种能够同时对多个异常体进行准确重构的方法，尤其对小异常体的定位更加准确，提高了空间分辨率，改进了成像质量，并且对噪声数据具有更强的鲁棒性.

表 6.2 两种稀疏表示下，$\delta=0.5\%$时，HPI方法重构结果的相对误差RE(%) 比较

模型	模型A	模型B	模型C	模型D
情形I	**6.09**	8.92	11.57	**9.72**
情形II	9.19	9.94	11.69	14.39

6.5 小结

本章针对非线性EIT图像重构问题，实现了非凸$\ell_p(0<p<1)$-正则化框架下进行电导率参数的稀疏重构. 借助绝对值函数的Huber光滑近似函数的凸化思想建立光滑逼近模型，给出了光滑化近似算法的一般框架，理论分析了光滑近似模型产生的近似解是原非凸稀疏模型的一个稳定点. 数值求解方面，针对光滑近似模型的目标函数，结合同伦摄动技术，在不同的稀疏表示框架下，构造有效的光滑梯度优化迭代算法求其极小解. 数值模拟中，非凸ℓ_p-稀疏正则化在对异常体形状、尺寸定位方面相比于ℓ_1-正则化和ℓ_2-正则化具有明显的优势，其不但能够准确定位小异常体，而且减少了伪影，具有更清晰的背景，对噪声数据具有更强的鲁棒性.

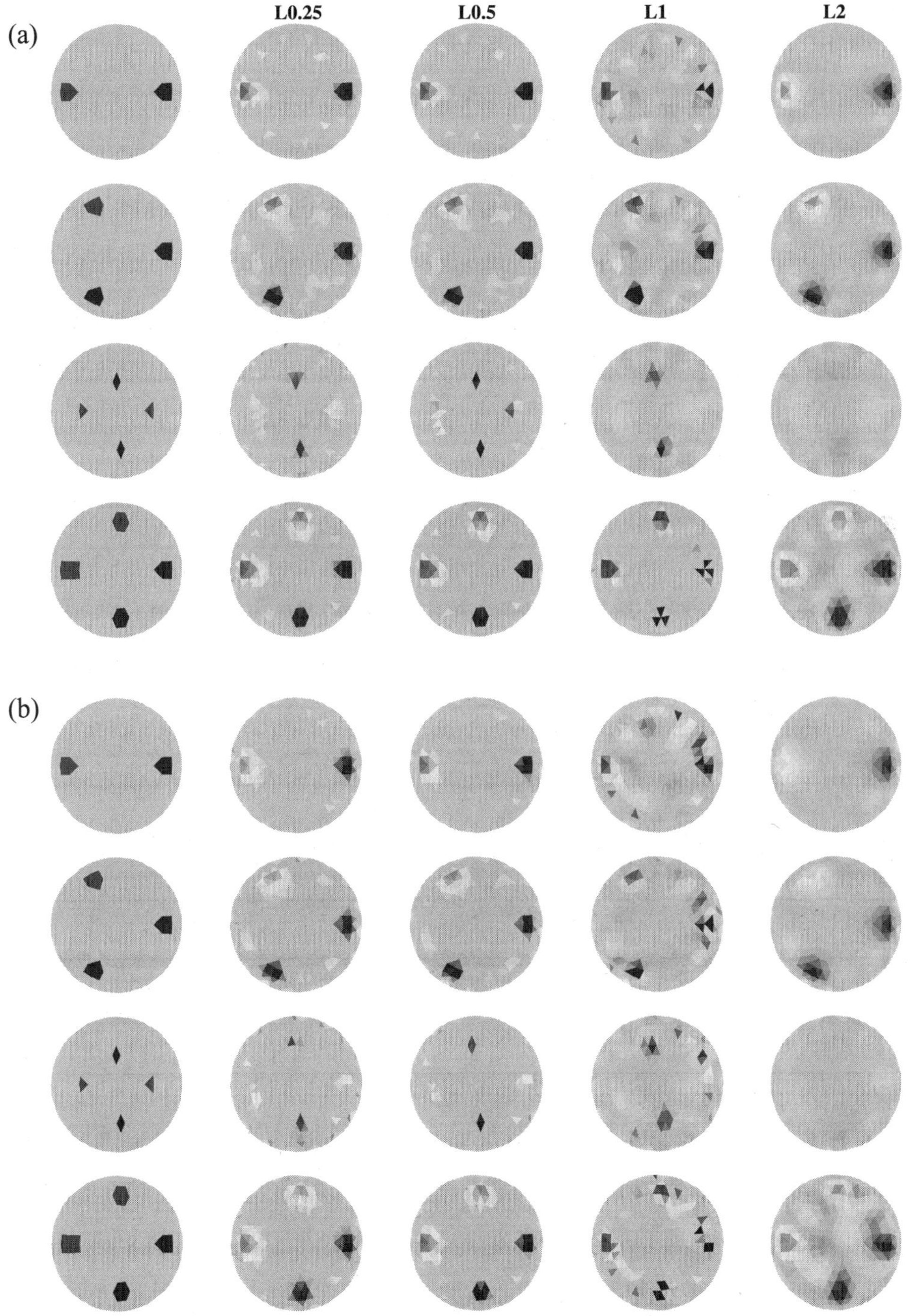

图 6.4 针对四种测试模型，在两种噪声水平下取不同p值时，HPI方法的重构图像比较：(a) 噪声水平$\delta = 0.1\%$；(b) 噪声水平$\delta = 0.5\%$

第 7 章 基于光滑约束迭代正则化的重构方法

迭代正则化方法在EIT图像重构中也有广阔的应用前景. 迭代正则化方法不涉及正则化参数的选取，迭代步数起着正则化参数的作用，容易数值实现且计算成本低. 故发展快速、有效的迭代正则化方法对EIT图像重构的发展十分必要.

格式简单、稳定性良好的Landweber迭代法是一种有效的正则化方法，可被视为通过处理数据拟合从而实现图像重构的最速下降法，在计算中仅需考虑梯度信息，因此广泛应用于EIT图像重构问题[170–172]. 然而，由于灵敏度矩阵存在病态性，导致Landweber迭代法的收敛速度变得非常慢，并需要大量的迭代步数以实现较好质量的成像，影响了其应用与发展. Landweber迭代法最大的不足在于成像速度慢、精度低，人们为此提出了多种加速改进策略[173,174]. 同伦摄动迭代法[133,134]为Landweber迭代法的一种修正格式，当达到相似重构精度时，仅需Landweber迭代大约一半的计算时间，节省了计算时间，提高了计算效率. 近年来，同伦摄动迭代作为一类加速策略，在多个领域得到了应用和推广[175,210–214].

近来，备受关注的非精确Newton迭代正则化方法[215–219]具有较快的收敛速度，是一种先线性化后正则化的方法. 但需注意的是，线性化过程并不能消除问题本身的不适定性，仍需借助正则化策略处理局部线性化方程. 该方法包括内外两层迭代：内层迭代应用迭代正则化方法求解局部线性化问题产生近似迭代序列，外层迭代为非精确Newton法用于更新迭代点列. 稳定性较好且格式简单的Landweber迭代[128]常常被用作为内层迭代正则化策略，但鉴于Landweber迭代收敛速度较慢的缺陷，若将其作为内层迭代策略，外层每一步迭代往往需要大量的内层迭代次数来满足停止准则，造成内层迭代计算量较大，耗费时间长的结果. 基于此，考虑同伦摄动迭代作为内层迭代策略进行加速.

本章针对非线性EIT图像重构问题，从光滑性迭代正则化角度介绍几种迭代正则化重构方法. 本章的基本脉络是，首先从回顾经典的Landweber迭代正则化方法入手，其次基于同伦摄动技术详细介绍同伦摄动迭代正则化方法的构造及其收敛性分析，最后介绍基于Landweber迭代正则化和同伦摄动迭代正则化的两种非精确Newton迭代正则化方法：INLDI方法和INHPI方法.

7.1 Landweber迭代法

Landweber迭代(Landweber iteration，简称LDI)可以看作是通过处理极小化数据拟合问题

$$\min_{\boldsymbol{\sigma}} \|F(\boldsymbol{\sigma}) - \boldsymbol{U}^{\boldsymbol{\delta}}\|^2, \tag{7.1.1}$$

从而实现图像重构的最速下降法，可视为(7.1.1)的最速梯度下降法的一种变型. 假设已知当前迭代步为$\boldsymbol{\sigma}_n^\delta$，选取(7.1.1)的负梯度方向作为迭代修正方向，记

$$\boldsymbol{d}_n := F'(\boldsymbol{\sigma}_n^\delta)^*(\boldsymbol{U}^{\boldsymbol{\delta}} - F(\boldsymbol{\sigma}_n^\delta)), \tag{7.1.2}$$

LDI方法的迭代格式为

$$\boldsymbol{\sigma}_{n+1}^\delta = \boldsymbol{\sigma}_n^\delta + \mu_n \boldsymbol{d}_n, \tag{7.1.3}$$

其中，μ_n为适当选取的步长因子，这里采用比较适宜在EIT领域使用的变步长因子选取准则，满足

$$\mu_n := 1/\lambda_{\max}, \tag{7.1.4}$$

其中，$\lambda_{\max}$表示$\boldsymbol{J}_n^{\mathrm{T}}\boldsymbol{J}_n$的最大特征值，$\boldsymbol{J}_n := F'(\boldsymbol{\sigma}_n^\delta)$为$F(\boldsymbol{\sigma})$在迭代步$\boldsymbol{\sigma}_n^\delta$处的Jacobian矩阵..

由于迭代法在求解反问题的过程中，会出现“半收敛现象”，即在迭代的早期阶段，近似解能够稳定地得到改进，但在达到局部极小解后，误差随着迭代步数的增加又逐渐增大. 也就是说，解的精度方面需要迭代次数充分大，但稳定性方面又要求迭代次数不能太大，因此需要给出相应的迭代停止准则.

考虑到观测数据$\boldsymbol{U}^{\boldsymbol{\delta}}$的测量误差，在LDI方法中，这里采用广义偏差原则作为停止准则：即选择停止指标$n_* = n_*(\delta, \boldsymbol{U}^{\boldsymbol{\delta}})$，使得

$$\|\boldsymbol{U}^{\boldsymbol{\delta}} - F(\boldsymbol{\sigma}_{n_*}^\delta)\| \leqslant \tau\delta < \|\boldsymbol{U}^{\boldsymbol{\delta}} - F(\boldsymbol{\sigma}_n^\delta)\|, \quad 0 \leqslant n < n_*, \tag{7.1.5}$$

对于充分大的$\tau > 1$. 事实上，停止准则的使用使得该迭代方法呈现出正则化特性，而其中的迭代步数则起着正则化参数的作用.

以上求解EIT图像重构问题的LDI方法的具体算法流程如算法7.1所示.

算法7.1：EIT图像重构的LDI方法

1：**Input** 迭代初始值：$\boldsymbol{\sigma}_0^\delta$, δ, $\tau > 1$
2：**Initialization** 令$n = 0$
3：**While** $\|\boldsymbol{U}^{\boldsymbol{\delta}} - F(\boldsymbol{\sigma}_n^\delta)\| > \tau\delta$
- 计算$F(\boldsymbol{\sigma}_n^\delta)$和$F'(\boldsymbol{\sigma}_n^\delta)$
- 根据公式(7.1.4)计算步长μ_n
- 根据公式(7.1.2)计算步长$\boldsymbol{d}_n$
- 计算$\boldsymbol{\sigma}_{n+1}^\delta = \boldsymbol{\sigma}_n^\delta + \mu_n \boldsymbol{d}_n$
- 更新$n \leftarrow n + 1$

End While
4：**Output** 近似解：$\boldsymbol{\sigma}_{n+1}^\delta$

LDI方法格式简单，易于实现，抗噪能力强，但收敛速度比较慢，成像精度低，通常需要迭代很多步才能够获得较好的重构图像结果.

7.2 同伦摄动迭代法

显然，非线性最小二乘问题(7.1.1)相应的Euler方程为

$$F'(\boldsymbol{\sigma})^*(F(\boldsymbol{\sigma}) - \boldsymbol{U}^{\boldsymbol{\delta}}) = 0. \tag{7.2.1}$$

根据同伦思想，构造不动点同伦函数$H(\boldsymbol{v}, p) : \mathcal{A} \times [0, 1] \to H^1(\Omega)$使得

$$H(\boldsymbol{v}, p) = p[F'(\boldsymbol{v})^*(F(\boldsymbol{v}) - \boldsymbol{U}^{\boldsymbol{\delta}})] + (1 - p)(\boldsymbol{v} - \boldsymbol{\sigma}_0) = 0, \tag{7.2.2}$$

其中$p \in [0, 1]$为嵌入同伦参数，$\boldsymbol{\sigma}_0$为真实电导率分布$\boldsymbol{\sigma}^*$的先验初始猜测. 显然有

$$\begin{cases} H(\boldsymbol{v}, 0) = \boldsymbol{v} - \boldsymbol{\sigma}_0 = 0, \\ H(\boldsymbol{v}, 1) = F'(\boldsymbol{v})^*(F(\boldsymbol{v}) - \boldsymbol{U}^{\boldsymbol{\delta}}) = 0. \end{cases} \tag{7.2.3}$$

当嵌入参数p从0连续地变为1时，平凡问题$H(\boldsymbol{v}, 0) = 0$也就连续地变为原问题$H(\boldsymbol{v}, 1) = 0$，从而使$\boldsymbol{v}$从初始猜测$\boldsymbol{\sigma}_0$变为近似解$\boldsymbol{\sigma}$. 从拓扑学的角度，称之为“变型”，称$\boldsymbol{\sigma} - \boldsymbol{\sigma}_0$和$F'(\boldsymbol{\sigma})^*(F(\boldsymbol{\sigma}) - \boldsymbol{U}^{\boldsymbol{\delta}})$互为同伦.

下面根据摄动技术，将p视为小参数，假设(7.2.2)的解可表示为p的幂级数形式，即

$$\boldsymbol{v} = \sum_{i=0}^{\infty} p^i \boldsymbol{\sigma}_i = \boldsymbol{\sigma}_0 + p\boldsymbol{\sigma}_1 + p^2\boldsymbol{\sigma}_2 + p^3\boldsymbol{\sigma}_3 + \cdots, \tag{7.2.4}$$

当$p \to 1$时，(7.2.2)等价于(7.2.1)，从而得到(7.2.1)的近似解，即

$$\boldsymbol{\sigma} = \lim_{p\to 1} \boldsymbol{v} = \sum_{i=0}^{\infty} \boldsymbol{\sigma}_i = \boldsymbol{\sigma}_0 + \boldsymbol{\sigma}_1 + \boldsymbol{\sigma}_2 + \boldsymbol{\sigma}_3 + \cdots . \tag{7.2.5}$$

将$F(\boldsymbol{\sigma})$在$\boldsymbol{\sigma}_0$处进行Taylor展开，并忽略高阶项，式(7.2.2)可重写为

$$H(\boldsymbol{v}, p) = p\left[F'(\boldsymbol{\sigma}_0)^*\left(F(\boldsymbol{\sigma}_0) + F'(\boldsymbol{\sigma}_0)(\boldsymbol{v} - \boldsymbol{\sigma}_0) - \boldsymbol{U}^{\boldsymbol{\delta}}\right)\right] + (1-p)(\boldsymbol{v} - \boldsymbol{\sigma}_0) = 0. \tag{7.2.6}$$

将式(7.2.4)带入(7.2.6)中，有

$$p\left[F'(\boldsymbol{\sigma}_0)^*\left(F(\boldsymbol{\sigma}_0) + F'(\boldsymbol{\sigma}_0)\big(\sum_{i=1}^{\infty} p^i \boldsymbol{\sigma}_i\big) - \boldsymbol{U}^{\boldsymbol{\delta}}\right)\right] + (1-p)\big(\sum_{i=1}^{\infty} p^i \boldsymbol{\sigma}_i\big) = 0, \tag{7.2.7}$$

依照p的不同幂次合并同类项得到

$$\begin{cases} p^1 : F'(\boldsymbol{\sigma}_0)^*(F(\boldsymbol{\sigma}_0) - \boldsymbol{U}^{\boldsymbol{\delta}}) + \boldsymbol{\sigma}_1 = 0, \\ p^{n+1} : F'(\boldsymbol{\sigma}_0)^* F'(\boldsymbol{\sigma}_0)\boldsymbol{\sigma}_n + \boldsymbol{\sigma}_{n+1} - \boldsymbol{\sigma}_n = 0,\ n = 1, 2, 3, \ldots \end{cases} \tag{7.2.8}$$

由初始先验估计$\boldsymbol{\sigma}_0$开始，通过依次求解方程(7.2.8)得到

$$\begin{cases} \boldsymbol{\sigma}_1 = -F'(\boldsymbol{\sigma}_0)^*(F(\boldsymbol{\sigma}_0) - \boldsymbol{U}^{\boldsymbol{\delta}}), \\ \boldsymbol{\sigma}_{n+1} = [\boldsymbol{I} - F'(\boldsymbol{\sigma}_0)^* F'(\boldsymbol{\sigma}_0)]^n \big(- F'(\boldsymbol{\sigma}_0)^*(F(\boldsymbol{\sigma}_0) - \boldsymbol{U}^{\boldsymbol{\delta}})\big),\ n = 1, 2, 3, \ldots \end{cases} \tag{7.2.9}$$

于是，根据(7.2.5)可得到(7.2.1)的近似解，即

$$\begin{aligned} \boldsymbol{\sigma} &= \lim_{p\to 1} \boldsymbol{v} = \boldsymbol{\sigma}_0 + \boldsymbol{\sigma}_1 + \boldsymbol{\sigma}_2 + \boldsymbol{\sigma}_3 + \cdots \\ &= \boldsymbol{\sigma}_0 + \big(- F'(\boldsymbol{\sigma}_0)^*(F(\boldsymbol{\sigma}_0) - \boldsymbol{U}^{\boldsymbol{\delta}})\big) \\ &\quad + [\boldsymbol{I} - F'(\boldsymbol{\sigma}_0)^* F'(\boldsymbol{\sigma}_0)]\big(- F'(\boldsymbol{\sigma}_0)^*(F(\boldsymbol{\sigma}_0) - \boldsymbol{U}^{\boldsymbol{\delta}})\big) \\ &\quad + [\boldsymbol{I} - F'(\boldsymbol{\sigma}_0)^* F'(\boldsymbol{\sigma}_0)]^2\big(- F'(\boldsymbol{\sigma}_0)^*(F(\boldsymbol{\sigma}_0) - \boldsymbol{U}^{\boldsymbol{\delta}})\big) + \cdots \\ &= \boldsymbol{\sigma}_0 + \sum_{i=0}^{\infty} \left[\boldsymbol{I} - F'(\boldsymbol{\sigma}_0)^* F'(\boldsymbol{\sigma}_0)\right]^i \big(- F'(\boldsymbol{\sigma}_0)^*(F(\boldsymbol{\sigma}_0) - \boldsymbol{U}^{\boldsymbol{\delta}})\big). \end{aligned} \tag{7.2.10}$$

引理 7.2.1 如果$\left\|\boldsymbol{I} - F'(\boldsymbol{\sigma}_0)^* F'(\boldsymbol{\sigma}_0)\right\| < 1$，那么序列

$$\boldsymbol{\sigma}^{[n]} = \boldsymbol{\sigma}_0 + \sum_{i=0}^{n} \left[\boldsymbol{I} - F'(\boldsymbol{\sigma}_0)^* F'(\boldsymbol{\sigma}_0)\right]^i \big(- F'(\boldsymbol{\sigma}_0)^*(F(\boldsymbol{\sigma}_0) - \boldsymbol{U}^{\boldsymbol{\delta}})\big)$$

是一个柯西序列.

证明 令$\zeta = \left\|\boldsymbol{I} - F'(\boldsymbol{\sigma}_0)^* F'(\boldsymbol{\sigma}_0)\right\|$，则

$$
\begin{aligned}
\left\|\boldsymbol{\sigma}^{[n+q]} - \boldsymbol{\sigma}^{[n]}\right\| &= \Big\| \sum_{i=1}^{q} [\boldsymbol{I} - F'(\boldsymbol{\sigma}_0)^* F'(\boldsymbol{\sigma}_0)]^{n+i} \big(- F'(\boldsymbol{\sigma}_0)^*(F(\boldsymbol{\sigma}_0) - \boldsymbol{U}^{\boldsymbol{\delta}})\big) \Big\| \\
&\leqslant \left\|F'(\boldsymbol{\sigma}_0)^*(F(\boldsymbol{\sigma}_0) - \boldsymbol{U}^{\boldsymbol{\delta}})\right\| \sum_{i=1}^{q} \left\|\boldsymbol{I} - F'(\boldsymbol{\sigma}_0)^* F'(\boldsymbol{\sigma}_0)\right\|^{n+i} \\
&= \left\|F'(\boldsymbol{\sigma}_0)^*(F(\boldsymbol{\sigma}_0) - \boldsymbol{U}^{\boldsymbol{\delta}})\right\| \sum_{i=1}^{q} \zeta^{n+i} \\
&= \left\|F'(\boldsymbol{\sigma}_0)^*(F(\boldsymbol{\sigma}_0) - \boldsymbol{U}^{\boldsymbol{\delta}})\right\| \zeta^n \frac{\zeta(1-\zeta^q)}{1-\zeta}.
\end{aligned}
$$

因此，如果$\zeta < 1$，那么

$$
\begin{aligned}
\lim_{n\to\infty} \left\|\boldsymbol{\sigma}^{[n+q]} - \boldsymbol{\sigma}^{[n]}\right\| &\leqslant \lim_{n\to\infty} \left\|F'(\boldsymbol{\sigma}_0)^*(F(\boldsymbol{\sigma}_0) - \boldsymbol{U}^{\boldsymbol{\delta}})\right\| \frac{\zeta(1-\zeta^q)}{1-\zeta} \zeta^n \\
&= \left\|F'(\boldsymbol{\sigma}_0)^*(F(\boldsymbol{\sigma}_0) - \boldsymbol{U}^{\boldsymbol{\delta}})\right\| \frac{\zeta(1-\zeta^q)}{1-\zeta} \lim_{n\to\infty} \zeta^n \\
&= 0.
\end{aligned}
$$

结论得证. □

然而，式(7.2.5)的所有项不可能全部确定，需用截断序列近似原问题的解. 假设已知当前迭代步为$\boldsymbol{\sigma}_n^\delta$，由此可构造出一类修正的迭代正则格式：

$$
\boldsymbol{\sigma}_{n+1}^\delta = \boldsymbol{\sigma}_n^\delta + \mu_n \sum_{i=0}^{\mathrm{N}} \left[\boldsymbol{I} - F'(\boldsymbol{\sigma}_n^\delta)^* F'(\boldsymbol{\sigma}_n^\delta)\right]^i \big(- F'(\boldsymbol{\sigma}_n^\delta)^*(F(\boldsymbol{\sigma}_n^\delta) - \boldsymbol{U}^{\boldsymbol{\delta}})\big),
$$

其中，μ_n为适当选取的步长.

当N = 0时，得到如下的具有一阶逼近的迭代格式：给定先验初值$\boldsymbol{\sigma}_0^\delta$，有

$$
\boldsymbol{\sigma}_{n+1}^\delta = \boldsymbol{\sigma}_n^\delta - \mu_n F'(\boldsymbol{\sigma}_n^\delta)^*(F(\boldsymbol{\sigma}_n^\delta) - \boldsymbol{U}^{\boldsymbol{\delta}}), \tag{7.2.11}
$$

该迭代格式实际上就是经典的LDI方法.

当N = 1时，得到如下的具有二阶逼近的迭代格式：给定先验初值$\boldsymbol{\sigma}_0^\delta$，有

$$
\boldsymbol{\sigma}_{n+1}^\delta = \boldsymbol{\sigma}_n^\delta - \mu_n [2\boldsymbol{I} - F'(\boldsymbol{\sigma}_n^\delta)^* F'(\boldsymbol{\sigma}_n^\delta)] \big(F'(\boldsymbol{\sigma}_n^\delta)^*(F(\boldsymbol{\sigma}_n^\delta) - \boldsymbol{U}^{\boldsymbol{\delta}})\big), \tag{7.2.12}
$$

称该新的迭代格式为同伦摄动迭代(homotopy perturbation iteration，简称HPI)方法.

考虑到观测数据$\boldsymbol{U}^{\boldsymbol{\delta}}$的测量误差，在HPI方法中，这里仍采用广义偏差原则(7.1.5)作为停止准则.

引理 7.2.2 假定$F(\boldsymbol{\sigma})$的Fréchlet导数$F'(\boldsymbol{\sigma})$满足

$$\|F'(\boldsymbol{\sigma})\| < 1, \quad \boldsymbol{\sigma} \in B_r(\boldsymbol{\sigma}_0) \subset \mathcal{A},$$

则不等式

$$\|\boldsymbol{I} - F'(\boldsymbol{\sigma})^* F'(\boldsymbol{\sigma})\| < 1$$

成立.

证明 由引理7.2.1知$F'(\boldsymbol{\sigma})$是有界线性的，又$F'(\boldsymbol{\sigma})^*$为其伴随算子，故存在导算子$F'(\boldsymbol{\sigma})$的奇异系统，设为$(\mu_k; x_k, y_k)$. 于是$\mu_k^2$为$F'(\boldsymbol{\sigma})^*F'(\boldsymbol{\sigma})$的特征值，即有

$$F'(\boldsymbol{\sigma})^* F'(\boldsymbol{\sigma})\tilde{\boldsymbol{\sigma}} = \mu_k^2 \tilde{\boldsymbol{\sigma}}, \quad \tilde{\boldsymbol{\sigma}} \in B_r(\boldsymbol{\sigma}_0), \quad k \in J,$$

这意味着

$$\begin{aligned} \mu_k^2 \|\tilde{\boldsymbol{\sigma}}\|^2 &= (\mu_k^2 \tilde{\boldsymbol{\sigma}}, \tilde{\boldsymbol{\sigma}}) = (F'(\boldsymbol{\sigma})^* F'(\boldsymbol{\sigma})\tilde{\boldsymbol{\sigma}}, \tilde{\boldsymbol{\sigma}}) \\ &= (F'(\boldsymbol{\sigma})\tilde{\boldsymbol{\sigma}}, F'(\boldsymbol{\sigma})\tilde{\boldsymbol{\sigma}}) \leqslant \|F'(\boldsymbol{\sigma})\tilde{\boldsymbol{\sigma}}\|^2 \leqslant \|F'(\boldsymbol{\sigma})\|^2 \|\tilde{\boldsymbol{\sigma}}\|^2, \end{aligned}$$

于是有

$$\mu_k^2 \leqslant \|F'(\boldsymbol{\sigma})\|^2 < 1.$$

由此得到

$$\begin{aligned} \left\| \left(\boldsymbol{I} - F'(\boldsymbol{\sigma})^* F'(\boldsymbol{\sigma})\right) \right\| &= \sup_{\|\tilde{\boldsymbol{\sigma}}\|=1} \left| \left(\left(\boldsymbol{I} - F'(\boldsymbol{\sigma})^* F'(\boldsymbol{\sigma})\right) \tilde{\boldsymbol{\sigma}}, \tilde{\boldsymbol{\sigma}} \right) \right| \\ &= \sup_{\|\tilde{\boldsymbol{\sigma}}\|=1} \left| \left((1 - \mu_k^2) \tilde{\boldsymbol{\sigma}}, \tilde{\boldsymbol{\sigma}} \right) \right| = 1 - \mu_k^2. \end{aligned}$$

因此，$\left\| \left(\boldsymbol{I} - F'(\boldsymbol{\sigma})^* F'(\boldsymbol{\sigma})\right) \right\| < 1$. 结论得证. □

实际上，关于引理7.2.2的假设条件很容易得到满足，一般可以根据$F'(\boldsymbol{\sigma})$的有界性进行归一化处理.

引理 7.2.3 [147] 设$\forall \boldsymbol{\sigma}_0 \in \mathcal{A}$，存在开的邻域$B_r(\boldsymbol{\sigma}_0) \subset \mathcal{A}(r > 0)$，使得$\forall \boldsymbol{\sigma}, \tilde{\boldsymbol{\sigma}} \in B_r(\boldsymbol{\sigma}_0)$有

$$\left\|F(\boldsymbol{\sigma}) - F(\tilde{\boldsymbol{\sigma}}) - F'(\boldsymbol{\sigma})(\boldsymbol{\sigma} - \tilde{\boldsymbol{\sigma}})\right\|_{H^1(\Omega)\oplus\mathbb{R}^L_\diamond} \leqslant \left\|\boldsymbol{\sigma} - \tilde{\boldsymbol{\sigma}}\right\|_{\mathcal{A}} \left\|F(\boldsymbol{\sigma}) - F(\tilde{\boldsymbol{\sigma}})\right\|_{H^1(\Omega)\oplus\mathbb{R}^L_\diamond}.$$

根据引理7.2.2以及引理7.2.3给出的切锥条件，就可以得到修正迭代格式(7.2.12)的如下收敛性结论.

定理 7.2.1 设$\boldsymbol{\sigma}^* \in B_r(\boldsymbol{\sigma}_0)$，且$F(\boldsymbol{\sigma}^*) = \boldsymbol{U}^*$，测量数据$\boldsymbol{U}^\delta$满足条件$\|\boldsymbol{U}^\delta - \boldsymbol{U}^*\| \leqslant \delta$. 假定引理7.2.3给出的切锥条件中$0 < \eta := \|\boldsymbol{\sigma} - \tilde{\boldsymbol{\sigma}}\| < \dfrac{3}{8}$，且在引理7.2.2的假设条件下，$n_*$为由广义偏差原则(7.1.5)确定的迭代步，这里

$$\tau > \frac{8(\eta+1)}{3-8\eta},$$

则(7.2.12)的迭代误差依范数单调递减

$$\left\|\boldsymbol{\sigma}_{n+1}^\delta - \boldsymbol{\sigma}^*\right\| \leqslant \left\|\boldsymbol{\sigma}_n^\delta - \boldsymbol{\sigma}^*\right\|, \quad 0 \leqslant n \leqslant n_*,$$

迭代序列$\{\boldsymbol{\sigma}_n^\delta\}$收敛到真解$\boldsymbol{\sigma}^*$. (定理的证明与文献[134]中的证明类似)

总之，HPI方法是通过同伦方法求解(7.1.1)的欧拉方程得到的，记

$$\tilde{\boldsymbol{d}}_n := [2\boldsymbol{I} - F'(\boldsymbol{\sigma}_n^\delta)^* F'(\boldsymbol{\sigma}_n^\delta)]\big(F'(\boldsymbol{\sigma}_n^\delta)^*(\boldsymbol{U}^\delta - F(\boldsymbol{\sigma}_n^\delta))\big), \tag{7.2.13}$$

HPI方法的迭代格式为

$$\boldsymbol{\sigma}_{n+1}^\delta = \boldsymbol{\sigma}_n^\delta + \mu_n \tilde{\boldsymbol{d}}_n, \tag{7.2.14}$$

其中，μ_n为适当选取的步长因子，这里仍采用比较适宜在EIT领域使用的变步长因子选取准则

$$\mu_n := 1/\lambda_{\max}, \tag{7.2.15}$$

其中，$\lambda_{\max}$表示$\boldsymbol{J}_n^{\mathrm{T}}\boldsymbol{J}_n$的最大特征值，$\boldsymbol{J}_n$为$F(\boldsymbol{\sigma})$在迭代步$\boldsymbol{\sigma}_n^\delta$处的Jacobian矩阵.

下面的算法7.2给出了求解EIT图像重构问题的HPI方法的具体流程.

算法7.2：EIT图像重构的HPI方法

1：**Input** 迭代初始值：$\boldsymbol{\sigma}_0^\delta$, δ, $\tau > 1$
2：**Initialization** 令$n = 0$
3：**While** $\|\boldsymbol{U}^\delta - F(\boldsymbol{\sigma}_n^\delta)\| > \tau\delta$
- 计算$F(\boldsymbol{\sigma}_n^\delta)$和$F'(\boldsymbol{\sigma}_n^\delta)$
- 根据公式(7.2.15)计算步长μ_n
- 根据公式(7.2.13)计算步长$\tilde{\boldsymbol{d}}_n$
- 计算$\boldsymbol{\sigma}_{n+1}^\delta = \boldsymbol{\sigma}_n^\delta + \mu_n \tilde{\boldsymbol{d}}_n$
- 更新$n \leftarrow n + 1$

End While
4：**Output** 近似解：$\boldsymbol{\sigma}_{n+1}^\delta$

7.3 非精确Newton迭代法

非精确Newton迭代正则化方法包括内外两层迭代：外层迭代为非精确Newton方法且以偏差原则作为停止准则，内层迭代这里考虑采用LDI方法或HPI方法并结合选取适当的步长来加速. 其基本思想是应用LDI方法或HPI方法逐步求解局部线性化的EIT观测响应模型来构造内层迭代序列，并结合适当的停止准则终止内层迭代，进而将得到的近似重构解作为新的外层迭代点并以偏差原则作为外层停止准则.

假设已知当前迭代步为$\boldsymbol{\sigma}_n^\delta$，内层迭代通过如下极小化泛函

$$\min_{\boldsymbol{\sigma}} \frac{1}{2}\|\boldsymbol{U^\delta} - F(\boldsymbol{\sigma}_n^\delta) - F'(\boldsymbol{\sigma}_n^\delta)(\boldsymbol{\sigma} - \boldsymbol{\sigma}_n^\delta)\|_2^2,$$

构造相应的迭代格式

$$\boldsymbol{\sigma}_{n,k+1}^\delta := \boldsymbol{\sigma}_{n,k}^\delta + \mu_{n,k}\boldsymbol{d}_{n,k},$$

得到内迭代序列$\{\boldsymbol{\sigma}_{n,k}\}_{k=0}^\infty$，这里选取步长$\mu_{n,k} := \mu_n$.

根据(7.1.3)可知，LDI方法的迭代格式选取

$$\boldsymbol{d}_{n,k} := F'(\boldsymbol{\sigma}_n^\delta)^*\boldsymbol{s}_{n,k}, \tag{7.3.1}$$

根据(7.2.14)可知，HPI方法的迭代格式选取

$$\boldsymbol{d}_{n,k} := F'(\boldsymbol{\sigma}_n^\delta)^*\big(2\boldsymbol{I} - F'(\boldsymbol{\sigma}_n^\delta)F'(\boldsymbol{\sigma}_n^\delta)^*\big)\boldsymbol{s}_{n,k}, \tag{7.3.2}$$

这里

$$\boldsymbol{s}_{n,k} := \boldsymbol{U^\delta} - F(\boldsymbol{\sigma}_n^\delta) - F'(\boldsymbol{\sigma}_n^\delta)(\boldsymbol{\sigma}_{n,k}^\delta - \boldsymbol{\sigma}_n^\delta). \tag{7.3.3}$$

预先给定$0 < \gamma < 1$，选取$\bar{k}_n$为首个满足

$$\|\boldsymbol{s}_{n,k}\| \leqslant \gamma\|\boldsymbol{U^\delta} - F(\boldsymbol{\sigma}_n^\delta)\|$$

的变量，确定内层迭代次数$k_n = \min\{\bar{k}_n, k_{\max}\}$($k_{\max} \geqslant 1$为内层给定的最大迭代步数)，防止内层迭代停滞. 进一步，定义下一步迭代，即$\boldsymbol{\sigma}_{n+1}^\delta := \boldsymbol{\sigma}_{n,k_n}^\delta$，将由非精确Newton法产生的新迭代点列$\{\boldsymbol{\sigma}_n^\delta\}$作为外层迭代，并采用偏差原则

$$\|\boldsymbol{U^\delta} - F(\boldsymbol{\sigma}_{n_*}^\delta)\| \leqslant \tau\delta < \|\boldsymbol{U^\delta} - F(\boldsymbol{\sigma}_n^\delta)\|, \quad 0 \leqslant n < n_*$$

作为停止准则.

为此，以LDI方法作为内层迭代策略，引入基于LDI方法的非精确Newton(inexact Newton-Landweber iteration，简称INLDI)方法，其格式为

$$\begin{cases} \boldsymbol{\sigma}_{n,0}^{\delta} := \boldsymbol{\sigma}_n^{\delta}, \\ \boldsymbol{\sigma}_{n,k+1}^{\delta} := \boldsymbol{\sigma}_{n,k}^{\delta} + \mu_{n,k}\boldsymbol{d}_{n,k}, \quad 0 \leqslant k < k_n, \\ \boldsymbol{d}_{n,k}^{\delta} := F'(\boldsymbol{\sigma}_n^{\delta})^* \boldsymbol{s}_{n,k}, \\ \boldsymbol{s}_{n,k}^{\delta} := \boldsymbol{U}^{\delta} - F(\boldsymbol{\sigma}_n^{\delta}) - F'(\boldsymbol{\sigma}_n^{\delta})(\boldsymbol{\sigma}_{n,k}^{\delta} - \boldsymbol{\sigma}_n^{\delta}), \\ \boldsymbol{\sigma}_{n+1}^{\delta} := \boldsymbol{\sigma}_{n,k_n}^{\delta}. \end{cases} \tag{7.3.4}$$

以HPI方法作为内层迭代策略，引入基于HPI方法的非精确Newton(inexact Newton-homotopy-perturbation iteration，简称INHPI)方法，其格式为

$$\begin{cases} \boldsymbol{\sigma}_{n,0}^{\delta} := \boldsymbol{\sigma}_n^{\delta}, \\ \boldsymbol{\sigma}_{n,k+1}^{\delta} := \boldsymbol{\sigma}_{n,k}^{\delta} + \mu_{n,k}\boldsymbol{d}_{n,k}, \quad 0 \leqslant k < k_n, \\ \boldsymbol{d}_{n,k}^{\delta} := F'(\boldsymbol{\sigma}_n^{\delta})^* \big(2\boldsymbol{I} - F'(\boldsymbol{\sigma}_n^{\delta})F'(\boldsymbol{\sigma}_n^{\delta})^*\big)\boldsymbol{s}_{n,k}, \\ \boldsymbol{s}_{n,k}^{\delta} := \boldsymbol{U}^{\delta} - F(\boldsymbol{\sigma}_n^{\delta}) - F'(\boldsymbol{\sigma}_n^{\delta})(\boldsymbol{\sigma}_{n,k}^{\delta} - \boldsymbol{\sigma}_n^{\delta}), \\ \boldsymbol{\sigma}_{n+1}^{\delta} := \boldsymbol{\sigma}_{n,k_n}^{\delta}. \end{cases} \tag{7.3.5}$$

以上求解EIT图像重构问题的非精确Newton迭代正则化方法的具体算法流程如算法7.3所示.

算法7.3. EIT图像重构的非精确Newton迭代正则化方法

1: **Input** 迭代初始值：$\boldsymbol{\sigma}_0^{\delta}$, δ, $0 < \gamma < 1$, $\tau > 1$

2: **Initialization** 令$n = 0$

3: **While** $\|\boldsymbol{U}^{\delta} - F(\boldsymbol{\sigma}_n^{\delta})\| > \tau\delta$

- 计算$F(\boldsymbol{\sigma}_n^{\delta})$和$F'(\boldsymbol{\sigma}_n^{\delta})$
- 根据公式(7.1.4)计算步长μ_n
- 令$k = 0$，$\boldsymbol{\sigma}_{n,0}^{\delta} := \boldsymbol{\sigma}_n^{\delta}$

  While $\boldsymbol{s}_{n,k} > \gamma\|\boldsymbol{U}^{\delta} - F(\boldsymbol{\sigma}_n^{\delta})\|$

  - 根据公式(7.3.3)计算$\boldsymbol{s}_{n,k}$
  - 根据公式(7.3.1)或(7.3.2)计算$\boldsymbol{d}_{n,k}$
  - 计算$\boldsymbol{\sigma}_{n,k+1}^{\delta} = \boldsymbol{\sigma}_{n,k}^{\delta} + \mu_{n,k}\boldsymbol{d}_{n,k}$
  - 更新$k \leftarrow k + 1$

  End While

  令$\boldsymbol{\sigma}_{n+1}^{\delta} := \boldsymbol{\sigma}_{n,k_n}^{\delta}$

  更新$n \leftarrow n + 1$

End While

4: **Output** 近似解：$\boldsymbol{\sigma}_{n+1}^{\delta}$

7.4 数值模拟

本节通过数值模拟验证LDI方法、HPI方法、INLDI方法和INHPI方法四种方法在非线性EIT图像重构问题中的重构性能. 构造含有不同异常体的三种测试模型为研究对象，如图7.1所示，高电阻率部分(背景)和低电阻率部分(异常体)取值分别为$6\Omega\cdot\text{m}$和$1\Omega\cdot\text{m}$. 模型A包含1个中心圆形异常体，模型B包含2个对称分布的方型异常体，模型C包含5个不同形状异常体，下面针对LDI方法、HPI方法、INLDI方法和INHPI方法四种重构方法进行数值模拟比较. 除非另有说明，否则接下来所有的重构图像均以1~6的统一色标尺度显示，便于可视化比较.

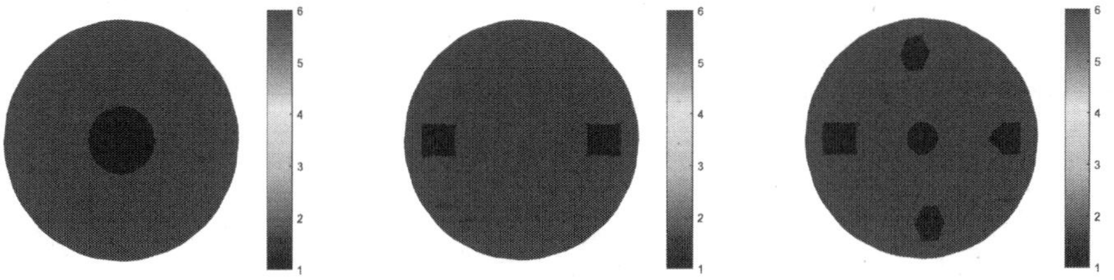

图 7.1 三种测试模型：模型A(左)；模型B(中)；模型C(右)

为了比较EIT图像重构质量，选择较常用的相对误差(RE)及相关系数(CC)作为衡量算法的客观评价指标，RE值越小，表示重构的电导率分布越接近真实的电导率分布，CC值越大，表示重构图像质量越高，重构效果越好. CC值越接近1，重构图像越接近真实图像.

数值模拟的相关参数选取为$\tau=2.01$，$\gamma=0.8$，初值$\boldsymbol{\sigma}_0^\delta$选取为背景值. 由于过长的计算时间并不符合EIT图像重构的需求，因此设置迭代的最大步数为$n_{\max}=10\ 000, k_{\max}=50\ 000$，即意味着即使未达到停止准则，当迭代进行到最大迭代步时也停止迭代.

针对三种测试模型，为了测试四种方法的重构效果，图7.2描述了噪声数据下相对误差随迭代时间的变化曲线，图7.3描述了噪声数据下相关系数随迭代时间的变化曲线，用以分析算法的稳定性和有效性. 从图7.2和图7.3中可以看到：四种方法最终可达到同等效果的RE值和CC值，说明具有相似的重构精度和重构质量，但相比LDI方法和HPI方法，INLDI方法和INHPI这两种方法较早地达到了稳定状态，即RE曲线下降更快、CC曲线上升更快，这正体现了Newton迭代法具有收敛特性的优势，具有更快的收敛速度，而且也注意到，相比INLDI方法，INHPI方法具有更快的收敛速度. 随着噪声水平的减少，INHPI方法在计算效率上的优势更加明显，主要是内层HPI迭代步引起的(具体见表7.1中的内迭代步比较). 从图7.2和图7.3中也可注意到：随着噪声水平的减少，四种方法获得的RE值在变小而CC值在增大，说明重构图像的重构精度和重构质量变得更好，但需要的计算时间却大幅度增加了，这说明收敛速度与噪声水平有关.

针对图7.2和图7.3中的结果，这里仅以模型B为例，见图7.2(b)和图7.3(b)，表7.1相应地记录了在不同噪声水平下，四种方法的详细数值结果比较，其中n表示LDI方法与HPI方法的迭代终止步，n_{outer}表示INHPI方法与INLDI方法的外层Newton迭代步，n_{inter}表示INHPI方法与INLDI方法的内层总迭代步，Time(s)表示计算所需时间. 从表7.1可以看出，四种方法具有相似的重构精度，但重构效率明显不同. 相比LDI方法和HPI方法，INHPI方法和INLDI方法的重构时间显著减少，大大提高了重构效率. 比较LDI方法和HPI方法两种方法，验证了HPI方法只需LDI方法大约一半的迭代步和计算时间；但比较INLDI方法和INHPI方法两种方法，INHPI方法总的内层迭代次数比INLDI方法减少了约一半，高噪声水平下的重构效率虽有所提高，但并未像预期的那样提高约一倍，主要原因在于需要调用正问题的外层迭代为收敛速度较快的Newton步(外层每步迭代耗时多，但需要的外层迭代步数少)，内层每步迭代耗时较少，迭代步数虽节约了一半左右，但在内层迭代步数基数较小的情况下，计算效率无法凸显出来，而在低噪声水平下，随着需要的内层迭代步数的剧增，相比INLDI方法，INHPI方法在计算效率上的优势就呈现出来了，改进了成像效率.

表 7.1　不同噪声水平下，LDI、HPI、INLDI以及INHPI四种方法的数值比较

噪声水平	迭代法	n_*	$n_{\text{outer}}(n_{\text{inter}})$	RE(%)	CC(0~1)	Time(s)
$\delta=5\%$	LDI	105	——	10.50	0.735 8	13.81
	HPI	50	——	10.67	0.728 8	6.45
	INLDI	——	10(150)	10.43	0.741 7	1.37
	INHPI	——	9(78)	10.44	0.742 1	1.19
$\delta=2\%$	LDI	507	——	9.64	0.782 9	62.62
	HPI	244	——	9.81	0.786 5	28.02
	INLDI	——	14(632)	9.64	0.784 3	1.82
	INHPI	——	13(377)	9.60	0.787 3	1.71
$\delta=0.5\%$	LDI	660 2	——	8.25	0.843 8	698.63
	HPI	338 1	——	8.42	0.838 4	338.17
	INLDI	——	20(795 9)	8.25	0.844 5	2.98
	INHPI	——	13(462 0)	8.21	0.846 5	2.45
$\delta=0.05\%$	LDI	>10 000	——	——	——	>1 000
	HPI	>10 000	——	——	——	>1 000
	INLDI	——	33(173 187)	6.83	0.893 7	19.92
	INHPI	——	32(92 919)	6.88	0.892 5	13.39

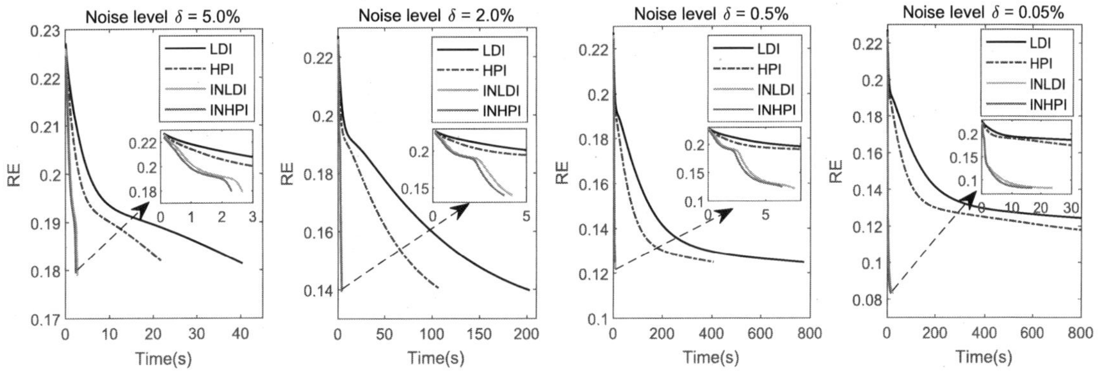

(a) 针对模型A，相对误差随时间的变化曲线

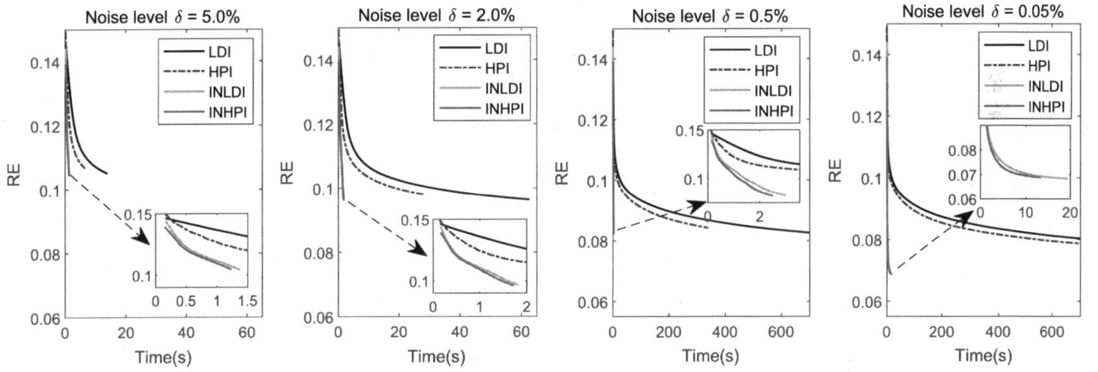

(b) 针对模型B，相对误差随时间的变化曲线

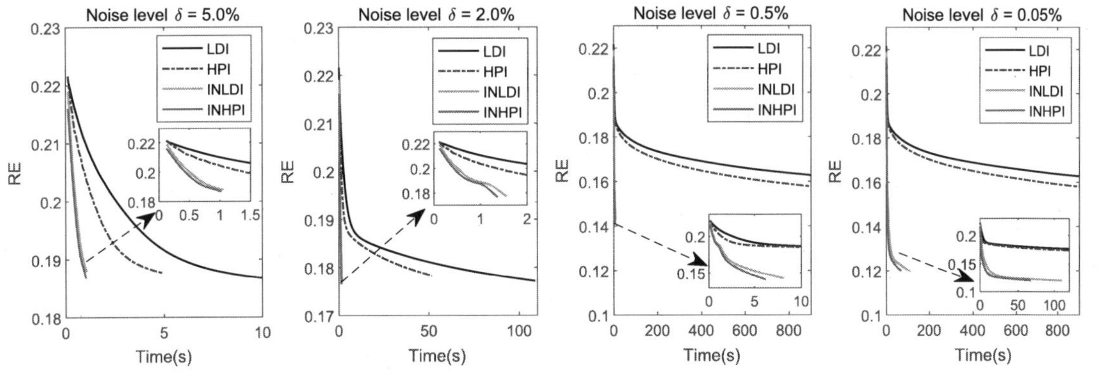

(c) 针对模型C，相对误差随时间的变化曲线

图 7.2 不同噪声水平下(“Noise level”表示噪声水平)，LDI、HPI、INLDI以及INHPI 四种方法重构图像的相对误差变化曲线(RE vs. Time)比较

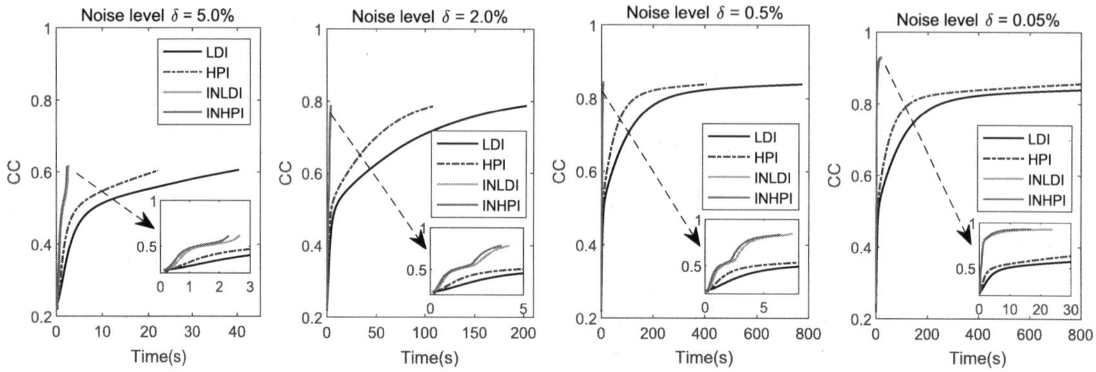

(a) 针对模型A，相关系数随时间的变化曲线

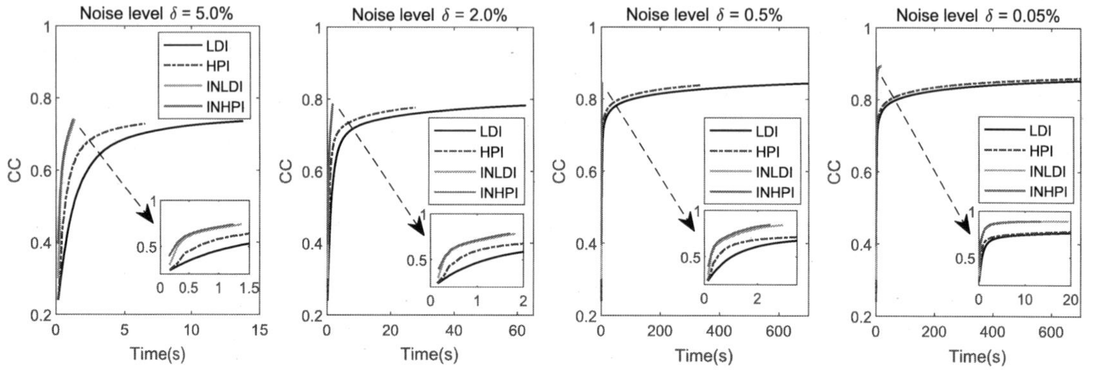

(b) 针对模型B，相关系数随时间的变化曲线

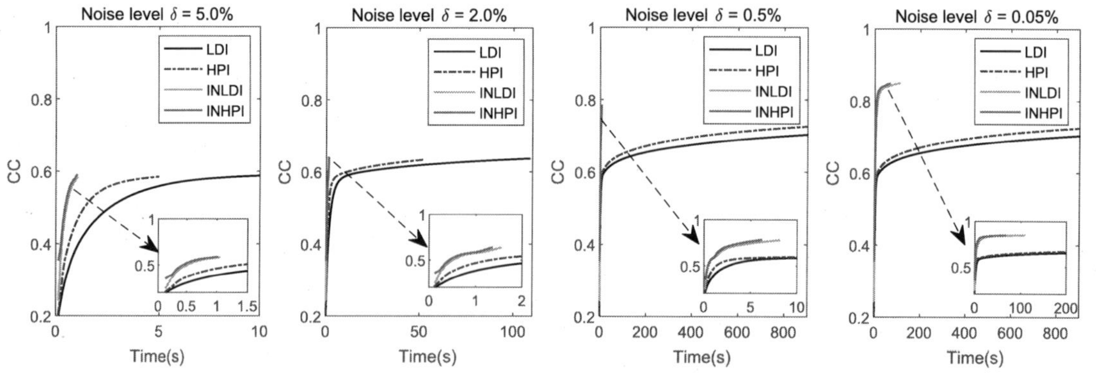

(c) 针对模型C，相关系数随时间的变化曲线

图 7.3 不同噪声水平下(“Noise level”表示噪声水平)，LDI、HPI、INLDI以及INHPI 四种方法重构图像的相关系数变化曲线(CC vs. Time)比较

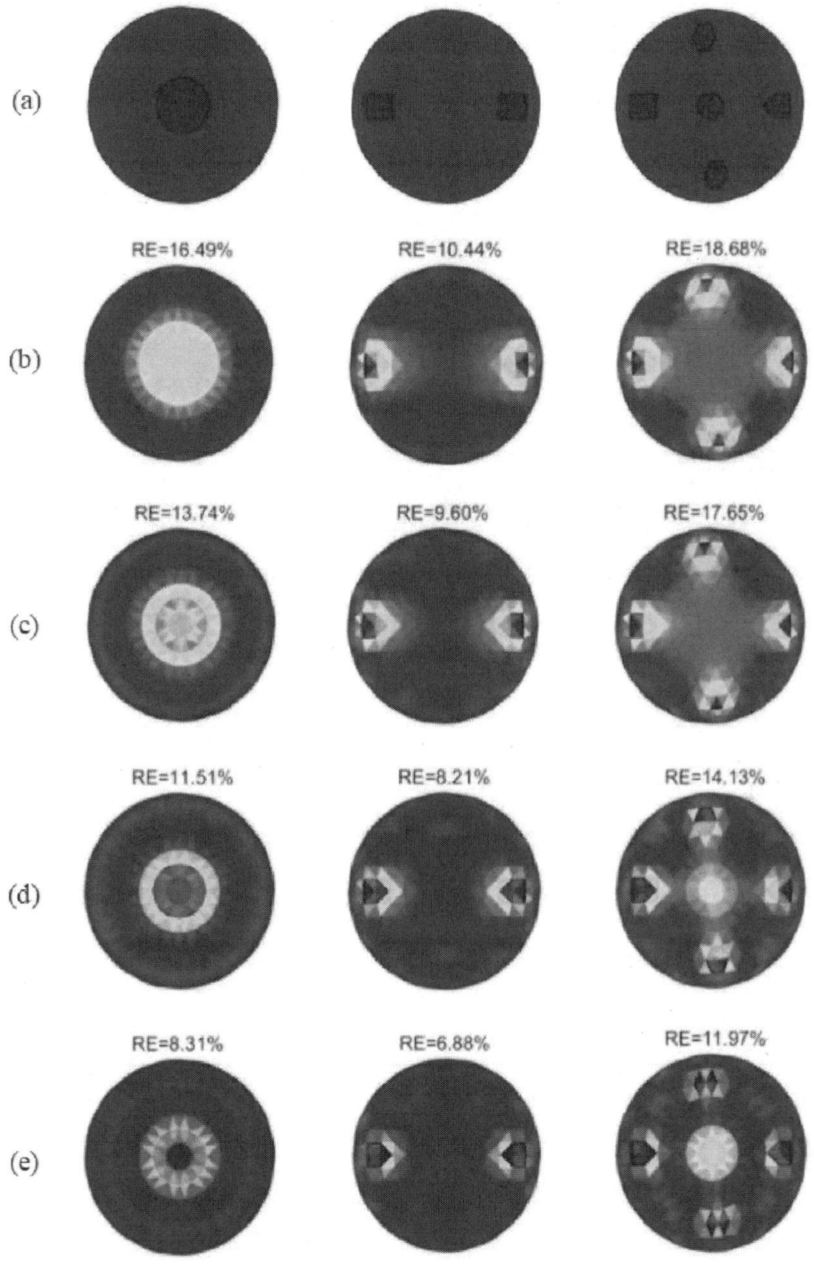

图 7.4 不同噪声水平下，INHPI方法的重构图像比较. (a) 真实模型；(b) $\delta = 5\%$；(c) $\delta = 2\%$；(d) $\delta = 0.5\%$；(e) $\delta = 0.05\%$

最后，为了可视化重构结果，鉴于四种方法具有相似的重构精度和重构质量，针对三种测试模型，这里仅给出不同噪声水平下INHPI方法的重构图像，如图7.4所示. 观察图7.4可知，在低噪声水平下，重构图像均能够较准确地反映目标体的大小、位置和性质，随着噪声水平的增加，重构结果比较稳定，说明对噪声较为鲁棒，不过随着噪声水平的增加，重构图像的分辨率有所降低.

7.5 小结

本章从光滑性正则化角度介绍了几种迭代正则化重构方法，主要包括LDI方法、HPI方法、INLDI方法和INHPI方法，用于处理非线性EIT图像重构问题. 数值模拟上比较了这四种方法的重构性能，并以重构图像的相对误差和相关系数作为评价标准. 数值结果表明，低噪声水平下，重构结果均能够较准确地反映目标体的大小、位置和性质. 随着噪声水平的增加，重构结果也比较稳定，说明所提出的方法对噪声较为鲁棒. 数值结果进一步表明，非精确Newton方法确实具有节约迭代步以及改进计算效率方面的优越性，具有更快的收敛速度，可有效改进成像效率.

第 8 章 基于多参数非光滑混合约束迭代正则化的稀疏重构方法

边界测量电压数据和电导率分布之间复杂的非线性关系为重构带来了困难. 许多研究者为简化问题常考虑线性化模型以减少正反演求解的计算量. 假设电导率分布有微小扰动，可考虑线性化的EIT物理模型. 本章针对线性化EIT图像重构问题，研究均匀电导率背景下含有有限个简单小型异常体的稀疏重构问题.

众所周知，稀疏度是稀疏重构的关键. 稀疏性是解的一种特殊结构. 当解的大部分分量为零或接近于零时，称其为稀疏解或具有一定的稀疏度. 稀疏正则化需要基于稀疏性这一基本假设条件. 这意味着基于稀疏假设使用稀疏促进技术可以得到稀疏解. 可见，电导率参数的稀疏度是实现EIT稀疏重构的关键. 但电导率分布$\boldsymbol{\sigma}$本身在空间域中显然不具有稀疏性. 因此，假设电导率结构包含已知的背景电导率和若干稀疏的非均匀电导率分布，而令人感兴趣的则是这些远离背景的非均匀电导率的分布情况. 也就是说，考虑重构有限数量的简单小型异常体嵌入到均匀背景的电导率分布，可选择以小型异常体相对于空间域的稀疏性作为先验假设. 事实上，令$\{D_k\}_{k=1}^{K}$(K为小异常体总数)表示远离背景的小型异常体的电导率场，定义电导率分布如下：

$$\boldsymbol{\sigma}(r)=\begin{cases}\boldsymbol{\sigma}_k, & r\in D_k,\\ \boldsymbol{\sigma}_0, & r\in \Omega\backslash\cup_k D_k,\end{cases}$$

其中，$\boldsymbol{\sigma}_k$为非均匀电导率，则小型异常体/非均匀性

$$\boldsymbol{\nu}=\begin{cases}\boldsymbol{\sigma}_k-\boldsymbol{\sigma}_0, & r\in D_k,\\ \mathbf{0}, & r\in \Omega\backslash\cup_k D_k,\end{cases}$$

显然具有空间域稀疏性(只有有限多个非零元)，这确保了基于空间域稀疏性的先验信息是可信和有效的.

随着稀疏约束和TV约束等非光滑约束的引入，多参数正则化及其涉及的迭代法研究得以蓬勃开展. 成像目标体往往包含多种结构成分，引入非光滑多参数混合约束显然会更有优势. 同时研究表明，在多参数正则化的情况下，对重构过程添加电导率分布的多个先验信息，可以有效改进重构图像的质量. 近年来，基于非光滑稀疏约束的Landweber型迭代正则化方法成功应用于EIT图像重构问题，用来改进成像质量和速度，在清晰化异常体边缘和减少伪影方面取得了很好的效果[176,177].

本章针对线性化EIT图像重构问题，以空间域中小异常体的稀疏性作为先验假设，基于多参数非光滑混合约束，结合同伦摄动和Nesterov加速技巧，在迭代正则化方面研究了快速、高效的稀疏重构算法，目的是实现稀疏重构的同时增强稳定性. 数值模拟验证了所提方法的可行性和有效性，表明所提出的方法对数据噪声具有鲁棒性，能够有效改进重构图像的成像速度和成像质量，实现了高效快速重构.

8.1 两步Landweber型迭代及Nesterov加速

8.1.1 带有非光滑凸罚项的Landweber型迭代法

EIT中，传统的Landweber(CL)方法基于以下最小二乘问题

$$\boldsymbol{\Phi}(\boldsymbol{\vartheta}) = \frac{1}{2}\|\boldsymbol{J}\boldsymbol{\vartheta} - \boldsymbol{f}\|^2, \tag{8.1.1}$$

求其梯度

$$\nabla\boldsymbol{\Phi}(\boldsymbol{\vartheta}) = \boldsymbol{J}^{\mathrm{T}}(\boldsymbol{J}\boldsymbol{\vartheta} - \boldsymbol{f}). \tag{8.1.2}$$

对于CL方法，每次迭代按负梯度方向更新步长

$$\boldsymbol{d}_k = -\nabla\boldsymbol{\Phi}(\boldsymbol{\vartheta}_k), \tag{8.1.3}$$

则CL方法的迭代过程可表示为

$$\boldsymbol{\vartheta}_{k+1} = \boldsymbol{\vartheta}_k + \alpha_k\boldsymbol{d}_k, \quad k \in \mathbb{N}_0, \tag{8.1.4}$$

其中，α_k为第k-步适当选择的步长，取初始值$\boldsymbol{\vartheta}_0 = \mathbf{0}$. 步长$\alpha_k$通常选取为满足$0 < \alpha_k \leqslant \|\boldsymbol{J}\|^{-2}$的常数. 由于在大多数情况下，最优迭代变步长通常比定步长具有更好的计算性能，由线搜索方法确定的迭代步长定义为

$$\alpha_k = \|\boldsymbol{d}_k\|^2/\|\boldsymbol{J}\boldsymbol{d}_k\|^2,$$

也称之为最速下降步长，通常用于提高计算效率.

众所周知，最优步长可提高迭代算法的收敛速度，考虑如下的步长选取准则

$$\alpha_k \equiv \min\left\{\gamma_0 \|\boldsymbol{d}_k\|^2 / \|\boldsymbol{J}\boldsymbol{d}_k\|^2, \gamma_1\right\}, \tag{8.1.5}$$

其中，小常数$\gamma_0 > 0$，常数$\gamma_1 > 0$，为了允许有较大的步长，实际应用通常选取较大的γ_1值.

CL方法本质上还是基于二次惩罚项约束的迭代法，对解具有过度光滑化的倾向，往往会导致重构图像的边缘模糊. 因此，该方法不再适用于捕捉具有尖角、边界或边缘不连续的特定图像.

为此，在文献[221]的启发和推动下，引入非光滑凸的ℓ_1-范数稀疏约束惩罚项，得到了促稀疏的传统Landweber-type方法(CLT)：

$$\begin{cases} \boldsymbol{\xi}_{k+1} = \boldsymbol{\xi}_k + \alpha_k \boldsymbol{d}_k, \\ \boldsymbol{\vartheta}_{k+1} = \arg\min\limits_{\boldsymbol{\vartheta}} \left\{\Theta(\boldsymbol{\vartheta}) - \langle \boldsymbol{\xi}_{k+1}, \boldsymbol{\vartheta}\rangle\right\}, \quad k \in \mathbb{N}_0, \end{cases} \tag{8.1.6}$$

这里取初值$\boldsymbol{\xi}_0 = \boldsymbol{\vartheta}_0 = \mathbf{0}$，$\Theta(\boldsymbol{\vartheta}) : \mathbb{R}^N \to \mathbb{R}$为非光滑凸约束混合惩罚，定义为

$$\Theta(\boldsymbol{\vartheta}) := \frac{1}{2\eta}\|\boldsymbol{\vartheta}\|_2^2 + \|\boldsymbol{\vartheta}\|_1,$$

式中，参数$\eta > 0$，且式(8.1.6)中$\boldsymbol{\vartheta}$的最小值可通过如下软阈值显式求出：

$$\boldsymbol{\vartheta}_{k+1} = \arg\min_{\boldsymbol{\vartheta}} \left\{\eta\|\boldsymbol{\vartheta}\|_1 + \frac{1}{2}\|\boldsymbol{\vartheta} - \eta\boldsymbol{\xi}_{k+1}\|_2^2\right\} = \text{Shrinkage}(\eta\boldsymbol{\xi}_{k+1}, \eta),$$

其中，$\text{Shrinkage}(x, t) = \text{sign}(x)\max(|x| - t, 0)$.

注意到，当$\Theta(\boldsymbol{\vartheta}) = \|\boldsymbol{\vartheta}\|_2^2$时，CLT方法(8.1.6)退化为CL方法(8.1.4). 不幸的是，该方法的主要缺点就是收敛速度很慢，通常需要大量迭代步完成. 因此，必须借助加速策略对CLT方法进行加速，使其适用于实际应用问题.

下面考虑将Nesterov加速策略应用于CLT方法(8.1.6)，可得如下加速版本(ACLT)：

$$\begin{cases} \tilde{\boldsymbol{\vartheta}}_k = \boldsymbol{\vartheta}_k + \lambda_k(\boldsymbol{\vartheta}_k - \boldsymbol{\vartheta}_{k-1}), \quad \tilde{\boldsymbol{\xi}}_k = \boldsymbol{\xi}_k + \lambda_k(\boldsymbol{\xi}_k - \boldsymbol{\xi}_{k-1}), \\ \boldsymbol{\xi}_{k+1} = \tilde{\boldsymbol{\xi}}_k + \tilde{\alpha}_k \tilde{\boldsymbol{d}}_k, \quad \tilde{\boldsymbol{d}}_k := \nabla \boldsymbol{\varPhi}(\tilde{\boldsymbol{\vartheta}}_k), \\ \boldsymbol{\vartheta}_{k+1} = \arg\min\limits_{\boldsymbol{\vartheta}} \left\{\Theta(\boldsymbol{\vartheta}) - \langle \boldsymbol{\xi}_{k+1}, \boldsymbol{\vartheta}\rangle\right\}, \quad k \in \mathbb{N}_0, \end{cases} \tag{8.1.7}$$

这里取初值$\boldsymbol{\vartheta}_{-1} = \boldsymbol{\vartheta}_0 = \mathbf{0}$, $\boldsymbol{\xi}_{-1} = \boldsymbol{\xi}_0 = \mathbf{0}$，其中Nesterove组合参数

$$\lambda_k \equiv \frac{k-1}{k+\omega-1},$$

常取$\omega \geqslant 3$，且选取的步长$\tilde{\alpha}_k$定义如下：

$$\tilde{\alpha}_k \equiv \min\{\gamma_0\|\tilde{\boldsymbol{d}}_k\|^2/\|\boldsymbol{J}\tilde{\boldsymbol{d}}_k\|^2, \gamma_1\}.$$

8.1.2 两步Landweber型迭代法及其加速

下面介绍两步Landweber-type(TSLT)方法及其加速版本.

基于CL更新步$\boldsymbol{d}_k$，近似的CL更新步记为

$$\hat{\boldsymbol{d}}_k = -\nabla \boldsymbol{\Phi}(\boldsymbol{z}_{k+1}), \tag{8.1.8}$$

其中，$\boldsymbol{z}_{k+1} = \boldsymbol{\vartheta}_k + \alpha_k \boldsymbol{d}_k$.

进一步，同时考虑CL更新步$\boldsymbol{d}_k$和近似CL更新步$\hat{\boldsymbol{d}}_k$进行加速，定义新的修正步如下：

$$\boldsymbol{s}_k = \alpha_k \boldsymbol{d}_k + \hat{\alpha}_k \hat{\boldsymbol{d}}_k, \tag{8.1.9}$$

其中，最优步长$\hat{\alpha}_k$定义为

$$\hat{\alpha}_k \equiv \min\{\gamma_0 \|\hat{\boldsymbol{d}}_k\|^2 / \|\boldsymbol{J}\hat{\boldsymbol{d}}_k\|^2, \gamma_1\}.$$

因此，得到的两步Landweber(TSL)迭代格式如下：

$$\boldsymbol{\vartheta}_{k+1} = \boldsymbol{\vartheta}_k + \boldsymbol{s}_k, \quad k \in \mathbb{N}_0, \tag{8.1.10}$$

等价于如下格式：

$$\begin{cases} \boldsymbol{z}_{k+1} = \boldsymbol{\vartheta}_k + \alpha_k \boldsymbol{d}_k, \\ \boldsymbol{\vartheta}_{k+1} = \boldsymbol{z}_{k+1} + \hat{\alpha}_k \hat{\boldsymbol{d}}_k, \quad k \in \mathbb{N}_0, \end{cases} \tag{8.1.11}$$

这里取初始值$\boldsymbol{\vartheta}_0 = \boldsymbol{0}$. 当$\hat{\alpha}_k = 0$时，TSL方法(8.1.10)或(8.1.11)退化为CL方法(8.1.4).

进一步，促稀疏的两步Landweber-type(TSLT)方法为

$$\begin{cases} \boldsymbol{\zeta}_{k+1} = \boldsymbol{\zeta}_k + \alpha_k \boldsymbol{d}_k, \\ \boldsymbol{z}_{k+1} = \arg\min\limits_{\boldsymbol{\vartheta}} \left\{\Theta(\boldsymbol{\vartheta}) - \langle \boldsymbol{\zeta}_{k+1}, \boldsymbol{\vartheta}\rangle\right\}, \\ \boldsymbol{\xi}_{k+1} = \boldsymbol{\zeta}_{k+1} + \hat{\alpha}_k \hat{\boldsymbol{d}}_k, \\ \boldsymbol{\vartheta}_{k+1} = \arg\min\limits_{\boldsymbol{\vartheta}} \left\{\Theta(\boldsymbol{\vartheta}) - \langle \boldsymbol{\xi}_{k+1}, \boldsymbol{\vartheta}\rangle\right\}, \quad k \in \mathbb{N}_0, \end{cases} \tag{8.1.12}$$

这里取初始值$\boldsymbol{\zeta}_0 = \boldsymbol{\vartheta}_0 = \boldsymbol{0}$.

引入Nesterov加速策略到格式(8.1.12)中，得到如下加速版本(ATSLT)：

$$\begin{cases} \tilde{\boldsymbol{\vartheta}}_k = \boldsymbol{\vartheta}_k + \lambda_k(\boldsymbol{\vartheta}_k - \boldsymbol{\vartheta}_{k-1}), \quad \tilde{\boldsymbol{\zeta}}_k = \boldsymbol{\zeta}_k + \lambda_k(\boldsymbol{\zeta}_k - \boldsymbol{\zeta}_{k-1}), \\ \boldsymbol{\zeta}_{k+1} = \tilde{\boldsymbol{\zeta}}_k + \tilde{\alpha}_k \tilde{\boldsymbol{d}}_k, \\ \boldsymbol{z}_{k+1} = \arg\min\limits_{\boldsymbol{\vartheta}} \left\{\Theta(\boldsymbol{\vartheta}) - \langle \boldsymbol{\zeta}_{k+1}, \boldsymbol{\vartheta}\rangle\right\}, \\ \boldsymbol{\xi}_{k+1} = \boldsymbol{\zeta}_{k+1} + \hat{\alpha}_k \hat{\boldsymbol{d}}_k, \\ \boldsymbol{\vartheta}_{k+1} = \arg\min\limits_{\boldsymbol{\vartheta}} \left\{\Theta(\boldsymbol{\vartheta}) - \langle \boldsymbol{\xi}_{k+1}, \boldsymbol{\vartheta}\rangle\right\}, \quad k \in \mathbb{N}_0, \end{cases} \tag{8.1.13}$$

这里取初始值$\boldsymbol{\vartheta}_{-1}=\boldsymbol{\vartheta}_0=\mathbf{0}$, $\boldsymbol{\zeta}_{-1}=\boldsymbol{\zeta}_0=\mathbf{0}$.

在用迭代正则化方法求解反问题的过程中，会出现“半收敛现象”，即在迭代的早期阶段，近似解能够稳定地得到改进，但在达到局部极小解后，误差随着迭代步数的增加又逐渐增大. 也就是说，解的精度方面需要迭代次数充分大，但稳定性方面又要求迭代次数不能太大，因此需要给出相应的迭代停止准则. 众所周知，迭代正则化方法的迭代指标可以看作是正则化参数，而偏差原则常用于控制半收敛现象. 为了让Lanweber型迭代正则化方法得到有用的近似解，这里采用偏差原则作为停止准则，即选择停止指标$k_\delta=k_\delta(\delta,f)$满足

$$\|\boldsymbol{J}\boldsymbol{\vartheta}_k-\boldsymbol{f}\|\leqslant\tau\delta,\quad 0\leqslant k<k_\delta, \tag{8.1.14}$$

其中，$\tau>1$，$\boldsymbol{\vartheta}_{k_\delta}$为近似解. 理论上要求取$\tau>1$，实际中$\tau$的取值影响着成像精度，稍后在数值部分给出解释说明.

下面的算法8.1描述了ATSLT方法的详细实现过程，这里采用偏差原则(8.1.14)作为停止准则.

算法8.1. 加速两步Landweber型(ATSLT)算法

Step 1: 输入$\boldsymbol{\sigma}_0$, $\tau>1$, $\gamma_0>0$, $\gamma_1>0$, $\eta>0$和$\omega\geqslant 3$

Step 2: 计算$\boldsymbol{J}$和$\boldsymbol{f}$

Step 3: 初始化$k=0$, $\boldsymbol{\vartheta}_{-1}=\boldsymbol{\vartheta}_0=\mathbf{0}$, $\boldsymbol{\xi}_{-1}=\boldsymbol{\xi}_0=\mathbf{0}$, $\boldsymbol{\zeta}_{-1}=\boldsymbol{\zeta}_0=\mathbf{0}$

Step 4: **While** 不满足停止准则，执行

- 根据(8.1.13)计算迭代序列$(\boldsymbol{\xi}_{k+1};\boldsymbol{\vartheta}_{k+1})$，具体步骤：

  (a) $\tilde{\boldsymbol{\vartheta}}_k=\boldsymbol{\vartheta}_k+\lambda_k(\boldsymbol{\vartheta}_k-\boldsymbol{\vartheta}_{k-1})$, $\tilde{\boldsymbol{\zeta}}_k=\boldsymbol{\zeta}_k+\lambda_k(\boldsymbol{\zeta}_k-\boldsymbol{\zeta}_{k-1})$

  (b) $\boldsymbol{\zeta}_{k+1}=\tilde{\boldsymbol{\zeta}}_k+\tilde{\alpha}_k\tilde{\boldsymbol{d}}_k$

  (c) $\boldsymbol{z}_{k+1}=\text{Shrinkage}(\eta\boldsymbol{\zeta}_{k+1},\eta)$

  (d) $\boldsymbol{\xi}_{k+1}=\boldsymbol{\zeta}_{k+1}+\hat{\alpha}_k\hat{\boldsymbol{d}}_k$

  (e) $\boldsymbol{\vartheta}_{k+1}=\text{Shrinkage}(\eta\boldsymbol{\xi}_{k+1},\eta)$

  其中$\tilde{\alpha}_k$和$\hat{\alpha}_k$修正如下：

  $$\tilde{\alpha}_k=\min\{\gamma_0\|\tilde{\boldsymbol{d}}_k\|^2/\|\boldsymbol{J}\tilde{\boldsymbol{d}}_k\|^2,\gamma_1\}$$
  $$\hat{\alpha}_k=\min\{\gamma_0\|\hat{\boldsymbol{d}}_k\|^2/\|\boldsymbol{J}\hat{\boldsymbol{d}}_k\|^2,\gamma_1\}$$

- 更新$k\leftarrow k+1$
- 检验停止准则

End While

Step 5: 输出近似解$\boldsymbol{\vartheta}:=\boldsymbol{\vartheta}_{k+1}$

Step 6: 修正电导率分布$\boldsymbol{\sigma}=\boldsymbol{\sigma}_0+\boldsymbol{\vartheta}$

8.1.3 数值模拟

本节从无噪声数据和含噪声数据两种情形分别进行讨论，评估所提出的TSLT方法和ATSLT方法对位于圆形模拟区域中的多个不同异常体的重

构能力，并将其与CLT方法和ACLT方法进行比较. 实验所用三种测试模型如图8.1所示，在不同的位置含有多个简单异常体，模型A含3个异常体，模型B含4个异常体，模型C含5个异常体. 背景电阻抗为$4\Omega\cdot\mathrm{m}$，红色异常体(见彩图)为$8\Omega\cdot\mathrm{m}$，蓝色异常体(见彩图)为$2\Omega\cdot\mathrm{m}$. 除非另有说明，否则接下来所有的重构图像均以1∼8的统一色标尺度显示，便于可视化比较.

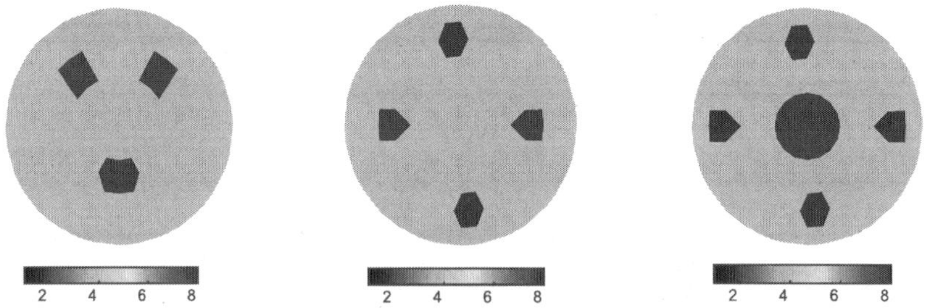

图 8.1 三种测试模型：模型A(左)；模型B(中)；模型C(右)

研究所提方法的抗噪性时，噪声数据

$$\boldsymbol{U}^{\boldsymbol{\delta}}=\boldsymbol{U}^{\mathrm{syn}}(\boldsymbol{\sigma}^*)+\delta\cdot\boldsymbol{n},$$

其中，$\boldsymbol{U}^{\mathrm{syn}}(\boldsymbol{\sigma}^*)$表示精确的测量数据，$\delta$为相对噪声水平，$\boldsymbol{n}$为服从$U[0,1]$的随机向量. 这里考虑两种噪声水平$\delta=3\%,0.3\%$进行测试. 此外，为了更加直观、准确地评价重构图像质量，采用相对误差(RE)和相关系数(CC)进行量化分析. 重构图像的相对误差RE越小，相关系数CC越大，重构质量越好. CC值越接近1，重构图像越接近真实图像.

首先在无噪声数据下，比较CLT方法、ACLT方法、TSLT方法、ATSLT方法四种方法的重构性能. 为了比较的公平性，实验中所有算法均使用相同的参数控制设置. 相关参数选取$\gamma_0=0.5$，$\gamma_1=1\ 000$，$\eta=5$. 对于Nesterov组合参数

$$\lambda_k\equiv\frac{k-1}{k+\omega-1},$$

其中，常数$\omega\geqslant 3$. 关于ω的选取问题，图8.2(a)展示了当分别选取不同的$\omega(\omega=3,\ 5,\ 10,\ 20)$时，组合参数$\lambda_k$随迭代次数$k$的变化曲线；图8.2(b)展示了选取不同组合参数$\lambda_k$时，残差$\varPhi:=\|\boldsymbol{J}\boldsymbol{\vartheta}_{\boldsymbol{k}}-\boldsymbol{f}\|$随迭代次数$k$的变化曲线. 观察图8.2(a)可知，参数序列$\{\lambda_k\}$是正递增的，满足条件：

$$\lim_{k\to+\infty}\lambda_k=1.$$

观察图8.2(b)可知，相比无加速的情形($\lambda_k=0$)时，当选取常数$\omega=3,\ 5,\ 10,\ 20$时，残差下降的速度更快，呈现出了明显的加速效果，这表明

常数ω的取值影响着加速效果. 这里选取常数$\omega = 4$进行数值测试. 图8.3分别展示了CLT方法(a)、TSLT方法(b)、ACLT方法(c)和ATSLT方法(d)在迭代150次时的重构图像，很显然当迭代达到相同步数时，ATSLT方法重构图像的质量改进明显，显然要优于其他三种方法. 就计算速度而言，ATSLT方法的相对误差下降更快，也明显优于其他三种方法，大约50次迭代之后，ATSLT方法始终保持相对较小的相对误差，如图8.4所示.

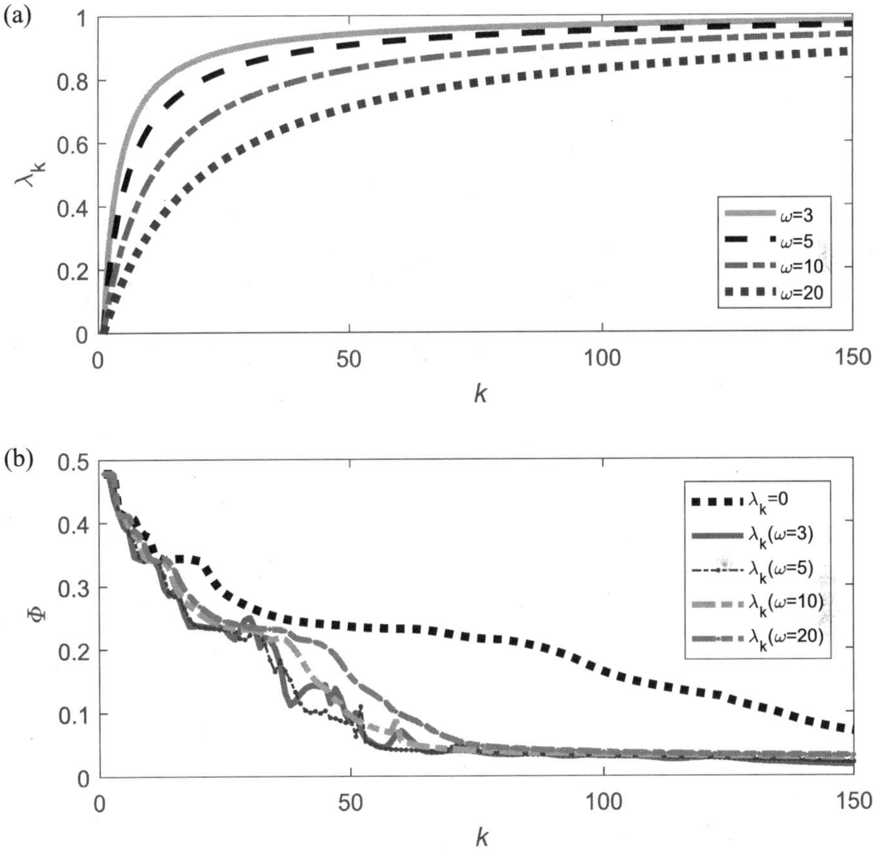

图 8.2 组合参数分析：(a) 选取不同ω时，组合参数λ_k随迭代次数k的变化曲线；(b) 选取不同组合参数λ_k时，残差$\Phi := \|\boldsymbol{J}\boldsymbol{\vartheta}_{\boldsymbol{k}} - \boldsymbol{f}\|$随迭代次数$k$的变化曲线

下面测试测量数据含噪声的情形，为了公平比较，依然采用相同的相关参数设置，具体为$\gamma_0 = 0.05$，$\gamma_1 = 1\ 000$，$\eta = 10$且$\omega = 4$. 根据偏差原则(8.1.14)，理论上要求参数$\tau > 1$，但这里值得说明的是，参数τ的值会影响成像精度. 为确定参数τ的影响，在1.01到20的范围内进行细化，均匀设置200个值来定义参数τ的值，进行图像重构并计算重构图像的相对误差RE值. 图8.5展示了ATSLT方法重构图像的相对误差随参数τ的变化曲

线，显然可见，参数τ值的不同确实对重构结果产生了影响. 恰如所预期的，由图8.5可以看出，参数τ需要大于1，当噪声水平$\delta = 3\%$时，参数τ越小越好，而当噪声水平$\delta = 0.3\%$时，参数τ存在最优选择. 对于ATSLT方法，表8.1列出了参数τ相对最优的取值及其详细的数值结果的比较. 由此可以得出结论，参数τ值的选择实际上依赖于模型和噪声水平. 实际应用中，通常根据经验选取参数τ来处理不同噪声水平下不同模型的重构.

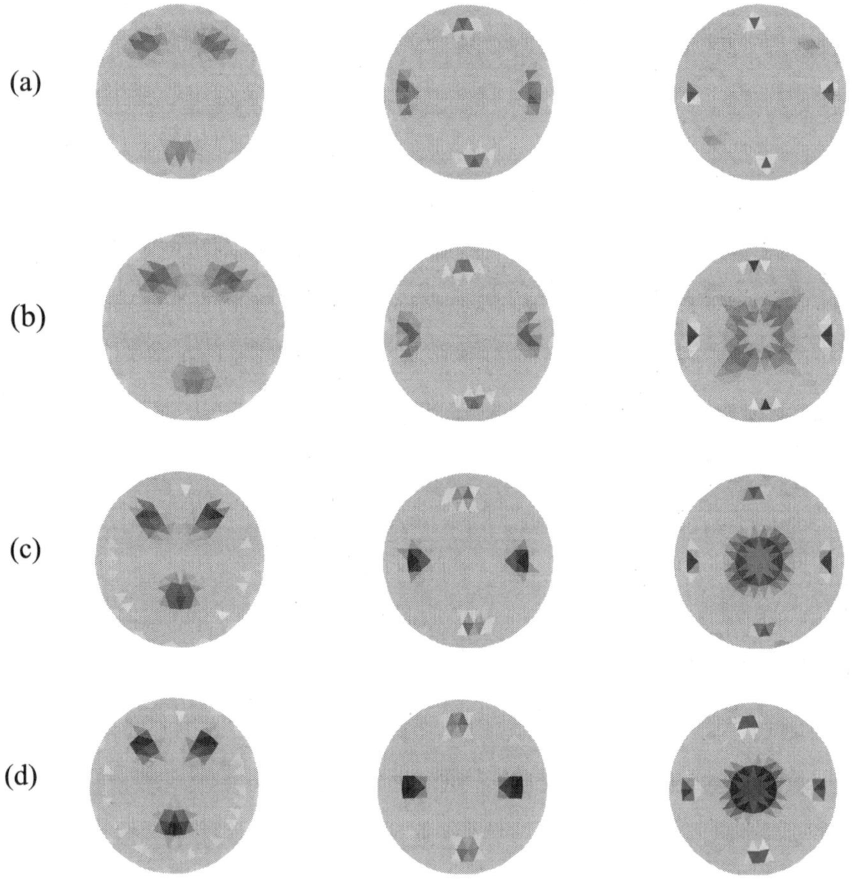

图 8.3 无噪声数据下迭代150次的重构图像比较：(a) CLT方法；(b) TSLT方法；(c) ACLT方法；(d) ATSLT方法

最后，针对含噪声的情形，研究了CLT方法、TSLT方法、ACLT方法和ATSLT方法四种方法的重构性能. 在$\delta = 3\%$和$\delta = 0.3\%$两种噪声水平下，达到相同相对误差时，重构结果的详细比较见表8.2所示，包括迭代次数(k_δ)、RE、CC和CPU运行时间(time(s))，所有方法都具有良好的鲁棒性. 从表8.2中易见，在相同的相对误差下，TSLT方法比CLT方法的迭代次数减少了一倍，ACLT方法和ATSLT方法所需的迭代次数和计算时间均大幅度减少，特别是在较低的噪声水平下，这也进一步验证了Nesterov策略确实具有显著的加速效果. 从表8.2中还可以发现，随着噪声水平的降低，RE减小，CC增大. 考虑到在相同噪声水平下，这几种方法具有几乎相同的成像精度，图8.6仅展示了不同噪声水平下ATSLT方法的重构图像. 从图8.6中可直观地看出，异常体的所有位置都能被准确识别定位，并且在较低的噪声水平下，获得了异常体边界更加清晰的重构效果. 同时还观察到，随着噪声水平的增加，成像分辨率略有下降. 这表明测量数据的准确性确实对成像质量有影响. 总之，数值结果表明所提出的方法对噪声具有良好的鲁棒性，能够提供良好的定位特性.

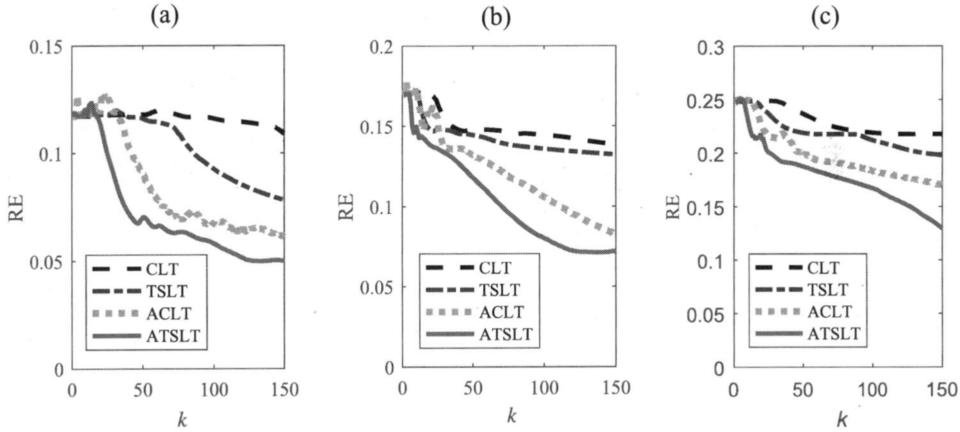

图 8.4 无噪声情形下，相对误差RE随迭代次数k的变化曲线比较：(a) 模型A；(b) 模型B；(c) 模型C

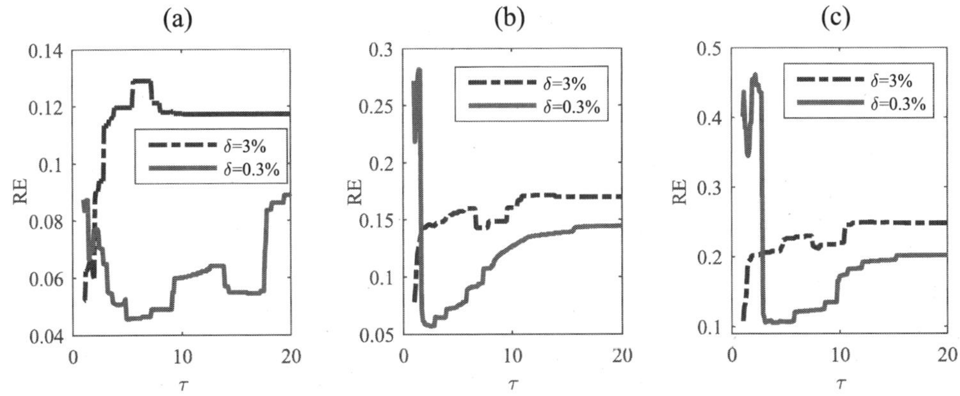

图 8.5 不同噪声水平下，ATSLT方法重构的相对误差RE随参数τ的变化曲线比较：(a) 模型A；(b) 模型B；(c) 模型C

表 8.1 参数τ的取值和ATSLT方法的重构结果

噪声水平	模型	τ	k_δ	RE(%)	CC(0-1)
$\delta=3\%$	模型A	1.01	223	5.21	0.903 5
	模型B	1.01	214	7.80	0.905 9
	模型C	1.01	375	10.78	0.912 3
$\delta=0.3\%$	模型A	4.92	242	4.56	0.926 7
	模型B	2.63	549	5.71	0.949 4
	模型C	3.68	684	10.09	0.926 7

表 8.2 达到相同相对误差时，CLT、TSLT、ACLT和ATSLT四种方法间的比较

噪声水平	模型	方法	k_δ	RE(%)	CC(0-1)	Time(s)
$\delta=3\%$	模型A	CLT	3 292	5.21	0.892 9	0.549 4
		TSLT	1 646	5.21	0.892 9	0.378 0
		ACLT	353	5.19	0.904 6	0.070 6
		ATSLT	**226**	**5.20**	**0.9044**	**0.056 9**
	模型B	CLT	6 511	7.80	0.907 7	1.092 1
		TSLT	3 256	7.80	0.907 7	0.799 6
		ACLT	363	7.79	0.906 7	0.074 9
		ATSLT	**240**	**7.78**	**0.907 1**	**0.062 1**
	模型C	CLT	22 924	10.78	0.913 3	4.496 7
		TSLT	11 462	10.78	0.913 3	2.877 5
		ACLT	673	10.77	0.912 7	0.124 6
		ATSLT	**429**	**10.77**	**0.912 8**	**0.102 4**
$\delta=0.3\%$	模型A	CLT	5 476	4.60	0.921 8	0.887 8
		TSLT	2 738	4.60	0.921 8	0.658 2
		ACLT	354	4.58	0.925 6	0.078 6
		ATSLT	**241**	**4.59**	**0.926 2**	**0.062 9**
	模型B	CLT	46 263	5.95	0.944 7	7.259
		TSLT	23 132	5.95	0.944 7	4.310
		ACLT	570	5.98	0.944 1	0.175 9
		ATSLT	**390**	**5.92**	**0.9454**	**0.124 2**
	模型C	CLT	49 749	10.39	0.920 0	8.125 9
		TSLT	24 875	10.39	0.920 0	6.070 4
		ACLT	652	10.39	0.920 3	0.150 4
		ATSLT	**390**	**10.38**	**0.920 3**	**0.125 3**

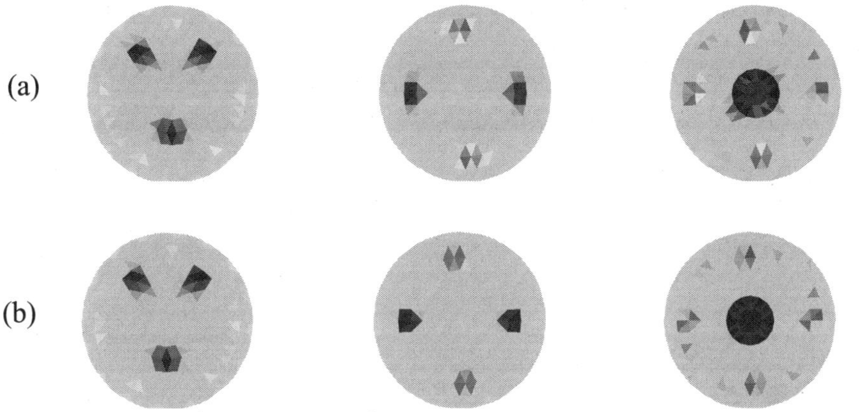

图 8.6 含噪声情况下，ATSLT方法的重构图像：(a) $\delta = 3\%$；(b) $\delta = 0.3\%$

8.2 同伦摄动型迭代及Nesterov加速

8.2.1 同伦摄动型迭代法

线性化EIT问题对应的最小二乘问题：

$$\min_{\boldsymbol{\vartheta}} \frac{1}{2}\|\boldsymbol{J}\boldsymbol{\vartheta} - \boldsymbol{f}\|_2^2,$$

其满足Euler方程

$$\boldsymbol{J}^{\mathrm{T}}(\boldsymbol{J}\boldsymbol{\vartheta} - \boldsymbol{f}) = 0. \tag{8.2.1}$$

首先构造不动点同伦方程

$$H(\boldsymbol{\vartheta}, p) = p[\boldsymbol{J}^{\mathrm{T}}(\boldsymbol{J}\boldsymbol{\vartheta} - \boldsymbol{f})] + (1-p)(\boldsymbol{\vartheta} - \boldsymbol{\vartheta}^0) = 0, \tag{8.2.2}$$

其中，$p \in [0,1]$为嵌入参数，$\boldsymbol{\vartheta}$为方程(8.2.2)的解，$\boldsymbol{\vartheta}^0$为初值估计值. 显然，由方程(8.2.2)有

$$H(\boldsymbol{\vartheta}, 0) = \boldsymbol{\vartheta} - \boldsymbol{\vartheta}^0 = 0, \quad H(\boldsymbol{\vartheta}, 1) = \boldsymbol{J}^{\mathrm{T}}(\boldsymbol{J}\boldsymbol{\vartheta} - \boldsymbol{f}) = 0. \tag{8.2.3}$$

当参数p从0连续变到1时，平凡问题$H(\boldsymbol{\vartheta}, 0) = 0$连续地变化为原问题$H(\boldsymbol{\vartheta}, 1) = 0$. 因此，方程(8.2.2)的解$\boldsymbol{\vartheta}$依赖于变量$p$，即$\boldsymbol{\vartheta}(p)$.

下面根据摄动技术，将p视为小参数，假设解$\boldsymbol{\vartheta}(p)$可表示为$p$的幂级数形式，即

$$\boldsymbol{\vartheta}(p)=\sum_{k=0}^{+\infty}\boldsymbol{\vartheta}_k p^k. \tag{8.2.4}$$

将(8.2.4)代入(8.2.2)中，取$\boldsymbol{\vartheta}_0:=\boldsymbol{\vartheta}^0$，有

$$p\Big[\boldsymbol{J}^{\mathrm{T}}\big(\boldsymbol{J}\sum_{k=0}^{+\infty}\boldsymbol{\vartheta}_k p^k-\boldsymbol{f}\big)\Big]+(1-p)\sum_{k=1}^{+\infty}\boldsymbol{\vartheta}_k p^k=0. \tag{8.2.5}$$

依照p的不同幂次合并同类项，可得

$$\begin{aligned}&p^1:\ \boldsymbol{\vartheta}_1=-\boldsymbol{J}^{\mathrm{T}}(\boldsymbol{J}\boldsymbol{\vartheta}_0-\boldsymbol{f}),\\&p^k:\ \boldsymbol{\vartheta}_k=(\boldsymbol{I}-\boldsymbol{J}^{\mathrm{T}}\boldsymbol{J})^{k-1}\boldsymbol{\vartheta}_1,\quad k=2,3,\dots\end{aligned} \tag{8.2.6}$$

对于幂级数(8.2.4)，当$p\to 1$时，可得(8.2.1)的近似解$\boldsymbol{\vartheta}$，即

$$\begin{aligned}\boldsymbol{\vartheta}=\lim_{p\to 1}\boldsymbol{\vartheta}(p)&=\boldsymbol{\vartheta}_0+\boldsymbol{\vartheta}_1+\boldsymbol{\vartheta}_2+\boldsymbol{\vartheta}_3+\cdots\\&=\boldsymbol{\vartheta}_0+\boldsymbol{\vartheta}_1+(\boldsymbol{I}-\boldsymbol{J}^{\mathrm{T}}\boldsymbol{J})\boldsymbol{\vartheta}_1+(\boldsymbol{I}-\boldsymbol{J}^{\mathrm{T}}\boldsymbol{J})^2\boldsymbol{\vartheta}_1+\cdots\\&=\boldsymbol{\vartheta}_0-\sum_{k=1}^{+\infty}(\boldsymbol{I}-\boldsymbol{J}^{\mathrm{T}}\boldsymbol{J})^{k-1}[\boldsymbol{J}^{\mathrm{T}}(\boldsymbol{J}\boldsymbol{\vartheta}_0-\boldsymbol{f})].\end{aligned} \tag{8.2.7}$$

根据上式(8.2.7)，通过N-阶近似截断可得一类同伦摄动型迭代方法，记为HPIN方法，表示为

$$\text{HPIN}:\quad \boldsymbol{\vartheta}^{n+1}=\boldsymbol{\vartheta}^n-\mu_n G_{\mathrm{N}}(\boldsymbol{I}-\boldsymbol{J}^{\mathrm{T}}\boldsymbol{J})[\boldsymbol{J}^{\mathrm{T}}(\boldsymbol{J}\boldsymbol{\vartheta}_n-\boldsymbol{f})], \tag{8.2.8}$$

其中，$G_{\mathrm{N}}(\boldsymbol{I}-\boldsymbol{J}^{\mathrm{T}}\boldsymbol{J})\equiv\sum\limits_{k=1}^{\mathrm{N}}(\boldsymbol{I}-\boldsymbol{J}^{\mathrm{T}}\boldsymbol{J})^{k-1}$，$n$表示迭代次数，$\mu_n>0$为适当选取的步长.

当$\mathrm{N}=1$时，一阶近似截断的HPIN方法即为应用广泛的Landweber迭代法[127]：

$$\boldsymbol{\vartheta}^{n+1}=\boldsymbol{\vartheta}^n-\mu_n[\boldsymbol{J}^{\mathrm{T}}(\boldsymbol{J}\boldsymbol{\vartheta}^n-\boldsymbol{f})]. \tag{8.2.9}$$

即使原始图像没有，它也有过度平滑边缘模糊的图像的倾向.

由于HPIN方法本质上还是应用于二次罚项ℓ_2-范数的情况，仍具有过度平滑的作用，导致图像边缘模糊. 因此，该方法不适用于具有尖角或边缘不连续等特定图像的情形.

8.2.2 带有非光滑凸罚项的同伦摄动型迭代法及其加速

当EIT成像的重构目标包含多个小异常体时，小异常体的尖角、边界的不光滑现象和震荡现象较为显著，因此采用HPIN方法直接重构往往会造成图像边缘模糊. 为了改进这种情况下的重构图像质量，文献[221]讨论了带非光滑凸约束的Landweber迭代法的收敛性，数值验证了此方法对反演解具有不连续或含尖点的反问题是非常有效的. 受此启发，下面引入非光滑凸罚项的HPIN方法，具体如下：

$$\text{HPIN-}\ell_1/\text{TV}:\begin{cases}\boldsymbol{\xi}^{n+1}=\boldsymbol{\xi}^n-\mu_n G_{\rm N}(\boldsymbol{I}-\boldsymbol{J}^{\rm T}\boldsymbol{J})[\boldsymbol{J}^{\rm T}(\boldsymbol{J}\boldsymbol{\vartheta}^n-\boldsymbol{f})], & (8.2.10\text{a})\\ \boldsymbol{\vartheta}^{n+1}=\arg\min\limits_{\boldsymbol{\vartheta}}\left\{\Theta_i(\boldsymbol{\vartheta})-\langle\boldsymbol{\xi}^{n+1},\boldsymbol{\vartheta}\rangle\right\}, & (8.2.10\text{b})\end{cases}$$

这里考虑两个不同的凸约束罚项$\Theta_i(\boldsymbol{\vartheta}):\mathbb{R}^n\to\mathbb{R}(i=1,2)$，形式如下:

$$\Theta_1(\boldsymbol{\vartheta}):=\frac{1}{2\beta}\|\boldsymbol{\vartheta}\|_2^2+\|\boldsymbol{\vartheta}\|_1$$

和

$$\Theta_2(\boldsymbol{\vartheta}):=\frac{1}{2\beta}\|\boldsymbol{\vartheta}\|_2^2+\text{TV}(\boldsymbol{\vartheta}),$$

这里，$\beta>0$.

注意到，若$\Theta_i(\boldsymbol{\vartheta})=\|\boldsymbol{\vartheta}\|_2^2$，则该方法就是HPIN方法. 对于“$\ell_2+\ell_1$”混合罚项$\Theta_1(\boldsymbol{\vartheta})$，格式(8.2.10)为HPIN-$\ell_1$方法，式(8.2.10b)的极小化求解如下：

$$\boldsymbol{\vartheta}^{n+1}=\arg\min_{\boldsymbol{\vartheta}}\left\{\beta\|\boldsymbol{\vartheta}\|_1+\frac{1}{2}\|\boldsymbol{\vartheta}-\beta\boldsymbol{\xi}^{n+1}\|_2^2\right\}=\text{Shrinkage}(\beta\boldsymbol{\xi}^{n+1},\beta),\quad(8.2.11)$$

其中，$\text{Shrinkage}(x,t)=\text{sign}(x)\max(|x|-t,0)$. 对于“$\ell_2$+TV”混合罚项$\Theta_2(\boldsymbol{\vartheta})$，格式(8.2.10)就是HPIN-TV方法，式(8.2.10b)的极小化求解如下：

$$\boldsymbol{\vartheta}^{n+1}=\arg\min_{\boldsymbol{\vartheta}}\left\{\beta\|\boldsymbol{\vartheta}\|_{\rm TV}+\frac{1}{2}\|\boldsymbol{\vartheta}-\beta\boldsymbol{\xi}^{n+1}\|_2^2\right\},\quad(8.2.12)$$

这里采用快速迭代收缩阈值算法(FIST)[117]求解.

文献[135]中收敛速度结果表明，Nesterov加速策略在线性不适定问题上大大加快了Landweber迭代，数值结果也显示了其实用性和良好的加速效果. 由于Nesterov策略简单且易于实现，将其分别应用于加速HPIN方法(8.2.8)和HPIN-ℓ_1/TV方法(8.2.10)，从而得到：

$$\text{AHPIN}:\begin{cases}\hat{\boldsymbol{\vartheta}}^n=\boldsymbol{\vartheta}^n+\omega(\boldsymbol{\vartheta}^n-\boldsymbol{\vartheta}^{n-1}),\\ \boldsymbol{\vartheta}^{n+1}=\hat{\boldsymbol{\vartheta}}^n-\mu_n G_{\rm N}(\boldsymbol{I}-\boldsymbol{J}^{\rm T}\boldsymbol{J})[\boldsymbol{J}^{\rm T}(\boldsymbol{J}\hat{\boldsymbol{\vartheta}}^n-\boldsymbol{f})],\\ \boldsymbol{\vartheta}^{-1}=\boldsymbol{\vartheta}^0,\end{cases}\quad(8.2.13)$$

和

$$\text{AHPIN-}\ell_1/\text{TV}:\quad \begin{cases} \hat{\boldsymbol{\xi}}^n = \boldsymbol{\xi}^n + \omega(\boldsymbol{\xi}^n - \boldsymbol{\xi}^{n-1}), \\ \hat{\boldsymbol{\vartheta}}^n = \boldsymbol{\vartheta}^n + \omega(\boldsymbol{\vartheta}^n - \boldsymbol{\vartheta}^{n-1}), \\ \boldsymbol{\xi}^{n+1} = \hat{\boldsymbol{\xi}}^n - \mu_n G_{\mathrm{N}}(\boldsymbol{I} - \boldsymbol{J}^{\mathrm{T}}\boldsymbol{J})[\boldsymbol{J}^{\mathrm{T}}(\boldsymbol{J}\hat{\boldsymbol{\vartheta}}^n - \boldsymbol{f})], \\ \boldsymbol{\vartheta}^{n+1} = \arg\min\limits_{\boldsymbol{\vartheta}} \left\{\Theta_i(\boldsymbol{\vartheta}) - \langle \boldsymbol{\xi}^{n+1}, \boldsymbol{\vartheta}\rangle\right\}, \\ \boldsymbol{\vartheta}^{-1} = \boldsymbol{\vartheta}^0, \boldsymbol{\xi}^0 = \boldsymbol{\vartheta}^0, \end{cases} \tag{8.2.14}$$

式中，$\omega = \dfrac{n-1}{n+\alpha-1}$($\alpha \geqslant 3$为给定常数).

上述方法详细的实现过程如算法8.2所示. 在该算法中，采用偏差原则作为停止准则，即选择停止指标$n_\delta = n_\delta(\delta, \boldsymbol{U}^\delta)$，使得

$$\|\boldsymbol{J}\boldsymbol{\vartheta}^n - \boldsymbol{f}\| \leqslant \tau\delta, \quad 0 \leqslant n < n_\delta,$$

对于充分大的$\tau > 1$成立，即$\boldsymbol{\vartheta}^{n_\delta}$为近似解.

算法8.2：同伦摄动迭代及其Nesterov加速算法

输入参数：$\boldsymbol{U}^\delta$，$\boldsymbol{\sigma}_0$，$\lambda \in (0,1)$，$\tau > 1$，$\mu_0 > 0$，$\mu_1 > 0$，$\alpha \geqslant 3, \beta > 0$
计算：$\boldsymbol{J} \equiv F'(\boldsymbol{\sigma}_0)$，$\boldsymbol{f} = \boldsymbol{U}^\delta - F(\boldsymbol{\sigma}_0)$，$G_{\mathrm{N}} \equiv G_{\mathrm{N}}(\boldsymbol{I} - \boldsymbol{J}^{\mathrm{T}}\boldsymbol{J})$
初始化：$n = 0$，$\boldsymbol{\vartheta}^{-1} = \boldsymbol{0}$，$\boldsymbol{\vartheta}^0 = \boldsymbol{0}$，$\boldsymbol{\xi}^0 = \boldsymbol{0}$
主迭代：
　While 不满足停止准则，执行
　　　Step 1：计算$\boldsymbol{r}^n = \boldsymbol{J}^{\mathrm{T}}(\boldsymbol{J}\boldsymbol{\vartheta}^n - \boldsymbol{f})$
　　　Step 2：确定$\mu_n = \min\{\mu_0\|\boldsymbol{r}^n\|_2^2/\|\boldsymbol{J}^{\mathrm{T}}\boldsymbol{r}^n\|_2^2, \mu_1\}$
　　　Step 3：更新近似解$\boldsymbol{\vartheta}^{n+1}$，根据
　　　　　Switch 迭代方法
　　　　　　Case HPIN(8.2.8)
　　　　　　Case AHPIN(8.2.13)
　　　　　　Case HPIN-ℓ_1/TV(8.2.10)
　　　　　　Case AHPIN-ℓ_1/TV(8.2.14)
　　　　　End Switch
　　　Step 4：更新$n \leftarrow n+1$
　　　Step 5：检验停止准则
　End While
输出近似解：$\boldsymbol{\vartheta} := \boldsymbol{\vartheta}^{n+1}$
修正电导率分布：$\boldsymbol{\sigma} = \boldsymbol{\sigma}_0 + \boldsymbol{\vartheta}$

8.2.3　数值模拟

数值实验主要分为三部分. 首先，通过比较不同N值近似截断下的HPIN/AHPIN方法和HPIN-ℓ_1/AHPIN-ℓ_1方法的数值结果，研究了所提

方法的重构性能. 其次，通过比较不同N值截断下的HPIN/AHPIN方法和HPIN-ℓ_1/AHPIN-ℓ_1方法的收敛性行为，研究了所提方法的计算效率. 最后，在含有噪声数据的情况下，考察了所提出的AHPIN-ℓ_1方法与现有的ℓ_2-正则化、ℓ_1-正则化和TV正则化重构结果的比较.

下面考察所提算法对位于圆形模拟区域中的多个不同异常体的重构能力. 实验所用四种测试模型如图8.7所示，模型A含2个六边形，模型B含3个六边形，模型C含3个六边形和1个中心圆，模型D含2个不规则异常体. 背景电阻抗为$4\Omega\cdot\text{m}$，红色异常体(见彩图)为$8\Omega\cdot\text{m}$，黄色异常体(见彩图)为$6\Omega\cdot\text{m}$，蓝色异常体(见彩图)为$2\Omega\cdot\text{m}$. 除非另有说明，否则接下来所有的重构图像均以2~8的统一色标尺度显示，便于可视化比较.

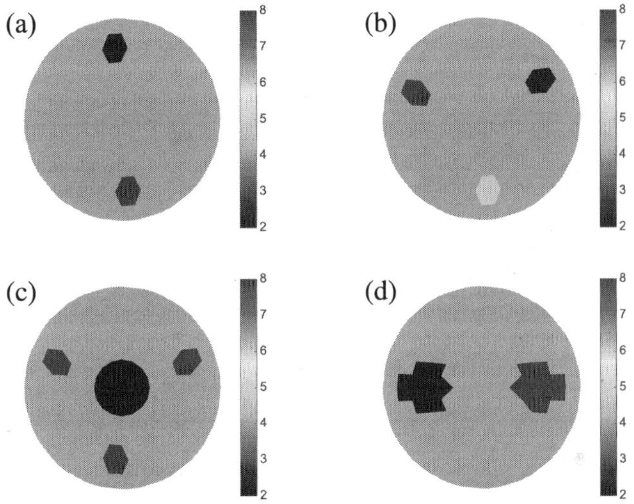

图 8.7 四种测试模型：(a) 模型A；(b) 模型B；(c) 模型C；(d) 模型D

研究所提方法的抗噪性时，噪声数据

$$\boldsymbol{U}^{\boldsymbol{\delta}} = \boldsymbol{U}^{\text{syn}}(\boldsymbol{\sigma}^*) + \delta\cdot\boldsymbol{n},$$

其中，$\boldsymbol{U}^{\text{syn}}(\boldsymbol{\sigma}^*)$表示精确的测量数据，$\delta$为相对噪声水平，$\boldsymbol{n}$为服从$U[0,1]$的随机向量. 这里考虑三种不同噪声水平$\delta = 1\%,\ 0.3\%,\ 0.03\%$进行测试. 此外，为了更加直观、准确地评价重构图像质量，采用相对误差(RE)和相关系数(CC)进行量化分析. 重构图像的相对误差RE越小，相关系数CC越大，重构质量越好. CC值越接近1，重构图像越接近真实图像.

关于参数设置情况，对于Nesterov参数

$$\omega = \frac{n-1}{n+\alpha-1},$$

这里取$\alpha = 3$；对于非光滑凸罚项$\Theta_i(\boldsymbol{\vartheta})$，这里选取$\beta = 10$，且选取步长

$$\mu_n = \min\{\mu_0\|\boldsymbol{r}^n\|_2^2/\|\boldsymbol{J}^{\text{T}}\boldsymbol{r}^n\|_2^2, \mu_1\},$$

其中，$\mu_0 = (1 - 1/\tau)/2$且$\mu_1 = 2\ 000$. 这里以模型A为例，首先比较不同N值近似截断的HPIN方法、AHPIN方法、HPIN-ℓ_1方法和AHPIN-ℓ_1方法的重构性能. 参数τ的值会影响成像精度，图8.8展示了AHPIN-ℓ_1方法针对模型A得到的重构图像的相对误差(RE)随参数τ的变化曲线，可知此例中合适的参数τ的取值约为14 ～ 15的范围，对于$\delta = 1\%$来说，相对最优的τ是14.3 ～ 14.6，对于$\delta = 3\%$来说，相对最优的τ是14.6 ～ 14.9. 参数τ值的选择实际上依赖于模型和噪声水平，一般采用启发式经验选取为相对最优的值.

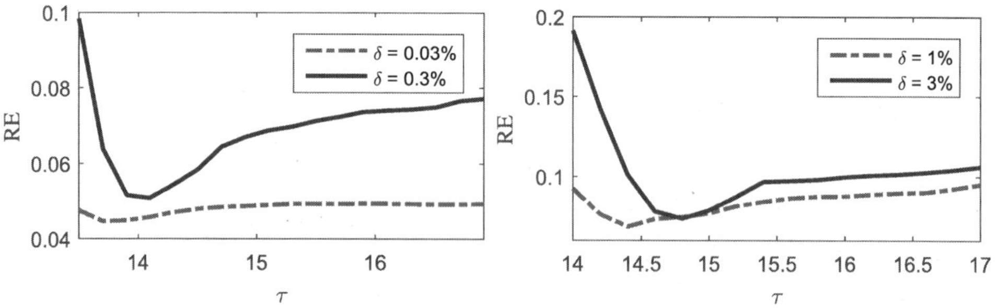

图 8.8 针对模型A，不同噪声水平下，AHPIN-ℓ_1方法的相对误差RE随参数τ的变化曲线比较

针对模型A，表8.3和表8.4记录了达到停止准则时三种不同噪声水平$\delta = 1\%$、0.3%和0.03%下带有不同N值近似截断的数值结果，其中包含了迭代步数(N)、相对误差(RE)与相关系数(CC). 观察表8.3可发现，带有不同N值近似截断的HPIN方法获得了几乎相同的成像精度，但高阶近似方法(即N = 2, 2^2, 2^3, 2^4)大大减少了迭代步数，尤其是对于较低的噪声水平更为明显，这在数值上表明高阶方法相比一阶近似方法(即N = 1，也就是经典的Landweber迭代方法)具有更高的计算效率. 表8.4中HPIN-ℓ_1方法呈现了相似的数值结果. 表8.3和表8.4的数值结果表明，高阶的HPIN方法和HPIN-ℓ_1方法具有明显的加速效果. 对比表8.3和表8.4中HPIN方法/AHPIN方法和HPIN-ℓ_1方法/AHPIN-ℓ_1方法的相对误差(RE)及相关系数(CC)指标，可以看出，在相同噪声水平下，HPIN-ℓ_1/AHPIN-ℓ_1方法的重构精度要远远优于HPIN/AHPIN方法，由此可验证非光滑凸罚项的引入可进一步提高成像精度.

此外，观察表8.3和表8.4中AHPIN方法和AHPIN-ℓ_1方法的数值结果，也分别进一步证实了Nesterov技术具有显著的加速效果. 同时注意到，AHPIN方法和AHPIN-ℓ_1方法的迭代步数并没有随着近似截断数N的增加而大幅减少. 观察较低噪声水平的情况，表8.3和表8.4的数值结果均可看出AHPIN方法及AHPIN-ℓ_1方法相比HPIN方法及HPIN-ℓ_1方法实现了大幅度的加速，这在数值上进一步验证了，Nesterov加速策略的引入，大大

表 8.3 针对模型A，带有不同N值近似截断的HPIN方法/AHPIN方法的比较

方法	**HPIN**				**AHPIN**			
噪声水平	N	迭代步	RE(%)	CC	N	迭代步	RE(%)	CC
$\delta=1\%$	N=1	**150**	9.24	0.652 6	N=1	**65**	9.26	0.648 7
	N=2	**71**	9.24	0.652 3	N=2	**64**	9.23	0.651 6
	N=2^2	**74**	9.23	0.651 2	N=2^2	**33**	9.23	0.651 4
	N=2^3	**65**	9.24	0.650 7	N=2^3	**38**	9.26	0.649 0
	N=2^4	**59**	9.22	0.652 2	N=2^4	**41**	9.25	0.649 9
$\delta=0.3\%$	N=1	**773**	8.74	0.697 1	N=1	**178**	8.73	0.697 3
	N=2	**649**	8.73	0.697 5	N=2	**145**	8.74	0.696 7
	N=2^2	**421**	8.74	0.696 7	N=2^2	**140**	8.73	0.696 8
	N=2^3	**305**	8.75	0.696 4	N=2^3	**117**	8.73	0.696 8
	N=2^4	**123**	8.74	0.696 0	N=2^4	**95**	8.72	0.697 4
$\delta=0.03\%$	N=1	**10 845**	7.81	0.771 5	N=1	**632**	7.78	0.771 5
	N=2	**6 270**	7.81	0.771 5	N=2	**596**	7.80	0.770 5
	N=2^2	**3 953**	7.81	0.771 5	N=2^2	**611**	7.74	0.774 5
	N=2^3	**1 972**	7.81	0.771 6	N=2^3	**663**	7.70	0.776 4
	N=2^4	**1 113**	7.81	0.771 6	N=2^4	**449**	7.73	0.774 8

表 8.4 针对模型A，带有不同N值近似截断的HPIN-ℓ_1方法/AHPIN-ℓ_1方法的比较

方法	HPIN-ℓ_1				AHPIN-ℓ_1			
噪声水平	N	迭代步	RE(%)	CC	N	迭代步	RE(%)	CC
$\delta=1\%$	N=1	**5 442**	6.89	0.825 0	N=1	**172**	6.86	0.827 5
	N=2	**3 075**	6.88	0.825 6	N=2	**195**	6.69	0.835 2
	N=2^2	**1 903**	6.88	0.825 6	N=2^2	**151**	6.82	0.829 5
	N=2^3	**1 340**	6.86	0.826 5	N=2^3	**143**	6.89	0.825 7
	N=2^4	**922**	6.87	0.826 3	N=2^4	**134**	6.79	0.830 6
$\delta=0.3\%$	N=1	**13 563**	5.05	0.910 3	N=1	**262**	5.01	0.913 1
	N=2	**9 486**	5.05	0.910 4	N=2	**293**	5.02	0.912 7
	N=2^2	**7 107**	5.05	0.910 4	N=2^2	**234**	4.96	0.915 3
	N=2^3	**5 638**	5.04	0.910 7	N=2^3	**215**	4.95	0.915 6
	N=2^4	**3 952**	5.02	0.911 4	N=2^4	**253**	4.94	0.915 8
$\delta=0.03\%$	N=1	**52 762**	4.53	0.931 6	N=1	**1 650**	4.47	0.932 6
	N=2	**40 298**	4.53	0.931 6	N=2	**1 558**	4.46	0.932 4
	N=2^2	**31 225**	4.53	0.931 6	N=2^2	**1 510**	4.50	0.931 2
	N=2^3	**24 813**	4.53	0.931 6	N=2^3	**1 225**	4.49	0.931 9
	N=2^4	**17 423**	4.53	0.931 6	N=2^4	**1 241**	4.49	0.931 6

提高了算法的收敛速度[135]. 从表8.3和表8.4还可以看出，随着噪声水平的降低，RE减小，CC增大.

为进一步系统地证明所提方法的加速效果，下面对四种方法在不同噪声水平下的收敛性行为进行了比较，如图8.9所示，其中横轴(x-轴)表示总迭代累积时间. 图8.9(a)明确可见AHPIN方法($\mathrm{N}=2^4$)的相对误差曲线下降最快，HPIN($\mathrm{N}=2^4$, 2^3, 2^2, 2)依次紧随其后，HPIN($\mathrm{N}=1$)方法最慢，体现了AHPIN方法的加速效果. 图8.9(b)也体现了AHPIN-ℓ_1方法相同的加速效果. 总而言之，根据图8.9给出的收敛性行为的比较可知，所提方法具有显著的加速效果，尤其是AHPIN方法及AHPIN-ℓ_1方法的加速效果最为显著. 由于其他三种模型的结果类似，这里不做赘述，故此省略.

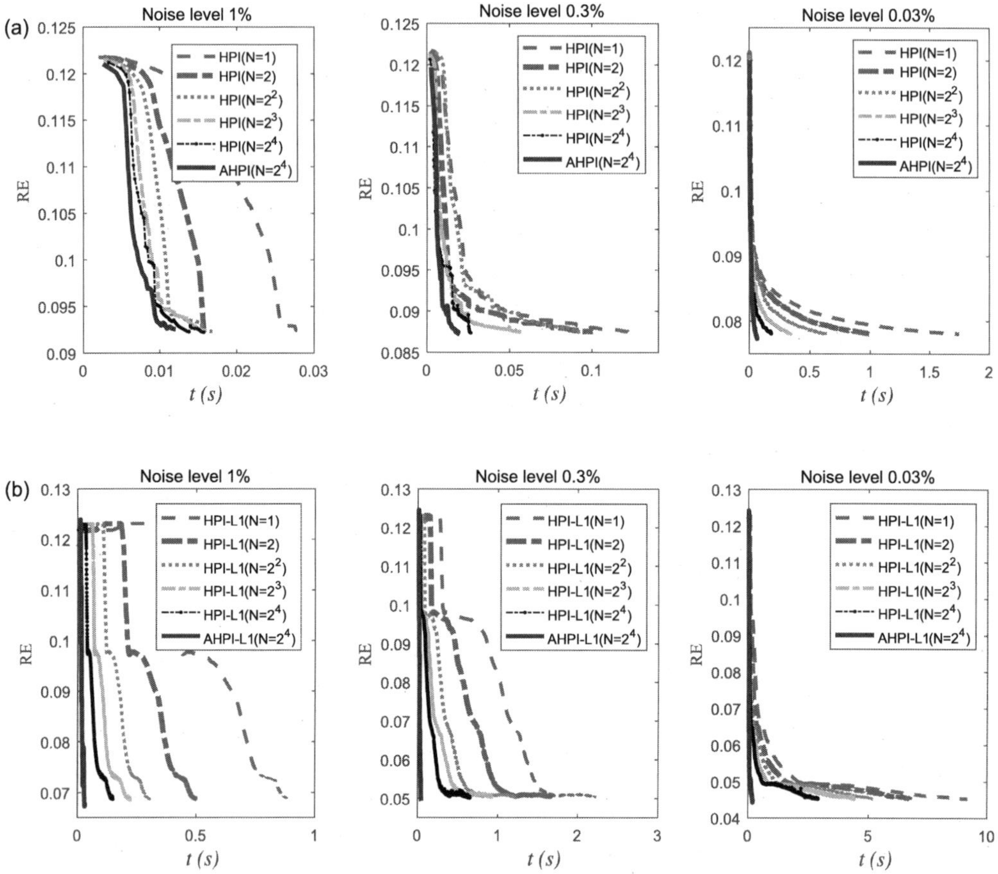

图 8.9 针对模型A，三种不同噪声水平下(“Noise level”表示噪声水平)，四种方法的收敛性行为分析，即相对误差RE随迭代时间t的变化曲线比较：(a) HPIN方法和AHPIN方法的比较；(b) HPIN-ℓ_1方法和AHPIN-ℓ_1方法的比较

接下来，给出模型重构精度的可视化比较. 由于在相同噪声水平下，不同方法可实现相似的重构精度，故图8.10和图8.11只分别陈列了AHPIN(N = 1)方法及AHPIN-ℓ_1(N = 1)方法的重构图像. 对比重构图像可观察到，AHPIN-ℓ_1方法的重构结果明显优于AHPIN方法. 此外，还观察到，噪声水平越小，重构效果越好，这说明如果获得的测量数据较为精确的话，重构的图像质量越高. 因此，重构结果也说明了所提方法具有鲁棒性. 表8.5列出了图8.10和图8.11中重构图像更详细的数值比较. 表中RE及CC指标再次证实了在相同噪声水平下AHPIN-ℓ_1(N = 1)方法比AHPIN方法能够实现更为精确的重构.

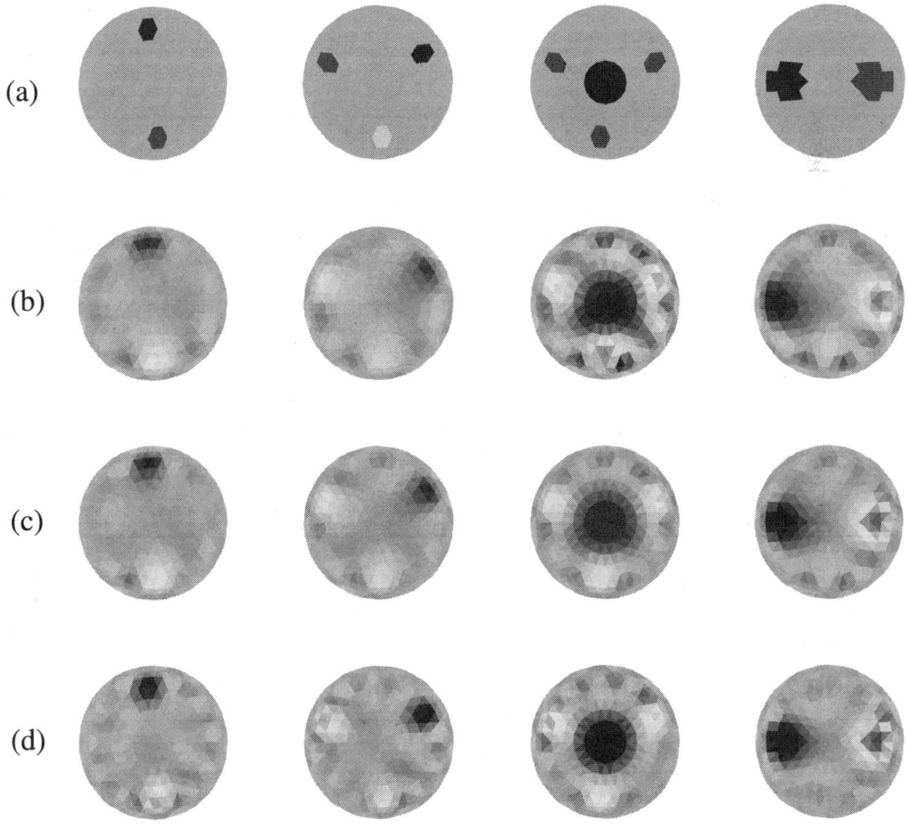

图 8.10 针对四种模型，AHPIN(N = 1)方法在三种不同噪声下的重构图像比较. (a) 真实模型；(b) 噪声水平$\delta = 1\%$下的重构图像；(c) 噪声水平$\delta = 0.3\%$下的重构图像；(d) 噪声水平$\delta = 0.03\%$下的重构图像

综上所述，从重构图像精度的角度看，与HPIN方法与AHPIN方法相比，HPIN-ℓ_1方法与AHPIN-ℓ_1方法更具优势. 同时，与HPIN-ℓ_1方法相比，AHPIN-ℓ_1方法可以实现更好的加速效果，改进了成像效率.

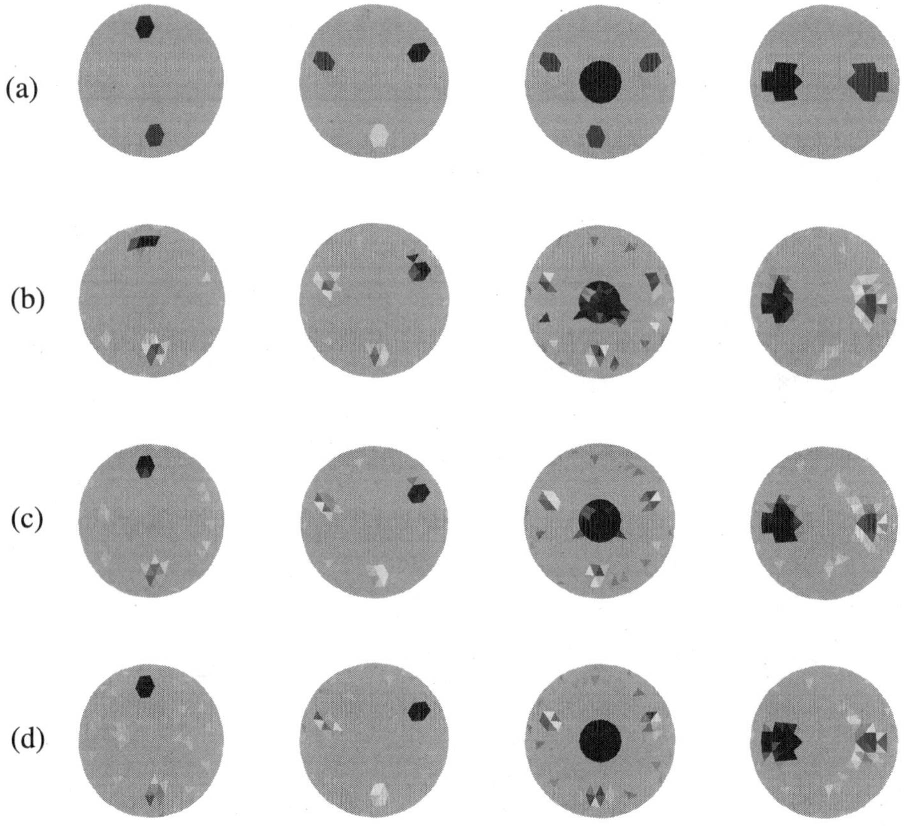

图 8.11 针对四种模型，AHPIN-ℓ_1(N = 1)方法在三种不同噪声下的重构图像比较. (a) 真实模型；(b) 噪声水平$\delta = 1\%$下的重构图像；(c) 噪声水平$\delta = 0.3\%$下的重构图像；(d) 噪声水平$\delta = 0.03\%$下的重构图像

最后，进一步研究了所提算法与传统的ℓ_2-正则化方法、ℓ_1-正则化方法、TV 正则化方法的重构性能比较. 图8.12分别列出了AHPIN方法、AHPIN-ℓ_1方法、AHPIN-TV方法、ℓ_2-正则化方法、ℓ_1-正则化方法(SBM)[157]以及TV正则化方法(LDM)[93]在两种不同噪声水平下针对模型A的重构图像. 图8.12(a)给出了在噪声水平$\delta = 0.3\%$下的重构图像，通过对比重构图像的差异，可以看到，AHPIN方法和ℓ_2-正则化方法的重构图像边缘模糊，都产生了过光滑的重构图像；AHPIN-TV方法和TV正则化方法

都表现出强烈的“阶梯效应”；而AHPIN-ℓ_1方法和ℓ_1-正则化方法都获得了令人满意的重构结果，具有更清晰的边缘和更少的伪影. 图8.12(b)给出了噪声水平$\delta = 3\%$下的重构图像，可以清楚地看到，AHPIN-ℓ_1方法与ℓ_1-正则化方法相比，对噪声具有更强的鲁棒性. 表8.6列出了图8.12中所示重构图像的更详细的数值对比结果. 该结果再次清楚地说明了AHPIN-ℓ_1方法的优势，它在成像精度和对噪声的鲁棒性方面都有更好的改进.

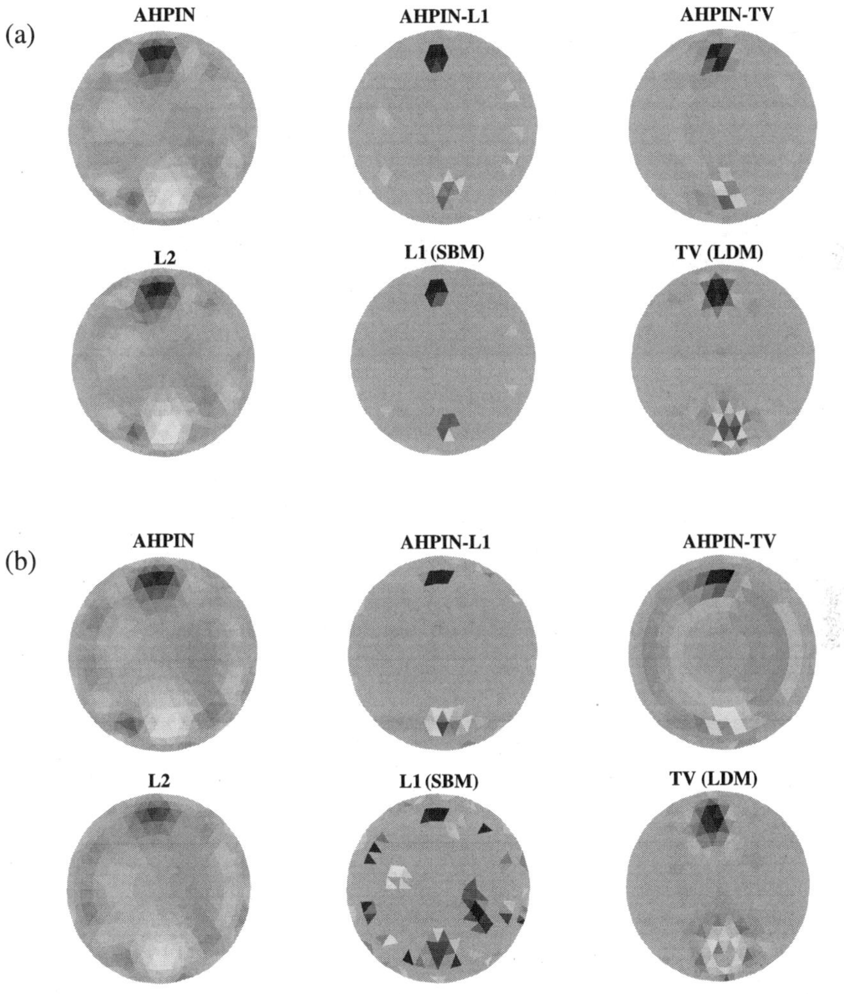

图 8.12 针对模型A，AHPIN方法、AHPIN-ℓ_1方法、AHPIN-TV方法、ℓ_2-正则化方法、ℓ_1-正则化方法以及TV正则化方法在不同噪声水平下的重构图像比较. (a) 噪声水平$\delta = 0.3\%$下的重构图像；(b) 噪声水平$\delta = 3\%$下的重构图像

表 8.5 图8.10和图8.11中重构图像相对应的数值比较

方法	噪声水平	模型A		模型B	
		RE(%)	CC	RE(%)	CC
AHPIN	$\delta = 1\%$	9.26	0.648 7	10.33	0.623 3
	$\delta = 0.3\%$	8.73	0.697 3	9.52	0.695 2
	$\delta = 0.03\%$	7.78	0.771 5	7.94	0.802 0
AHPIN-ℓ_1	$\delta = 1\%$	6.86	0.827 5	6.53	0.864 9
	$\delta = 0.3\%$	5.01	0.913 1	5.49	0.910 3
	$\delta = 0.03\%$	4.47	0.932 6	5.23	0.920 9
方法	噪声水平	模型C		模型D	
		RE(%)	CC	RE(%)	CC
AHPIN	$\delta = 1\%$	16.73	0.711 8	14.73	0.765 0
	$\delta = 0.3\%$	15.16	0.761 7	12.35	0.839 9
	$\delta = 0.03\%$	14.27	0.788 2	11.20	0.867 9
AHPIN-ℓ_1	$\delta = 1\%$	15.84	0.762 4	12.60	0.828 4
	$\delta = 0.3\%$	11.49	0.877 7	11.10	0.867 4
	$\delta = 0.03\%$	11.16	0.883 9	9.81	0.900 1

表 8.6 图8.12中重构图像相对应的数值比较

噪声水平	方法	RE(%)	CC
$\delta = 0.3\%$	AHPIN	8.74	0.692 7
	ℓ_2	8.67	0.702 9
	AHPIN-ℓ_1	**4.94**	**0.915 8**
	ℓ_1	4.93	0.914 4
	AHPIN-TV	6.26	0.858 6
	TV	4.74	0.923 1
$\delta = 3\%$	AHPIN	9.24	0.650 7
	ℓ_2	9.73	0.604 3
	AHPIN-ℓ_1	**7.36**	**0.798 6**
	ℓ_1	18.68	0.503 2
	AHPIN-TV	8.15	0.742 6
	TV	6.60	0.835 9

8.3 基于NITR的一步近端稀疏重构方法

本节基于多参数非光滑“$\ell_1+\ell_2$”混合约束，以非定常迭代Tikhonov正则化(NITR)方法获得的重构结果作为近似参考值，通过引入一种诱导的近端收缩算子，提出了一步近端稀疏促进方法，简称为一步PNITR方法. 主要包括两部分：（1）采用NITR迭代生成近似参考结果，以保证重构的可信度和稀疏度；（2）执行一步近端收缩处理和一个强制约束函数作用，从而获得最终的稀疏促进重构. 所提出的PNITR方法具有双正则化的作用，从清晰化目标边缘和减少伪影等方面进一步改进了成像质量. 大量的数值模拟结果验证了一步PINTR方法在分辨率和鲁棒性方面的优势，相比现有的先进方法，大大改进了成像质量和成像效率.

8.3.1 稀疏重构模型

相对于ℓ_2-范数正则化的情况，ℓ_1-范数稀疏性正则化蓬勃发展，其原因是它倾向于在恢复稀疏参数时产生最优解，其中大部分分量为零或近似为零. 除此之外，ℓ_1-范数的凸性使其在数值计算上易于处理. 因此，针对线性化EIT问题，利用非均匀电导率在空间域上的稀疏性表示，通常采用ℓ_1-范数先验来促进稀疏性. 经典的ℓ_1-范数稀疏性促进重构模型可表述为如下约束最小化问题：

$$\min_{\boldsymbol{\vartheta}}\left\{\|\boldsymbol{\vartheta}\|_1=\sum|\boldsymbol{\vartheta}|_i:\boldsymbol{J}\boldsymbol{\vartheta}=\boldsymbol{f}\right\}. \tag{8.3.1}$$

然而，对于条件数较大的病态问题，该方法的稳定性较差.

代替稀疏模型(8.3.1)，考虑包含强凸化项ℓ_2-范数的混合约束版本，形式如下：

$$P(\beta):\min_{\boldsymbol{\vartheta}}\left\{\|\boldsymbol{\vartheta}\|_1+\frac{1}{2\beta}\|\boldsymbol{\vartheta}\|_2^2:\boldsymbol{J}\boldsymbol{\vartheta}=\boldsymbol{f}\right\}, \tag{8.3.2}$$

这里参数$\beta>0$为强凸化参数，模型(8.3.2)为强凸的. 文献[222]表明，只要强凸化参数β大于某个阈值，模型(8.3.2)的解就是(8.3.1)的解，例如，在许多应用中，选取适当的β值，如取到10时就已经足够大.

8.3.2 诱导的近端算子

将原始正则化模型转化为对偶模型的强有力的一种数学工具是对偶变换. 对偶变换最早是由法国数学家Legendre研究力学时提出的，借助Lagrangian乘子法，将有条件约束的优化问题转化为无条件约束的优化问题. 20世纪中期，Fenchel将对偶空间引入到对偶变换中，开创了对偶变换理论应用的先河. 为了纪念Legendre和Fenchel对对偶变换发展所做的贡献，称对偶变换为Legendre-Fenchel变换.

本节通过Legendre-Fenchel变换的相关知识引入一种诱导的近端算子.

为了简化符号，引入凸且不可微的函数符号：

$$\theta_\beta(\boldsymbol{\vartheta}) := \|\boldsymbol{\vartheta}\|_1 + \frac{1}{2\beta}\|\boldsymbol{\vartheta}\|^2,$$

定义它在$\boldsymbol{\vartheta} \in \mathbb{R}^n$处的次微分为

$$\partial\theta_\beta(\boldsymbol{\vartheta}) := \left\{\boldsymbol{\omega} \in \mathbb{R}^n : \theta_\beta(\tilde{\boldsymbol{\vartheta}}) - \theta_\beta(\boldsymbol{\vartheta}) - \langle \boldsymbol{\omega}, \tilde{\boldsymbol{\vartheta}} - \boldsymbol{\vartheta} \rangle \geqslant 0, \forall \tilde{\boldsymbol{\vartheta}} \in \mathbb{R}^n\right\},$$

其中称$\boldsymbol{\omega} \in \partial\theta_\beta(\boldsymbol{\vartheta})$为$\theta_\beta$在$\boldsymbol{\vartheta}$上的次梯度.

Legendre-Fenchel变换使用上确界作为变换过程，将空间$\langle \boldsymbol{\vartheta}, \theta_\beta(\boldsymbol{\vartheta})\rangle$映射到次梯度共轭空间$\langle \boldsymbol{\omega}, g_\beta^*(\boldsymbol{\omega})\rangle$，即

$$\langle \boldsymbol{\vartheta}, \theta_\beta(\boldsymbol{\vartheta})\rangle \Leftrightarrow \langle \boldsymbol{\omega}, \theta_\beta^*(\boldsymbol{\omega})\rangle,$$

这里$\theta_\beta^*(\cdot)$表示$\theta_\beta(\cdot)$的Fenchel共轭(或凸共轭)，即

$$\theta_\beta^*(\boldsymbol{\omega}) := \sup_{\boldsymbol{\vartheta} \in \mathbb{R}^n} \{\langle \boldsymbol{\omega}, \boldsymbol{\vartheta}\rangle - \theta_\beta(\boldsymbol{\vartheta})\}.$$

定义θ_β的双共轭为

$$\theta_\beta^{**}(\boldsymbol{\vartheta}) := \sup_{\boldsymbol{\omega} \in \mathbb{R}^n} \{\langle \boldsymbol{\vartheta}, \boldsymbol{\omega}\rangle - \theta_\beta^*(\boldsymbol{\omega})\},$$

根据Fenchel-Moreau定理可知

$$\theta_\beta(\boldsymbol{\vartheta}) = \theta_\beta^{**}(\boldsymbol{\vartheta}).$$

进而，可以得出以下关于Fenchel对偶的重要可微公式：

$$\boldsymbol{\omega} \in \partial\theta_\beta(\boldsymbol{\vartheta}) \ \Leftrightarrow \ \boldsymbol{\vartheta} \in \partial\theta_\beta^*(\boldsymbol{\omega}) \ \Leftrightarrow \ \langle \boldsymbol{\omega}, \boldsymbol{\vartheta}\rangle = \theta_\beta(\boldsymbol{\vartheta}) + \theta_\beta^*(\boldsymbol{\omega}),$$

其中

$$\begin{cases} \partial\theta_\beta(\boldsymbol{\vartheta}) = \mathop{\arg\min}\limits_{\boldsymbol{\omega} \in \mathbb{R}^n} \left\{\theta_\beta^*(\boldsymbol{\omega}) - \langle \boldsymbol{\vartheta}, \boldsymbol{\omega}\rangle\right\}, & \forall \boldsymbol{\vartheta} \in \mathbb{R}^n, \\ \partial\theta_\beta^*(\boldsymbol{\omega}) = \mathop{\arg\min}\limits_{\boldsymbol{\vartheta} \in \mathbb{R}^n} \left\{\theta_\beta(\boldsymbol{\vartheta}) - \langle \boldsymbol{\omega}, \boldsymbol{\vartheta}\rangle\right\}, & \forall \boldsymbol{\omega} \in \mathbb{R}^n. \end{cases}$$

于是，根据次微分和近端算子的定义，可计算$\boldsymbol{\vartheta}$如下：

$$
\begin{aligned}
\boldsymbol{\vartheta} = \nabla\theta_\beta^*(\boldsymbol{\omega}) &= \mathop{\arg\min}_{\boldsymbol{\vartheta}\in\mathbb{R}^n} \left\{\theta_\beta(\boldsymbol{\vartheta}) - \langle \boldsymbol{\omega}, \boldsymbol{\vartheta}\rangle\right\} \\
&= \mathop{\arg\min}_{\boldsymbol{\vartheta}\in\mathbb{R}^n} \left\{\beta\|\boldsymbol{\vartheta}\|_1 + \frac{1}{2}\|\boldsymbol{\vartheta} - \beta\boldsymbol{\omega}\|^2\right\} \\
&= \mathrm{prox}_{\beta\ell_1}(\beta\boldsymbol{\omega}).
\end{aligned} \tag{8.3.3}
$$

上式表明$\nabla\theta_\beta^*$可视为软阈值算子的变种，即

$$
\nabla\theta_\beta^*(\boldsymbol{\omega}) = S_\beta(\beta\boldsymbol{\omega}), \tag{8.3.4}
$$

其中$S_\beta(\beta\boldsymbol{\omega})$的分量形式为

$$
\begin{aligned}
(S_\beta(\beta\boldsymbol{\omega}))_i &:= \mathrm{sign}(\beta\boldsymbol{\omega}_i)\max(|\beta\boldsymbol{\omega}_i| - \beta, 0) \\
&= \beta\mathrm{sign}(\boldsymbol{\omega}_i)\max(|\boldsymbol{\omega}_i| - 1, 0) \\
&= \beta\mathrm{Shrinkage}(\boldsymbol{\omega}_i, 1).
\end{aligned}
$$

因此，借助上述Fenchel对偶，可知变量$\boldsymbol{\vartheta}$可由以下诱导的近端收缩算子：

$$
\boldsymbol{\vartheta} = \mathrm{prox}_{\beta\ell_1}(\beta\boldsymbol{\omega}) \tag{8.3.5}
$$

确定. 需要强调的是，这里得出的诱导的近端收缩算子(8.3.5)中参数β存在于两个位置，而非一个位置，这与具有促稀疏性的近端收缩算子(2.5.13)有所不同.

8.3.3 Lagrangian对偶问题

本节回顾通过Lagrangian乘子原理将含有非光滑特性的原始稀疏重构正则化模型(8.3.2)转化为对偶模型的求解方法.

文献[222]中证明了(8.3.2)的解可以由它的对偶解得到. 进一步，定义$P(\beta) := \min\limits_{\boldsymbol{\vartheta}}\{\theta_\beta(\boldsymbol{\vartheta}) : \boldsymbol{J}\boldsymbol{\vartheta} = \boldsymbol{f}\}$的Lagrangian函数为

$$
L(\boldsymbol{\vartheta}, \boldsymbol{y}) := \theta_\beta(\boldsymbol{\vartheta}) + \langle \boldsymbol{y}, \boldsymbol{f} - \boldsymbol{J}\boldsymbol{\vartheta}\rangle = \theta_\beta(\boldsymbol{\vartheta}) - \langle \boldsymbol{J}^{\mathrm{T}}\boldsymbol{y}, \boldsymbol{\vartheta}\rangle + f^{\mathrm{T}}\boldsymbol{y},
$$

且相应的Lagrangian对偶问题为

$$
D(\beta) : \max_{\boldsymbol{y}} \min_{\boldsymbol{\vartheta}} L(\boldsymbol{\vartheta}, \boldsymbol{y}),
$$

等价地可表示为如下的最小化问题：

$$
D(\beta) : \min_{\boldsymbol{y}} \left\{ \boldsymbol{\Phi}_\beta(\boldsymbol{y}) := \{-\boldsymbol{f}^{\mathrm{T}}\boldsymbol{y} + \theta_\beta^*(\boldsymbol{J}^{\mathrm{T}}\boldsymbol{y})\}\right\}. \tag{8.3.6}
$$

令

$$\boldsymbol{\vartheta}^{\dagger} := \arg\min_{\boldsymbol{\vartheta}\in\mathbb{R}^n} L(\boldsymbol{\vartheta},\boldsymbol{y}) = \arg\min_{\boldsymbol{\vartheta}\in\mathbb{R}^n} \left\{\theta_\beta(\boldsymbol{\vartheta}) - \langle \boldsymbol{J}^{\mathrm{T}}\boldsymbol{y},\boldsymbol{\vartheta}\rangle\right\},$$

则有

$$\nabla_{\boldsymbol{y}}\boldsymbol{\Phi}_\beta(\boldsymbol{y}) = -\boldsymbol{f} + \nabla_{\boldsymbol{y}}\theta_\beta^*(\boldsymbol{J}^{\mathrm{T}}\boldsymbol{y}) = -\boldsymbol{f} + \boldsymbol{J}\nabla\theta_\beta^*(\boldsymbol{J}^{\mathrm{T}}\boldsymbol{y}) = \boldsymbol{J}\boldsymbol{\vartheta}^{\dagger} - \boldsymbol{f}.$$

因此，由拉格朗日对偶梯度下降法(LDGD)可得

$$\begin{cases}\boldsymbol{\vartheta}_{k+1} := \arg\min\limits_{\boldsymbol{\vartheta}\in\mathbb{R}^n} L(\boldsymbol{\vartheta},\boldsymbol{y}_k),\\ \boldsymbol{y}_{k+1} := \boldsymbol{y}_k + \mu\nabla_{\boldsymbol{y}} L(\boldsymbol{\vartheta}_{k+1},\boldsymbol{\omega}_k),\end{cases} \tag{8.3.7}$$

其等价于将线性化Bregman方法应用于问题(8.3.1)，详见文献[222, 223].

定义$\boldsymbol{\omega}_k := \boldsymbol{J}^{\mathrm{T}}\boldsymbol{y}_k$，由式(8.3.7)可得

$$\begin{cases}\boldsymbol{\vartheta}_{k+1} := \arg\min\limits_{\boldsymbol{\vartheta}\in\mathbb{R}^n} \left\{\theta_\beta(\boldsymbol{\vartheta}) - \langle\boldsymbol{\omega}_k,\boldsymbol{\vartheta}\rangle\right\} = \nabla\theta_\beta^*(\boldsymbol{\omega}_k) = \mathrm{prox}_{\beta\ell_1}(\beta\boldsymbol{\omega}_k),\\ \boldsymbol{\omega}_{k+1} := \boldsymbol{\omega}_k - \mu\boldsymbol{J}^{\mathrm{T}}(\boldsymbol{J}\boldsymbol{\vartheta}_{k+1} - \boldsymbol{f}).\end{cases} \tag{8.3.8}$$

此外，文献[221]中提出的带有ℓ_1-范数凸约束的传统Landweber型迭代方法(CLT)可表示为

$$\begin{cases}\boldsymbol{\omega}_{k+1} := \boldsymbol{\omega}_k - \mu\boldsymbol{J}^{\mathrm{T}}(\boldsymbol{J}\boldsymbol{\vartheta}_k - \boldsymbol{f}),\\ \boldsymbol{\vartheta}_{k+1} := \arg\min\limits_{\boldsymbol{\vartheta}\in\mathbb{R}^n}\{\theta_\beta(\boldsymbol{\vartheta}) - \langle\boldsymbol{\omega}_{k+1},\boldsymbol{\vartheta}\rangle\} = \nabla\theta_\beta^*(\boldsymbol{\omega}_{k+1}) = \mathrm{prox}_{\beta\ell_1}(\beta\boldsymbol{\omega}_{k+1}),\end{cases} \tag{8.3.9}$$

该格式也可解释为线性化的Bregman迭代，其加速版本参见文献[177]中提出的两步Landweber型方法(TSLT)，如下所示

$$\begin{cases}\boldsymbol{\omega}_{k+1} := \boldsymbol{\omega}_k - \mu\boldsymbol{J}^{\mathrm{T}}(\boldsymbol{J}\boldsymbol{\vartheta}_k - \boldsymbol{f}),\\ \hat{\boldsymbol{\vartheta}}_{k+1} := \arg\min\limits_{\boldsymbol{\vartheta}\in\mathbb{R}^n}\left\{\theta_\beta(\boldsymbol{\vartheta}) - \langle\boldsymbol{\omega}_{k+1},\boldsymbol{\vartheta}\rangle\right\} = \nabla\theta_\beta^*(\boldsymbol{\omega}_{k+1})\\ \hat{\boldsymbol{\omega}}_{k+1} := \boldsymbol{\omega}_{k+1} - \hat{\mu}\boldsymbol{J}^{\mathrm{T}}(\boldsymbol{J}\hat{\boldsymbol{\vartheta}}_{k+1} - \boldsymbol{f}),\\ \boldsymbol{\vartheta}_{k+1} := \arg\min\limits_{\boldsymbol{\vartheta}\in\mathbb{R}^n}\left\{\theta_\beta(\boldsymbol{\vartheta}) - \langle\hat{\boldsymbol{\omega}}_{k+1},\boldsymbol{\vartheta}\rangle\right\} = \nabla\theta_\beta^*(\hat{\boldsymbol{\omega}}_{k+1}).\end{cases} \tag{8.3.10}$$

对于强凸稀疏重构模型(8.3.2)，稀疏促进完全依赖于ℓ_1-范数的作用. 值得注意的是，在上述提到的方法(8.3.8)(8.3.9)和(8.3.10)的每步迭代中，作为主要计算的迭代步$\boldsymbol{\vartheta}_{k+1}$都是通过近端收缩算子(8.3.5)作用到对偶变量上得到的. 由此可知，诱导的近端收缩算子(8.3.5)在求解“$\ell_1+\ell_2$”混合约束的强凸稀疏重构模型(8.3.2)时具有稀疏促进作用. 同时，这也表明Fenchel对偶变换和Lagrangian乘子原理具有某种内在联系.

8.3.4 一步PNITR方法

由前可知，ℓ_1-范数鼓励稀疏性，诱导的近端收缩算子(8.3.5)具有稀疏促进作用. 此外，从混合约束惩罚项$\theta_\beta(\boldsymbol{\vartheta})$中可以发现，参数$\beta$对$\ell_2$-范数惩罚项起着一定的调节作用，$\ell_2$-范数有助于解的稳定性，这进一步加强了模型$P(\beta)$的稳定性. 这样，自然而然地会思考是否存在某种方式可以充分发挥其双重作用.

为此，受到近端收缩算子(8.3.5)的稀疏促进作用以及参数β对模型$P(\beta)$的稳定性具有增强作用的启发，本节提出一种结合非平稳迭代Tikhonov正则化(NITR)方法的一步近端收缩算子方法，称为一步PNITR方法，用于EIT稀疏重构.

目前广泛认为电导率分布的稀疏度是实现EIT稀疏重构的关键. 因此，改进初始参考值的可信度和稀疏度能够提高重构图像的质量. 为了达到这一目的，首先将NITR方法第m次迭代的结果作为一个参考近似，这样做的好处是，在最后的稀疏促进作用中，不仅增加了可信度，而且保证了稀疏度.

下面首先简要回顾和介绍NITR方法.

Tikhonov正则化(TR)方法是一种最为经典的正则化方法，通常采用最简单的形式

$$(\boldsymbol{J}^{\mathrm{T}}\boldsymbol{J}+\alpha\boldsymbol{I})\boldsymbol{\vartheta}=\boldsymbol{J}^{\mathrm{T}}\boldsymbol{f}, \tag{8.3.11}$$

进行求解，其中$\alpha>0$为正则化参数，$\boldsymbol{I}$为单位阵.

TR方法会表现出一定的“饱和”效应，即在较高的平滑性假设下，其收敛速度也会达到一定的饱和水平. 为了进一步提高收敛速度，文献[224]引入了如下形式的迭代Tikhonov正则化(ITR)方法：

$$\begin{cases}\boldsymbol{\vartheta}_0=\boldsymbol{0},\\(\boldsymbol{J}^{\mathrm{T}}\boldsymbol{J}+\alpha\boldsymbol{I})\boldsymbol{\vartheta}_m=\boldsymbol{J}^{\mathrm{T}}\boldsymbol{f}+\alpha\boldsymbol{\vartheta}_{m-1},\quad m=1,2,\ldots,\end{cases} \tag{8.3.12}$$

或者

$$\begin{cases}\boldsymbol{\vartheta}_0=\boldsymbol{0},\\\boldsymbol{\vartheta}_m=\alpha(\boldsymbol{J}^{\mathrm{T}}\boldsymbol{J}+\alpha\boldsymbol{I})^{-1}\boldsymbol{\vartheta}_{m-1}+(\boldsymbol{J}^{\mathrm{T}}\boldsymbol{J}+\alpha\boldsymbol{I})^{-1}\boldsymbol{J}^{\mathrm{T}}\boldsymbol{f},\quad m=1,2,\ldots,\end{cases} \tag{8.3.13}$$

其中m为迭代步. 这里，每次迭代都使用相同的α值，故称之为“定常”型. 对于$m=1$，ITR方法简化为经典的TR(8.3.11)方法.

此外，文献[225]提出了如下形式的非定常迭代Tikhonov正则化(NITR)方法：

$$\begin{cases}\boldsymbol{\vartheta}_0=\boldsymbol{0},\\\boldsymbol{\vartheta}_m=\alpha_m(\boldsymbol{J}^{\mathrm{T}}\boldsymbol{J}+\alpha_m\boldsymbol{I})^{-1}\boldsymbol{\vartheta}_{m-1}+(\boldsymbol{J}^{\mathrm{T}}\boldsymbol{J}+\alpha_m\boldsymbol{I})^{-1}\boldsymbol{J}^{\mathrm{T}}\boldsymbol{f},\quad m=1,2,\ldots,\end{cases} \tag{8.3.14}$$

其中$\{\alpha_m\}$为一个正的正则化参数序列. 由于$\{\alpha_m\}$依赖于m，故也称之为“非定常”型.

步长$\{\alpha_m\}$的选择对计算效率起着至关重要的作用，较为常用的选择是连续几何序列

$$\alpha_m = \alpha q^{m-1},\quad \alpha > 0,\quad 0 < q < 1. \tag{8.3.15}$$

为简化符号，记

$$\begin{cases} \boldsymbol{A} := \alpha_m(\boldsymbol{J}^{\mathrm{T}}\boldsymbol{J} + \alpha_m \boldsymbol{I})^{-1}, \\ \boldsymbol{B} := (\boldsymbol{J}^{\mathrm{T}}\boldsymbol{J} + \alpha_m \boldsymbol{I})^{-1}\boldsymbol{J}^{\mathrm{T}}\boldsymbol{f}, \end{cases} \tag{8.3.16}$$

由式(8.3.14)可得

$$\boldsymbol{\vartheta}_m = \boldsymbol{A}\boldsymbol{\vartheta}_{m-1} + \boldsymbol{B}. \tag{8.3.17}$$

选取偏差原则作为停止准则，即对于已知的噪声水平δ，迭代$m = m_\delta \geqslant 0$步后终止，满足

$$\|\boldsymbol{J}\boldsymbol{\vartheta}_m - \boldsymbol{f}\| \leqslant \tau\delta,\quad 0 \leqslant m < m_\delta, \tag{8.3.18}$$

其中，$\tau > 1$，且$\boldsymbol{\vartheta}_{m_\delta}$为$\boldsymbol{\vartheta}^\dagger$的初始重构近似解.

随后，以$\boldsymbol{\vartheta}_{m_\delta}$作为下一步稀疏重构的起始值，为后续的稀疏促进过程提供可靠性. 关于$\boldsymbol{\vartheta}_{m_\delta}$的稀疏度分析稍后在数值模拟部分进行验证. 接下来的关键步是考虑基于近端收缩算子(8.3.5)的一步稀疏促进来处理参考值$\boldsymbol{\vartheta}_{m_\delta}$，于是促稀疏重构的解为

$$\boldsymbol{\vartheta} = \mathrm{prox}_{\beta\ell_1}(\beta\boldsymbol{\vartheta}_{m_\delta}), \tag{8.3.19}$$

将$\beta\boldsymbol{\vartheta}_{m_\delta}$的小分量压制为零，并缩小其他分量. 需要强调的是，参数β存在于(8.3.19)中的两个位置，其中$\beta\boldsymbol{\vartheta}_{m_\delta}$中的$\beta$用于压制初始参考值，而下标处的$\beta$有助于促进稀疏解，即只有少数非零分量或大部分小分量的解. 在空间域中，这些少数非零分量指的是简单的非均匀电导率分布或远离背景的小型异常体. 实际上，参数β起到了双正则化参数的作用. 通常存在合适的β值以获得良好的重构效果，稍后将在数值模拟中加以验证.

最后，根据合理的先验信息，采用一种物理激励策略[170, 226]，通过非线性函数$\hbar$来限制重构解(8.3.19)，即

$$\boldsymbol{\vartheta} = \hbar[\boldsymbol{\vartheta}],$$

其中函数$\hbar$用于约束重构解，使得$\boldsymbol{\vartheta} \in [\boldsymbol{\vartheta}^\dagger_{\min}, \boldsymbol{\vartheta}^\dagger_{\max}]$，定义为

$$\hbar(\boldsymbol{\vartheta}) = \begin{cases} \boldsymbol{\vartheta}^\dagger_{\max}, & \text{若}\ \ \boldsymbol{\vartheta} > \boldsymbol{\vartheta}^\dagger_{\max}, \\ \boldsymbol{\vartheta}, & \text{若}\ \ \boldsymbol{\vartheta}^\dagger_{\min} \leqslant \boldsymbol{\vartheta} \leqslant \boldsymbol{\vartheta}^\dagger_{\max}, \\ \boldsymbol{\vartheta}^\dagger_{\min}, & \text{若}\ \ \boldsymbol{\vartheta} < \boldsymbol{\vartheta}^\dagger_{\min}. \end{cases} \tag{8.3.20}$$

因此，用于EIT图像重构的一步稀疏促进PNITR算法可以具体概括为如下所示的算法8.3.

算法8.3. 一步稀疏促进PNITR算法

Step 1: 输入$\boldsymbol{\sigma}_0$, α, β, τ, q_α

Step 2: 计算$\boldsymbol{J} \equiv F'(\boldsymbol{\sigma}_0)$, $\boldsymbol{f} = \boldsymbol{U}^{\boldsymbol{\delta}} - F(\boldsymbol{\sigma}_0)$

Step 3: 初始化$m = 0$, $\boldsymbol{\vartheta}_0 = \boldsymbol{0}$

Step 4: 通过式(8.3.16)和(8.3.17)给出的NITR方法计算$\boldsymbol{\vartheta}_{m_\delta}$，使其满足停止准则(8.3.18)，即

$$\begin{cases} \boldsymbol{A} := \alpha(\boldsymbol{J}^{\mathrm{T}}\boldsymbol{J} + \alpha\boldsymbol{I})^{-1} \\ \boldsymbol{B} := (\boldsymbol{J}^{\mathrm{T}}\boldsymbol{J} + \alpha\boldsymbol{I})^{-1}\boldsymbol{J}^{\mathrm{T}}\boldsymbol{f} \\ \boldsymbol{\vartheta}_m := \boldsymbol{A}\boldsymbol{\vartheta}_{m-1} + \boldsymbol{B} \\ \alpha := \alpha q_\alpha \end{cases}$$

这里，步长通过$\alpha := \alpha q_\alpha$迭代更新

默认值为$\alpha = 1$，$0 < q_\alpha < 1$为缩小因子

Step 5: 通过式(8.3.19)和(8.3.20)计算更新后的稀疏促进近似解，即

$$\boldsymbol{\vartheta} = \hbar[\mathrm{prox}_{\beta\ell_1}(\beta\boldsymbol{\vartheta}_{m_\delta})]$$

Step 6: 输出电导率重构解$\boldsymbol{\sigma} = \boldsymbol{\sigma}_0 + \boldsymbol{\vartheta}$

8.3.5 数值模拟

本节评估所提出的一步PNITR方法对位于圆形模拟区域中的多个不同异常体的重构性能，并将其与LDGD方法(8.3.8)、CLT方法(8.3.9)和TSLT方法(8.3.10)进行定性和定量比较.

数值模拟所用两种测试模型如图8.13所示，在不同的位置含有多个简单异常体，模型A含4个规则异常体，模型B含2个带尖角边界的不规则异常体. 红色背景(见彩图)电阻抗为4Ω · m，白色异常体(见彩图)电阻抗为8Ω · m，黑色异常体(见彩图)电阻抗为2Ω · m. 除非另有说明，否则接下来所有的重构图像均以2~8的统一热标标尺度显示，便于可视化比较.

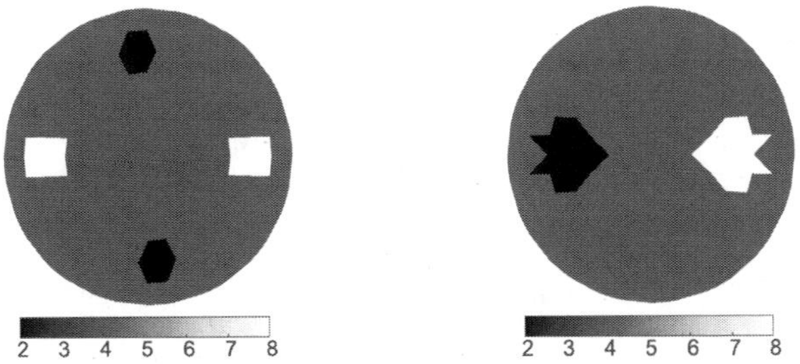

图 8.13 两种测试模型：模型A(左)；模型B(右)

研究所提方法的抗噪性时，噪声数据

$$\boldsymbol{U}^{\boldsymbol{\delta}} = \boldsymbol{U}^{\mathrm{syn}}(\boldsymbol{\sigma}^*) + \delta \cdot \boldsymbol{n},$$

其中，$\boldsymbol{U}^{\mathrm{syn}}(\boldsymbol{\sigma}^*)$表示精确的测量数据，$\delta$为相对噪声水平，$\boldsymbol{n}$为服从$U[0,1]$的随机向量. 这里考虑两种不同噪声水平$\delta = 3\%$, 0.3%进行测试. 此外，为了更加直观、准确地评价重构图像质量，给出相对误差(RE)和相关系数(CC)的量化分析. 重构图像的RE值越小，CC值越大，重构性能越好. CC值越接近1，重构图像越接近真实图像.

数值模拟分别选取参数$\beta = 1, 2, 3, 4, 5, 10, 15, 20, 50$，进行一步近端稀疏重构的测试评估. 对于NITR方法，式(8.3.15)中涉及的参数序列$\{\alpha_m\}$，选取$\alpha = 1$和$q = 0.5$. 根据偏差原则(8.3.18)，选取适当的参数τ值进行终止迭代. 参数τ的取值影响着成像精度，理论上要求$\tau > 1$，但在实际应用中通常根据经验选择. 数值经验发现，参数τ的选择实际上取决于模型和噪声水平[176]. 这里，根据经验选取τ来处理在不同噪声水平下不同模型的重构. 对于NITR方法，通过在0.8到10的范围内设置100个值来定义τ的值，得到相对最优的重构结果. 表8.7给出了NITR方法在不同噪声水平$\delta = 3\%, 0.3\%$下的详细参数情况和重构结果. 表8.7中记录了NITR方法停止所用迭代步数m_δ、正则化参数α_{m_δ}、参数τ、相对误差RE和相关系数CC，这些参数和结果被用于后面的计算.

表 8.7 不同噪声水平下，NITR方法的参数选取情况和数值结果

噪声水平	模型	τ	m_δ	α_{m_δ}	RE(%)	CC(0~1)
$\delta = 3\%$	模型A	0.93	18	3.81×10^{-6}	11.71	0.799 3
	模型B	0.93	17	7.63×10^{-6}	11.78	0.828 7
$\delta = 0.3\%$	模型A	2.01	21	4.77×10^{-7}	10.73	0.831 1
	模型B	2.01	20	9.54×10^{-7}	10.66	0.860 3

众所周知，稀疏度在一定程度上对实现良好的稀疏重构起着关键作用. 然而，两个测试模型在空间域上显然是不具有稀疏性的，这里需要借助异常体/非均匀电导率的空间域稀疏性. 图8.14分别展示了真实非均匀电导率分布$\boldsymbol{\vartheta}^\dagger$和NITR方法近似重构解$\boldsymbol{\vartheta}_{m_\delta}$的稀疏性曲线对比图. 从图中可以看出，对于$\boldsymbol{\vartheta}^\dagger$和$\boldsymbol{\vartheta}_{m_\delta}$而言，大多数分量接近于零，也就是说，存在许多小分量. 凸起越少，表明稀疏度越好. 由此可知，$\boldsymbol{\vartheta}^\dagger$确实可以有效提供一个良好的稀疏性表示，同时，以近似值$\boldsymbol{\vartheta}_{m_\delta}$作为稀疏促进步骤的参考初始值，确实保证了最终稀疏促进过程的可信度和稀疏度.

此外，ℓ_1-范数鼓励稀疏性，而ℓ_2-范数有助于解的稳定性. 从稀疏模型(8.3.2)中可以看出，参数β是关键参数，它平衡了ℓ_1-范数和ℓ_2-范数的作用，一定程度上加强了模型$P(\beta)$的稳定性. 换句话说，混合约束惩罚项$\theta_\beta(\boldsymbol{\vartheta})$中的参数$\beta$起到了调节$\ell_2$-范数惩罚项的作用，可以发现，随着参数$\beta$的增加，$\ell_2$-范数的作用逐渐减弱，而$\ell_1$-范数的作用逐渐增强，该混合罚项结合了$\ell_1$-范数和$\ell_2$-范数的特性. 因此，参数$\beta$在一定程度上平衡了稀疏性和稳定性，使得优化问题在保持解的简洁性的同时，也具有良好的泛

化能力.

下面探讨混合参数β对所提出的一步PNITR方法重构的影响. 图8.15给出了相对误差随参数β的变曲线，从中可以看到，针对给出的两种测试模型，适当选取参数β为20时已经足够大. 可见，通常存在某个合适的参数β，使其产生良好的稀疏重构. 表8.8比较了选取不同参数β时对应的详细数值结果. 同时，图8.16(模型A)和图8.17(模型B)分别展示了与表8.8相对应的重构图像. 从图8.16和图8.17可知，参数β对重构结果的影响可以描述为：参数β越大，重构目标体的边缘越清晰；但参数β并不是越大越好，否则会导致重构图像的失真. 这其实就是众所周知的ℓ_1-范数正则化的效果. 很显然，参数β也起到了稀疏正则化参数的作用. 由此得出结论：参数β起到了双正则化参数的作用，通常存在某个合适的参数β，可以获得较好的重构效果. 从表8.8中还可以发现，随着噪声水平的降低，RE减小，CC增大，这也进一步显示出其具有鲁棒性.

表 8.8 取不同参数β值时，一步PNITR方法的数值结果比较

噪声水平	模型A			模型B		
	β	RE(%)	CC(0~1)	β	RE(%)	CC(0~1)
$\delta=3\%$	$\beta=1$	14.77	0.876 6	$\beta=1$	14.98	0.887 9
	$\beta=2$	11.29	0.879 7	$\beta=2$	10.56	0.909 5
	$\beta=3$	8.98	0.897 3	$\beta=3$	7.68	0.941 0
	$\beta=4$	7.68	0.918 4	$\beta=4$	5.82	0.962 8
	$\beta=5$	7.02	0.929 6	$\beta=5$	**4.87**	**0.972 0**
	$\beta=10$	5.29	0.960 5	$\beta=10$	5.22	0.967 9
	$\beta=15$	4.07	0.976 5	$\beta=15$	6.77	0.949 4
	$\beta=20$	**3.69**	**0.980 9**	$\beta=20$	7.72	0.935 7
	$\beta=50$	5.02	0.966 3	$\beta=50$	9.85	0.905 6
$\delta=0.3\%$	$\beta=1$	13.26	0.924 6	$\beta=1$	13.82	0.862 1
	$\beta=2$	8.57	0.939 0	$\beta=2$	9.46	0.910 9
	$\beta=3$	5.79	0.956 7	$\beta=3$	6.90	0.949 1
	$\beta=4$	4.56	0.971 9	$\beta=4$	5.35	0.967 5
	$\beta=5$	3.64	0.982 4	$\beta=5$	4.64	0.974 4
	$\beta=10$	**1.07**	**0.998 4**	$\beta=10$	3.17	0.988 2
	$\beta=15$	1.38	0.997 3	$\beta=15$	1.96	0.995 5
	$\beta=20$	1.83	0.995 3	$\beta=20$	**1.61**	**0.996 9**
	$\beta=50$	4.34	0.974 4	$\beta=50$	4.04	0.981 2

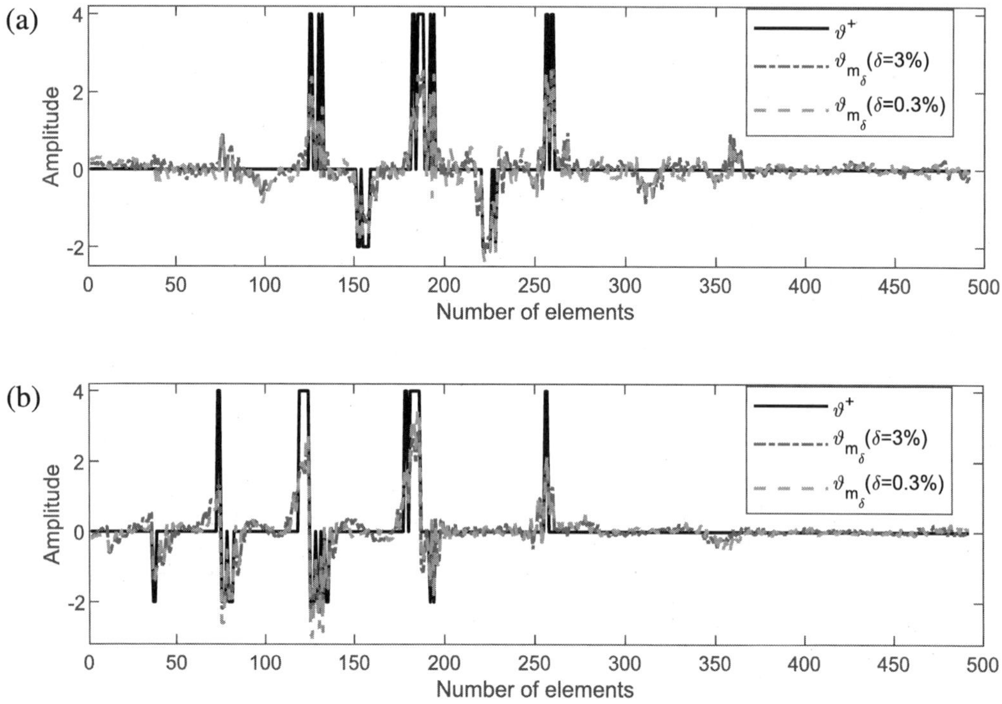

图 8.14 真实非均匀电导率分布$\boldsymbol{\vartheta}^{\dagger}$、以及不同噪声水平下NITR方法近似重构解$\boldsymbol{\vartheta}_{m_\delta}$的稀疏性曲线比较：(a) 模型A；(b) 模型B (纵坐标“Amplitude”表示振幅，横坐标“Number of elements”表示分量个数)

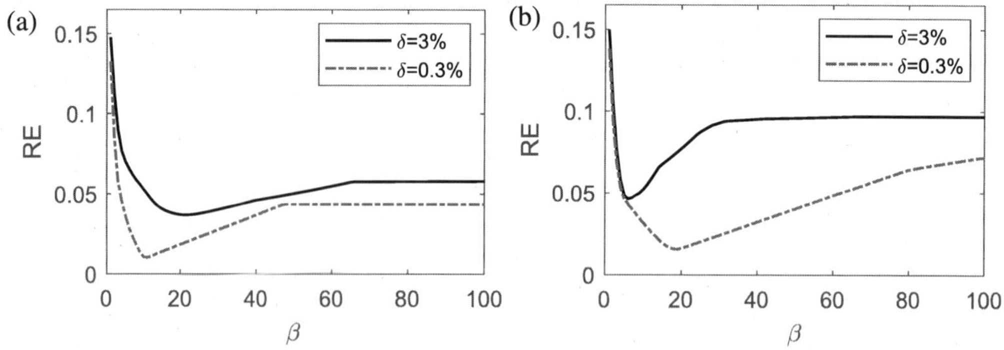

图 8.15 相对误差RE随参数β的变化曲线：(a) 模型A；(b) 模型B

最后，为了验证一步PNITR方法的高效性，将其与目前一些处理稀疏重构模型(8.3.2)的先进算法(如LDGD方法、CLT方法和TSLT方法)进行对比. 文献[177]的数值结果表明，在相同噪声水平下，CLT方法和TSLT方法的成像精度几乎相同. 在不同噪声水平下，当混合参数$\beta = 5$时，图8.18针对模型A展示了一步PNITR方法、LDGD方法和CLT/TSLT方法的重构图像，而图8.19针对模型B展示了一步PNITR方法、LDGD方法和CLT/TSLT方法的重构图像. 正如所预料的那样，随着噪声水平的增加，重构图像的空间分辨率略有下降. 通过对比图8.18和图8.19所示重构图像的差异，可以看出，一步PNITR方法能够更加准确地捕捉到异常体的轮廓，边缘更清晰，伪影更少，重构的高电阻目标体更接近于真实值，而LDGD方法和CLT/TSLT方法都呈现出了更多的伪影，边缘也稍欠清晰. 由此可见，无论是高噪声水平还是低噪声水平，一步PNITR方法的重构效果都要优于其他三种算法. 为进一步详细比较，表8.9列出了图8.18和图8.19所示重构图像对应的数值结果，从中可见，一步PNITR方法获得了更小RE值和更大CC值，始终优于其他三种算法，在计算效率上也呈现出一定的优势. 总之，数值结果进一步验证了，一步PNITR方法在成像质量和计算速度方面与目前现有一些最先进的算法相比是具有竞争力的，在显著改进成像精度和对噪声的鲁棒性方面具有优势.

表 8.9 图8.18和图8.19中重构图像相对应的数值结果比较

噪声水平	模型A			
	方法	RE(%)	CC(0~1)	time(s)
$\delta = 3\%$	PNITR	7.02	0.929 6	0.33
	LDGD	8.28	0.907 7	0.44
	CLT	8.26	0.910 6	0.56
	TSLT	8.26	0.910 6	0.38
噪声水平	模型B			
	方法	RE(%)	CC(0~1)	time(s)
$\delta = 0.3\%$	PNITR	4.64	0.974 4	0.35
	LDGD	9.61	0.887 3	2.20
	CLT	9.60	0.887 7	2.66
	TSLT	9.60	0.887 7	1.78

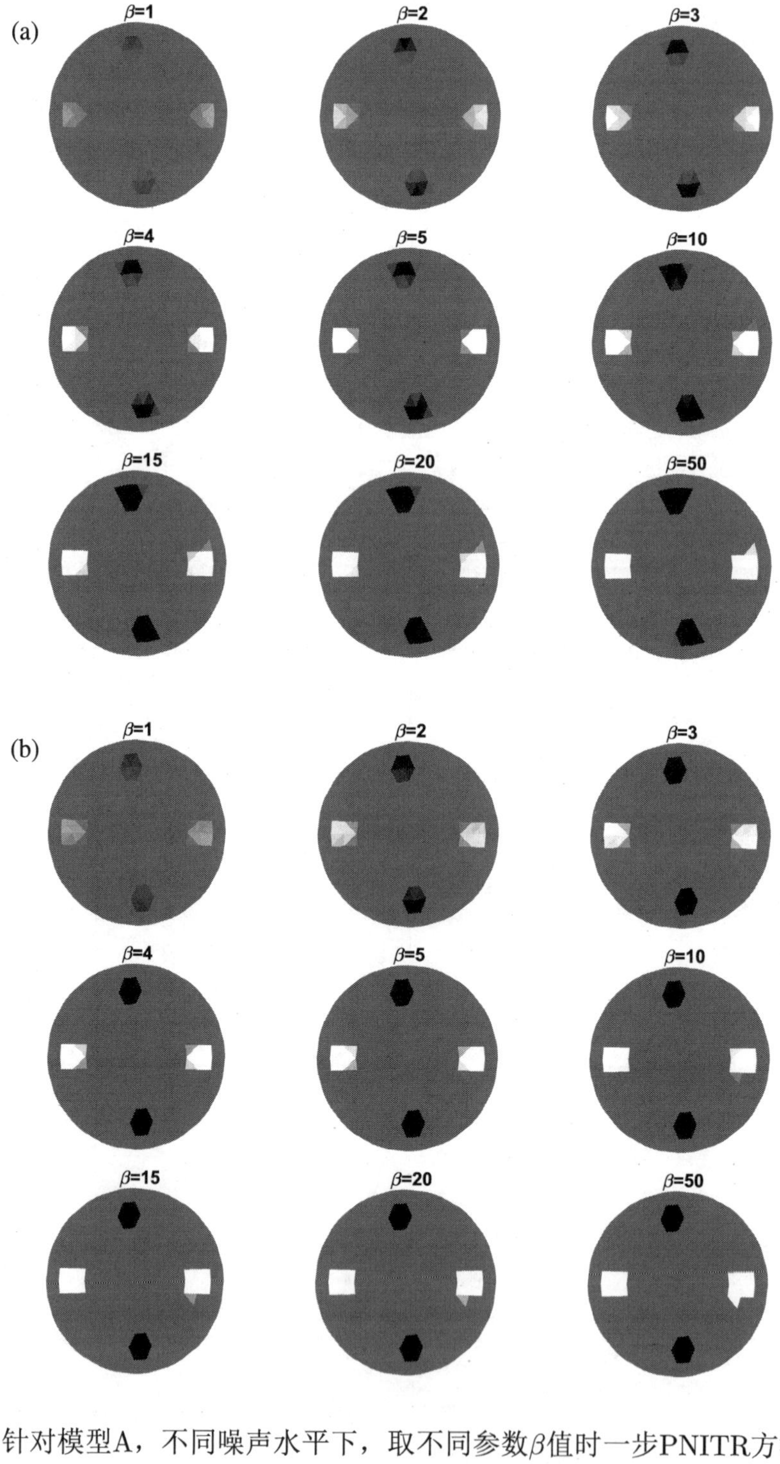

图 8.16 针对模型A，不同噪声水平下，取不同参数β值时一步PNITR方法的重构图像：(a) 噪声水平$\delta = 3\%$；(b) 噪声水平$\delta = 0.3\%$

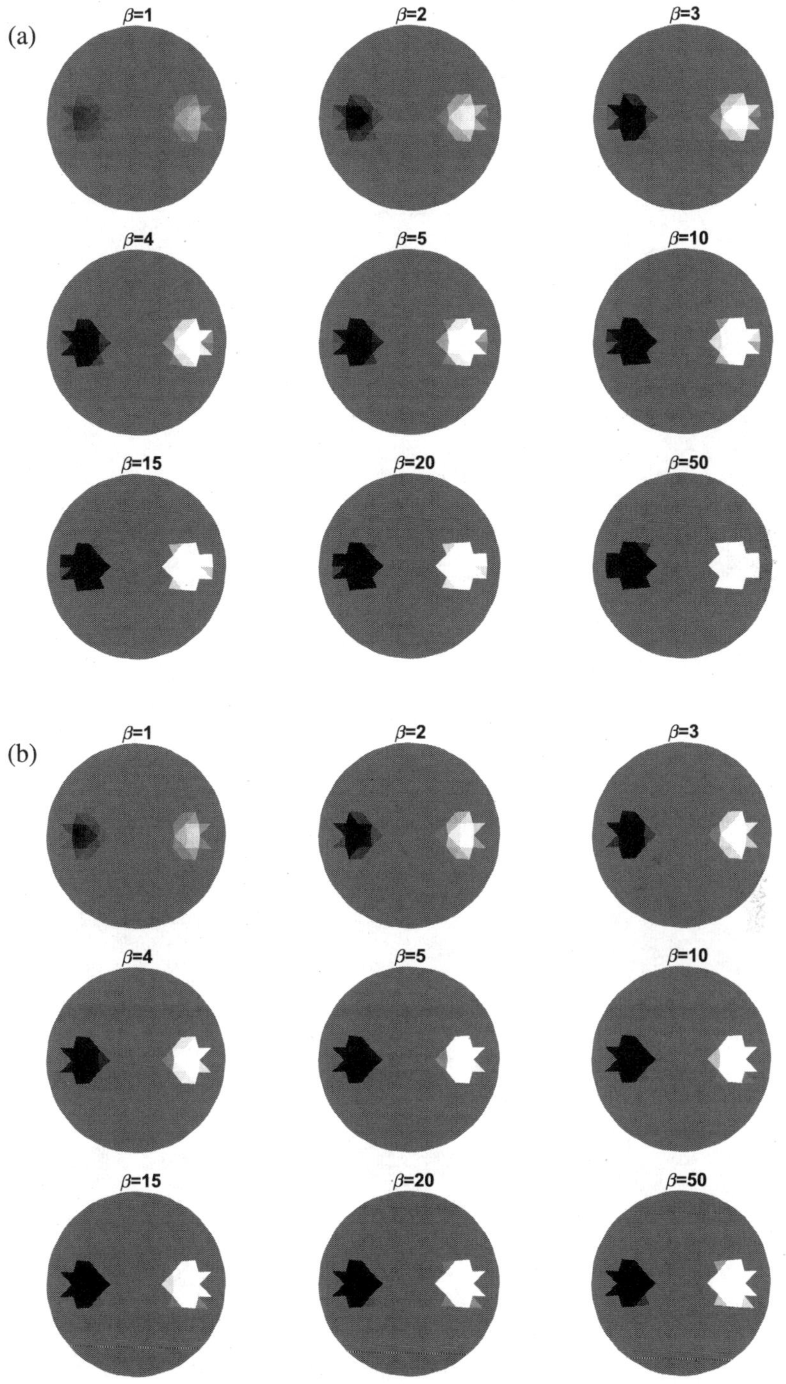

图 8.17 针对模型B，不同噪声水平下，取不同参数β值时一步PNITR方法的重构图像：(a) 噪声水平$\delta = 3\%$；(b) 噪声水平$\delta = 0.3\%$

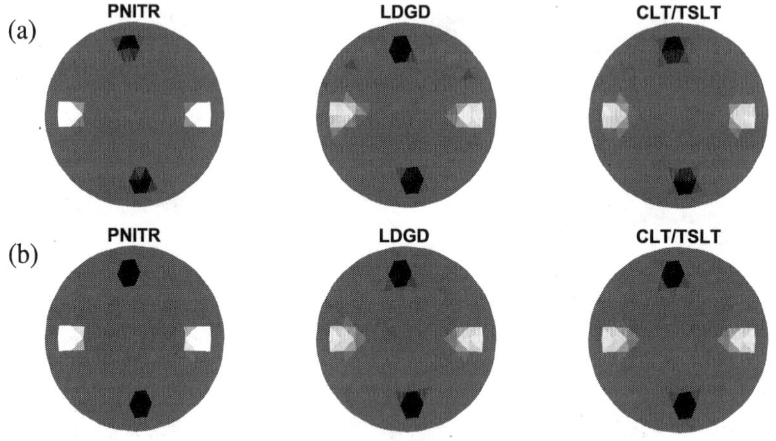

图 8.18 针对模型A，不同噪声水平下，$\beta = 5$时，一步PNITR方法、LDGD方法和CLT/TSLT方法的重构图像比较：(a) 噪声水平$\delta = 3\%$；(b) 噪声水平$\delta = 0.3\%$

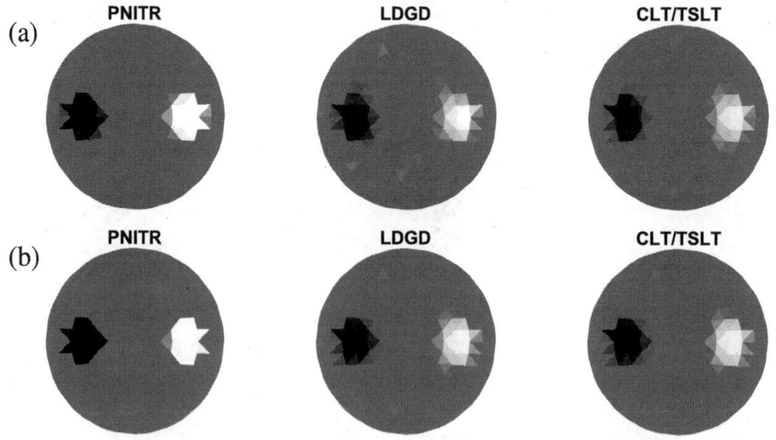

图 8.19 针对模型B，不同噪声水平下，$\beta = 5$时，一步PNITR方法、LDGD方法和CLT/TSLT方法的重构图像比较：(a) 噪声水平$\delta = 3\%$；(b) 噪声水平$\delta = 0.3\%$

8.4 小结

本章针对线性化EIT图像重构问题，基于多参数非光滑混合约束，从迭代正则化的角度探讨了快速、高效的稀疏重构算法，具体内容如下：

（1）引入两步线搜索，即考虑Landweber步长以及耦合了新步长参数的近似Landweber步长，提出了一种两步Landweber型迭代法(TSLT). 进一步，结合Nesterov加速技巧，提出了一种有效的加速版本(ATSLT)，实现了加速的稀疏重构方法. 为了验证所提方法的有效性，进行了数值模拟以及定性和定量比较. 结果表明，与传统的Landweber方法相比，所提出的方法显著减少了满足适当停止准则所需的迭代次数和计算时间，改进了成像效率.

（2）结合同伦摄动技术，提出了一类高效能的同伦摄动迭代重构算法，称为HPIN方法和HPIN-ℓ_1/TV方法. 随后，引入Nesterov加速策略，构造了一类有效的加速型迭代法，称为AHPIN方法和AHPIN-ℓ_1/TV方法. 数值模拟验证了所提方法的可行性和有效性. 数值结果表明，所提Nesterov型加速同伦摄动迭代方法对数据噪声具有鲁棒性，能够有效改进重构图像的成像速度和成像质量，实现了高效快速重构.

（3）引入了一种诱导的近端收缩算子，以NITR迭代的重构结果作为参考近似，进而提出了一步近端稀疏促进方法，简称为PNITR方法，实现均匀电导率下含有有限个简单小型异常体的高质量重构. 所提出的PNITR方法具有双正则化的作用，主要包括两部分：采用NITR迭代生成近似参考结果，以保证重构的可信度和稀疏度；执行一步近端收缩处理和一个强制约束函数作用，从而获得最终的稀疏促进重构. 大量的数值模拟结果表明，该算法与现有的稀疏促进算法相比，在重构质量和重构效率方面取得了更优的结果，从清晰化目标边缘和减少伪影等方面进一步改进了成像质量.

参考文献

[1] NACHMAN A I. Global uniqueness for a two-dimensional inverse boundary value problem[J]. Annals of Mathematics, 1996, 143:71-96.

[2] BROWN R M, UHLMANN G A. Uniqueness in the inverse conductivity problem for nonsmooth conductivities in two dimensions[J]. Communications in Partial Differential Equations, 1997, 22(5-6):1 009 - 1 027.

[3] BODENSTEIN M, DAVID M, MARKSTALLER K. Principles of electrical impedance tomography and its clinical application[J]. Critical Care Medicine, 2009, 37(2):713 - 724.

[4] CHENEY M, ISAACSON D, NEWELL J C. Electrical impedance tomography[J]. IEEE Transactions on Medical Imaging, 1999, 41(1):85 - 101.

[5] BORCEA L. Electrical impedance tomography[J]. Inverse Problems, 2002, 18(6):99 - 136.

[6] BROWN B H. Electrical impedance tomography(EIT): a review[J]. Journal of Medical Engineering and Technology, 2003, 27(3):97 - 108.

[7] HANKE M, BRÜHL M.Recent progress in electrical impedance tomography[J]. Inverse Problems, 2003, 19(6):65.

[8] LIONHEART W, POLYDORIDES N, BORSIC A. The reconstruction problem in electrical impedance tomography: methods, history and applications, chapter I[M]. Bristol and Philadelphia: IOP, 2005.

[9] HOLDER D S. Clinical and physiological applications of electrical impedance tomography[M]. London: CRC Press, 1994.

[10] 刘国强. 医学电磁成像[M]. 北京：科学出版社，2006.

[11] 颜威利，徐桂芝. 生物医学电磁场数值分析：2版[M]. 北京：机械工业出版社，2007.

[12] 肖理庆. 电阻层析成像有限元模型与图像重构方法[M]. 北京：科学出版社，2019.

[13] WOO E J, HUA P, WEBSTER J G. Measuring lung resistivity using electrical impedance tomography[J]. IEEE Transactions on Biomedical Engineering, 1992, 39(7):756 - 760.

[14] KERNER T. Electrical impedance tomography for breast imaging[D]. Hanover: Dartmouth College, 2001.

[15] ZOU Y, GUO Z. A review of electrical impedance techniques for breast cancer detection[J]. Medical Engineering and Physics, 2003, 25(2):79 - 90.

[16] HOLDER D, RAO A, HANQUAN Y. Imaging of physiologically evoked responses by electrical impedance tomography with cortical electrodes in the anaesthetized rabbit[J]. Physiological Measurement, 1996, 17(4A):179 - 186.

[17] FAULKNER M, HANNAN S, ARISTOVICH K. Characterising the frequency response of impedance changes during evoked physiological activity in the rat brain[J]. Physiological Measurement, 2018, 39(3):034007(1-9).

[18] KERNER T E, PAULSEN K D, HARTOV A. et al. Electrical impedance spectroscopy of the breast: clinical imaging results in 26 subjects[J]. IEEE Transactions on Medical Imaging, 2002, 21(6):638-645.

[19] JIA J, WANG M, FARAJ Y. Online conductivity calibration methods for EIT gas/oil in water flow measurement[J]. Flow Measurement and Instrumentation, 2015,46(Part B):213-217.

[20] BECK M S, DYAKOWSKI T, WILLIAMS R A. Process tomography the-state-of-the-art[J]. Transactions of the Institute of Measurement and Control, 1998, 20(4):163 - 177.

[21] RAHMAN N A A, HONG L E, RAHIM R H A. A review: tomography systems in medical and industrial processes[J]. Jurnal Teknologi, 2015, 73(6):1-11.

[22] MALíK M, PRIMAS J, KOTEK M. Mixing of two immiscible phases measured by industrial electrical impedance tomography system[J]. Mechanics & Industry, 2019, 20(7):707.

[23] 范文茹，王勃，周琛. 基于EIT的CFRP层合板缺陷可视化检测[J]. 传感器与微系统, 2020, 39(2):144-149.

[24] LOKE M H, BARKER R D. Practical techniques for 3D resistivity surveys and data inversion[J]. Geophysical Prospecting, 1996, 44(3):499 - 523.

[25] AIZEBEOKHAI A P. 2D and 3D geoelectrical resistivity imaging: theory and field design[J]. Scientific Research and Essays, 2011, 523(23): 3 592-3 605.

[26] RAMIREZ A, DAILY W, LABRECQUE D, ET AL. Monitoring an underground steam injection process using electrical resistance tomography[J]. Water Resources Research, 1993, 29(1):73 - 87.

[27] RAMIREZ A, DAILY W, BINLEY A. Detection of leaks in underground storage tanks using electrical resistance methods[J]. Journal of Environmental and Engineering Geophysics, 1996, 1(3):189 - 203.

[28] DAILY W, RAMIREZ A, BINLEY A. Remote monitoring of leaks in storage tanks using electrical resistance tomography: application at the Hanford Site[J]. Journal of Environmental and Engineering Geophysics, 2004, 9(1):11-24.

[29] SCHWAN H P, KAY C F. The conductivity of living tissues[J]. Annals of the New York Academy of Sciences, 1957, 65(6):1 007-1 013.

[30] KELLER G V. Electrical properties of rocks and minerals[M]. Handbook of Physical Constantsed S P Clarck Jr, New York: Geological Society of America, 2007:553-577.

[31] MARTIN T, IDIER J. Estimating a conductivity distribution via a FEM-based nonlinear bayesian method[J]. The European Physical Journal Applied Physics, 1998, 1(1):87 - 91.

[32] KAIPIO J P, KOLEHMAINEN V, SOMERSALO E. Statistical inversion and monte carlo sampling methods in electrical impedance tomography[J]. Inverse Problems, 2000, 16(5):1487.

[33] WEST R M, AYKROYD R G, MENG S. Markov chain Monte Carlo techniques and spatial-temporal modeling for medical EIT[J]. Physiological Measurement, 2004, 25(1):181.

[34] CLARKE C, JANDAY B. The solution of the biomagnetic inverse problem by maximum statistical entropy[J]. Inverse Problems, 1989, 5:483 - 500.

[35] BARBER D C, BROWN B H, FREESTON I L. Information processing in medical imaging: imaging spatial distributions of resistivity using applied potential tomography-APT[M]. Berlin: Springer Netherlands, 1984:446 - 462.

[36] SANTOSA F, VOGELIUS M. A back-projection algorithm for electrical impedance imaging[J]. SIAM Journal on Applied Mathematics, 1990, 50(1):216 - 243.

[37] KOTRE C J. A sensitivity coefficient method for the reconstruction of electrical impedance tomography[J]. Clinical Physics and Physiological Measurement, 1989, 10(3):275.

[38] MORUCCI J P, MARSILI P M, GRANIE M. A direct sensitivity matrix approach for fast reconstruction in electrical impedance tomography[J]. Physiological Measurement, 1994, 15(2A):A107.

[39] CHENEY M, ISAACSON D, NEWELL J C. NOSER: an algorithm for solving the inverse conductivity problem[J]. International Journal of Imaging Systems and Technology, 1990, 2(2):66 - 75.

[40] HYARIC A L, PIDCOCK M K. A one step image reconstruction algorithm for electrical impedance tomography in three dimensions[J]. Physiological Measurement, 2000, 21:95 - 98.

[41] CHENEY M, ISAACSON D, ISAACSON E L. Exact solutions to a linearized inverse boundary value problem[J]. Inverse Problems, 1990, 6(6):923.

[42] MUELLER J L, SILTANEN S, ISAACSON D. A direct reconstruction algorithm for electrical impedance tomography[J]. IEEE Transactions on Medical Imaging, 2002, 21(6):555 - 559.

[43] ISAACSON D, MUELLER J L, NEWELL J C. Reconstructions of chest phantoms by the D-bar method for electrical impedance tomography[J]. IEEE Transactions on Medical Imaging, 2004, 23(7):821 - 828.

[44] SOMERSALO E, CHENEY M, ISAACSON D. Layer stripping: a direct numerical method for impedance imaging[J]. Inverse Problems, 1991, 7(6):899.

[45] CHENEY M, ISAACSON D, SOMERSALO E J. Layer-stripping reconstruction algorithm for impedance imaging[C]. 14th Annual International Conference of the IEEE on Engineering in Medicine and Biology Society, 1992:1 694 - 1 695.

[46] SYLVESTER J. A convergent layer stripping algorithm for the radially symmetric impedance tomography problem[J]. Communications in Partial Differential Equations, 1992, 17(11-12):1 955 - 1 994.

[47] CHENEY M, ISAACSON D. Issues in electrical impedance imaging[J]. IEEE Computational Science and Engineering, 1995, 2(4):53 - 62.

[48] BASTIAN G, NUUTTI H. Factorization method and irregular inclusions in electrical impedance tomography[J]. Inverse Problems, 2007, 23(5): 2 157 - 2 170.

[49] NUUTTI H, HARRI H, SAMPSA P. Numerical implementation of the factorization method within the complete electrode model of electrical impedance tomography[J]. Inverse Problems and Imaging, 2007, 1(2):299 - 317.

[50] OLMI R, BINI M, PRIORI S. A genetic algorithm approach to image reconstruction in electrical impedance tomography[J]. IEEE Transactions on Evolutionary Computation, 2000, 4(1):83 - 88.

[51] 候卫东, 莫玉虎. 基于遗传算法的电阻抗重建[J]. 生物医学工程学杂志, 2003, 20(1):107 - 111.

[52] YANG L, TRUYEN B, CORNELIS J. A global optimization approach to electrical impedance tomography[C]//IEEE-EMBS 19th Annual International Conference Proceedings. Chicago, 1997(1):437 - 444.

[53] 候卫东, 莫玉虎. 基于反向传播神经网络的阻抗断层图像重建新方法[J]. 光学学报, 2002, 20(1):107 - 111.

[54] KAIPIO J P, KOLEHMAINEN V, SOMERSALO E. Statistical inversion and Monte Carlo sampling methods in electrical impedance tomography[J]. Inverse Problems, 2000, 16(5):1 487-1 522.

[55] YORKEY J T, WEBSTER J G, TOMPKINS W J. Comparing reconstruction algorithms for electrical impedance tomography[J]. IEEE Transactions on Biomedical Engineering, 1987, 34(11):843-852.

[56] ARTOLA J, DELL J. Broyden quasi-Newton method applied to electrical impedance tomography[J]. Electronics Letters, IET, 1994,30(1):27 - 28.

[57] WOO E J, HUA P, WEBSTER J G, et al. A robust image reconstruction algorithm and its parallel implementation in electrical impedance tomography[J]. IEEE Transactions on Medical Imaging 1993, 12(2):137-146.

[58] MIN C K，KIM S，KIM K Y. Regularization methods in electrical impedance tomography technique for the two-phase flow visualization[J]. International Communications in Heat & Mass Transfer, 2001,28(6):773-782.

[59] FAN W R, WANG H X. Maximum entropy regularization method for electrical impedance tomography combined with a normalized sensitivity map[J]. Flow Measurement and Instrumentation, 2010, 21(3):277-283.

[60] CHUNG E T, CHAN T F, TAI X C. Electrical impedance tomography using level set representation and total variational regularization[J]. Journal of Computational Physics, 2005, 205(1):357-372.

[61] TANUSHEV N M, VESE L A. A piecewise-constant binary model for electrical impedance tomography[J]. Inverse Problems and Imaging, 2007, 1(2):423-435.

[62] LIU D, SMYL D, DU J F. A parametric level set-based approach to difference imaging in electrical impedance tomography[J]. IEEE Transactions on Medical Imaging, 2019, 38(1):145-155.

[63] LIU D, GU D P, SYML D. B-Spline level set method for shape reconstruction in electrical impedance tomography[J]. IEEE Transactions on Medical Imaging, 2020, 39(6):1 917-1 929.

[64] LIU D, GU D P, SMYL D. Shape reconstruction using boolean operations in electrical impedance tomography[J]. IEEE Transactions on Medical Imaging, 2020, 39(9):2 954-2 964.

[65] LIU D, GU D, SMYL D. Multiphase conductivity imaging with electrical impedance tomography and B-spline level set method[J]. IEEE

Transactions on Instrumentation and Measurement, 2020, 69(12):9 634-9 644.

[66] LIU D, GU D, SMYL D. Shape-Driven EIT reconstruction using Fourier representations[J]. IEEE Transactions on Medical Imaging, 2021, 40(2):481-490.

[67] LIU S H, JIA J B, ZHANG Y D. Image reconstruction in electrical impedance tomography based on structure-aware sparse bayesian learning[J]. IEEE Transactions on Medical Imaging, 2018, 37(9):2 090-2 102.

[68] LIU S H, WU H, HUANG Y. Accelerated structure-aware sparse Bayesian learning for three-dimensional electrical impedance tomography[J]. IEEE Transactions on Industrial Informatics, 2019, 15(9):5 033 - 5 041.

[69] LIU S H, HUANG Y, WU H. Efficient multi-task structure-aware sparse Bayesian learning for frequency-difference electrical impedance tomography[J]. IEEE Transactions on Industrial Informatics, 2021, 17(1):463-472.

[70] LIU S H, CAO R, HUANG Y. Time sequence learning for electrical impedance tomography using Bayesian spatiotemporal priors[J]. IEEE Transactions on Instrumentation and Measurement, 2020, 69(9):6 045-6 057.

[71] KHAN T A, LING S H. Review on electrical impedance tomography: artificial intelligence methods and its applications[J]. Algorithms, 2019, 12(5):88.

[72] ADLER A, GUARDO R. A neural network image reconstruction technique for electrical impedance tomography[J]. IEEE Transactions on Medical Imaging, 1994, 13(4):594-600.

[73] KOSOWSKI G, RYMARCZYK T. Using neural networks and deep learning algorithms in electrical impedance tomography[J]. Informatyka Automatyka Pomiary w Gospodarce i Ochronie Srodowiska, 2017, 7(3):99-102.

[74] HAMILTON S J, HAUPTMANN A. Deep D-bar: Real time electrical impedance tomography imaging with deep neural networks[J]. IEEE Transactions on Medical Imaging, 2018, 37(10):2 367-2 377.

[75] LI X, ZHOU Y, WANG J. A novel deep neural network method for electrical impedance tomography[J]. Transactions of the Institute of Measurement and Control, 2019, 41(14):4 035 - 4 049.

[76] TAN C, LV S H, DONG F. Image reconstruction based on convolutional neural network for electrical resistance tomography[J]. IEEE Sensors Journal, 2019, 19(1): 196-204.

[77] LIN Z, GUO R, ZHANG K. Neural network-based supervised descent method for 2D electrical impedance tomography[J]. Physiological Measurement, 2020, 41(7):074003.

[78] REN S, SUN K, TAN C. A two-stage deep learning method for robust shape reconstruction with electrical impedance tomography[J]. IEEE Transactions on Instrumentation and Measurement, 2020, 69: 4 887-4 897.

[79] FAN Y W, YING L X. Solving electrical impedance tomography with deep learning[J]. Journal of Computational Physics, 2020, 404(1-3):109119.

[80] WEI Z, ZONG Z, WANG Y S. A reliable deep learning scheme for nonlinear reconstructions in electrical impedance tomography[J]. IEEE Transactions on Computational Imaging, 2021, 7:789-798.

[81] LIU D, WANG J, SHAN Q, et al. DeepEIT: deep image prior enabled electrical impedance tomography[J]. IEEE Transactions on Pattern Analysis and Machine Intelligence, 2023,45(8):9 627-9 638.

[82] ENGLE H W, HANKE M, NEUBAUER A. Regularization of inverse problems[M]. Berlin: Springer, 1996.

[83] BAKUSHINSKY A, GONCHARSKY A. Ill-posed problems: theory and applications[M]. Berlin: Springer Netherlands, 1994.

[84] ISAKOV V. Inverse problems in partial differential equations[M]. Berlin: Springer, 2005.

[85] KIRSCH A. An introduction to the mathematical theory of inverse problems[M]. Berlin: Springer, 2011.

[86] 肖庭延, 于慎根, 王彦飞. 反演问题的数值解法[M]. 北京: 科学出版社, 2003.

[87] 刘继军. 不适定问题的正则化方法及应用[M]. 北京: 科学出版社, 2005.

[88] 王彦飞. 反演问题的计算方法及其应用[M]. 北京: 高等教育出版社, 2007.

[89] TIKHONOV A N, ARSENIN V Y. Solution of ill-posed problems[M]. State of New Jersey: Wiley, 1977.

[90] HONERKAMP J, WEESE J. Tikhonov's regularization method for ill-posed problems[J]. Continuum Mechanics and Thermodynamics, 1990, 2(1):17 - 30.

[91] BAKUSHINSKII A B. The problem of the convergence of the iteratively regularized Gauss-Newton method[J]. Computational Mathematics and Mathematical Physics, 1992, 32(9):1 353 - 1 359.

[92] VOGEL C R. Computational methods for inverse problems =:反问题的计算方法[M]. 北京：清华大学出版社, 2011.

[93] ACAR R, VOGEL C R. Analysis of bounded variation penalty methods for ill-posed problems[J]. Inverse Problems, 1994, 10(6):1 217.

[94] STRONG D, CHAN T. Edge-preserving and scale-dependent properties of total variation regularization[J]. Inverse Problems, 2003, 19(6):165-187.

[95] CHAMBOLLE A, LIONS P L. Image recovery via total variation minimization and related problems[J]. Numerische Mathematik, 1997, 76(2):167 - 188.

[96] CHAMBOLLE A. An algorithm for total variation minimization and applications[J]. Journal of Mathematical Imaging and Vision, 2004, 20(1-2):89 - 97.

[97] WEISS P, BLANC-FERAUD L, AUBERT G. Efficient schemes for total variation minimization under constraints in image processing[J]. SIAM Journal on Scientific Computing, 2009, 31(3):2 047 - 2 080.

[98] LUENBERGER D G, YE Y. Linear and nonlinear programming[M]. Berlin: Springer, 2008.

[99] RUDIN L I, OSHER S, FATEMI E. Nonlinear total variation based noise removal an agorithms[J]. Physica D: Nonlinear Phenomena, 1992, 60(1):259 - 268.

[100] VOGEL C R, OMAN M E. Iterative methods for total variation denoising[J]. SIAM Journal on Scientific Computing, 1996, 17(1):227 - 238.

[101] DOBSON D C, VOGEL C R. Convergence of an iterative method for total variation denoising[J]. SIAM Journal on Numerical Analysis, 1997, 34(5):1 779 - 1 791.

[102] ANDERSEN K D, CHRISTIANSEN E, CONN A. An efficient primal-dual interior-point method for minimizing a sum of Euclidean norms[J]. SIAM Journal on Scientific Computing, 2000, 22(1):243 - 262.

[103] DONOHO D L. Compressed sensing[J]. IEEE Transactions on Information Theory, 2006, 52(4):1 289 - 1 306.

[104] CANDES E, ROMBERG J, TAO T. Stable signal recovery from incomplete and inaccurate measurements[J]. Communications on Pure and Applied Mathematics, 2006, 59:1 207 - 1 223.

[105] ELDAR, YONINA C, KUTYNIOK G. Compressed sensing: theory and applications[M]. Cambridge: Cambridge University Press, 2012.

[106] JIN B T, MAASS P. Sparsity regularization for parameter identification problems[J]. Inverse Problems, 2012, 28(12):123001.

[107] AELTERMAN J, LUONG H, GOOSSENS B. Augmented lagrangian based reconstruction of non-uniformly sub-Nyquist sampled MRI data[J]. Signal Processing, 2011, 91:2 731 - 2 742.

[108] GAO H, ZHAO H. Multilevel bioluminescence tomography based on radiative transfer equation part 1: ℓ_1-regularization[J]. Optics Express, 2010, 18(3):1 854-1 871.

[109] GAO H, ZHAO H. Multilevel bioluminescence tomography based on radiative transfer equation part 2: total variation and ℓ_1 Data fidelity[J]. Optics Express, 2010, 18(3):2 894 - 2 912.

[110] LORIS I, NOLET G, DAUBECHIES I. Tomographic inversion using ℓ-norm regularization of wavelet coefficients[J]. Geophysical Journal International, 2007, 170(1):359 - 370.

[111] GHOLAMI A, SIAHKOOHI H R. Regularization of linear and non-linear geophysical ill-posed problems with joint sparsity constraints[J]. Geophysical Journal International, 2010, 180(2):871 - 882.

[112] GRASMAIR M, HALTMEIER M, SCHERZER O. Sparse regularization with ℓ_q penalty term[J]. Inverse Problems, 2008, 24(5):055020.

[113] DAUBECHIES I, DEFRISE M, MOL C D. An iterative thresholding algorithm for linear inverse problems with a aparsity constraint[J]. Communications on Pure and Applied Mathematics, 2004, 57(11): 1 413 - 1 457.

[114] BREDIES K, LORENZ D A. Linear convergence of iterative soft-thresholding[J]. Journal of Fourier Analysis and Applications, 2008, 14(5-6):813 - 837.

[115] GRIESSE R, LORENZ D A. A semismooth Newton method for Tikhonov functionals with sparsity constraints[J]. Inverse Problems, 2008, 24(3):035007.

[116] KIM S J, KOH K, LUSTIG M. An interior-point method for large-scale ℓ_1-regularized least squares[J]. IEEE Journal of Selected Topics in Signal Processing, 2007, 1(4):606-617.

[117] BECK A, TEBOULLE M. A fast iterative shrinkage-thresholding algorithm for linear inverse problems[J]. SIAM Journal on Imaging Sciences, 2009, 2(1):183 - 202.

[118] GOLDSTEIN T, OSHER S. The split Bregman method for L1-regularized problems[J]. SIAM Journal on Imaging Sciences, 2009, 2(2):323 - 343.

[119] LORIS I. On the performance of algorithms for the minimization of L1-penalized functionals[J]. Inverse Problems, 2009, 25(3):035008.

[120] XU Z B, ZHANG H, WANG Y. $L_{1/2}$ regularization. Sci China Series F(Inf Sci), 2010, 53(6):1 159 - 1 169.

[121] RAMLAU R, TESCHKE G. A Tikhonov-based projection iteration for nonlinear ill-posed problems with sparsity constraints[J]. Numerische Mathematik, 2006, 104(2):177 - 203.

[122] BONESKY T, BREDIES K, LORENZ D A. A generalized conditional gradient method for nonlinear operator equations with sparsity constraints[J]. Inverse Problems, 2007, 23(5):2 041-2 058.

[123] LORENZ D A, MAASS P, MUOI P Q. Gradient descent for Tikhonov functionals with sparsity constraints: theory and numerical comparison of step size rules[J]. Electronic Transactions on Numerical Analysis, 2012, 39(2):437 - 463.

[124] TESCHKE G, BORRIES C. Accelerated projected steepest descent method for nonlinear inverse problems with sparsity constraints[J]. Inverse Problems, 2010, 26(2):025007.

[125] MUOI P Q, HAO D N, MAASS P. Semi-smooth Newton and quasi-Newton methods in weighted ℓ_1-regularization[J]. 2013, 21:665 - 693.

[126] MUOI P Q. Sparsity constraints and regularization for nonlinear inverse problems[D]. Bremen: University Bremen, 2012.

[127] LANDWEBER L. An iteration formula for fredholm integral equations of the first kind[J]. American Journal of Mathematics, 1951, 73(3):615-624.

[128] HANKE M, NEUBAUER A, SCHERZER O. A convergence analysis of the Landweber iteration for nonlinear ill-posed problems[J]. Numerische Mathematik, 1995, 72(1):21 - 37.

[129] RAMLAU R. A modified Landweber method for inverse problems[J]. Numerical Functional Analysis and Optimization, 1999, 20(1-2):79 - 98.

[130] SCHERZER O. A modified Landweber iteration for solving parameter estimation problems[J]. Applied Mathematics and Optimization, 1998, 38(1):45 - 68.

[131] LI L, HAN B, WANG W. R-K type Landweber method for nonlinear ill-posed problems[J]. Journal of Computational and Applied Mathematics, 2007, 206(1): 341 - 357.

[132] WANG W, HAN B, LI L. A Runge-Kutta type modified Landweber method for nonlinear ill-posed operator equations[J]. Journal of Computational and Applied Mathematics, 2008, 212(2):457 - 468.

[133] CAO L, HAN B, WANG W. Homotopy perturbation method for nonlinear illposed operator equations[J]. International Journal of Nonlinear Sciences and Numerical Simulation, 2009, 10(10):1 319-1 322.

[134] CAO L, HAN B. Convergence analysis of the homotopy perturbation method for solving nonlinear ill-posed operator equations[J]. Computers and Mathematics with Applications: An International Journal, 2011, 61(8):2 058-2 061.

[135] NEUBAUER A. On Nesterov acceleration for Landweber iteration of linear ill-posed problems[J]. Journal of Inverse and Ill-Posed Problems, 2017, 25(3):381-390.

[136] KOWAR R, SCHERZER O. Convergence analysis of a Landweber-Kaczmarz method for solving nonlinear ill-posed problems[J]. Journal of Inverse and Ill-Posed Problems, 2002, 23:69-90.

[137] HANKE M. A regularizing Levenberg-Marquardt scheme with applications to inverse ground-water filtration problems[J]. Inverse Problems, 1997, 13:79 - 95.

[138] RIEDER A. On the regularization of nonlinear ill-posed problems via inexact Newton iterations[J]. Inverse Problems, 1999，15(1):309-327.

[139] BECK A, TEBOULLE M. A fast dual proximal gradient algorithm for convex minimization and applications[J]. Operations Research Letters, 2014，42(1):1-6.

[140] 刘浩洋，户将，李永峰，等. 最优化：建模、算法与理论[M]. 北京: 高等教育出版社, 2022.

[141] PARIKH N, BOYD S. Proximal Algorithms[J], Foundations and Trends in Optimization, 2014, 1(3):127-239.

[142] NESTEROV Y. A method of solving a convex programming problem with convergence rate $O(1/k^2)$[J]. Soviet Mathematics Doklady, 1983, 27:372-376.

[143] NESTEROV Y. On an approach to the construction of optimal methods for minimizing smooth convex functions[J]. Ekonomika i Mateatichekie Metody, 1988, 24(3):509-517.

[144] NESTEROV Y. Smooth minimization of non-smooth functions[J]. Mathmatical Programming, 2005, 103(1):127-152.

[145] VAUHKONEN M. Electrical impedance tomography and prior information[D]. Kuopio: University of Kuopio, 1997.

[146] SOMERSALO E, CHENEY M, ISAACSON D. Existence and uniqueness for electrode models for electric current computed tomography[J]. SIAM Journal on Applied Mathematics, 1992, 52(4):1 023-1 040.

[147] LECHLEITER A, RIEDER A. Newton regularizations for impedance tomography: convergence by local injectivity[J]. Inverse Problems, 2008, 24(6):065009.

[148] JIN B, MAASS P. An analysis of electrical impedance tomography with applications to Tikhonov regularization[J]. Esaim Control Optimisation & Calculus of Variations, 2012, 18(4):1 027-1 048.

[149] VAUHKONEN M, KAIPIO J P, SOMERSALO E. Electrical impedance tomography with Basis Constraints[J]. Inverse Problems, 1997, 13(2):523.

[150] WOO E J, HUA P, WEBSTER J G. Finite-element method in electrical impedance tomography[J]. Medical and Biological Engineering and Computing, 1994, 32(5):530-536.

[151] VAUHKONEN M, VADASZ D, KARJALAINEN P A. Tikhonov regularization and prior information in electrical impedance tomography[J]. IEEE Transactions on Medical Imaging, 1998, 17(2):285-293.

[152] LUKASCHEWITSCH M, MAASS P, PIDCOCK M. Tikhonov regularization for electrical impedance tomography on unbounded domains[J]. Inverse Problems, 2003, 19(3):585.

[153] BORSIC A, GRAHAM B M, ADLER A. In vivo impedance imaging with total variation regularization[J]. IEEE Transactions on Medical Imaging, 2010, 29(1):44-54.

[154] HINZE M, KALTENBACHER B, QUYEN T N T. Identifying conductivity in electrical impedance tomography with total variation regularization[J]. Numerische Mathematik, 2018, 138(3):723-765.

[155] GONG B, SCHULLCKE B, KRUEGER-ZIOLEK S. Higher order total variation regularization for EIT reconstruction[J]. Medical &biological engineering & computing, 2018, 56(8):1 367-1 378.

[156] JIN B T, KHAN T, MAASS P. A reconstruction algorithm for electrical impedance tomography based on sparsity regularization[J]. International Journal for Numerical Methods in Engineering, 2012, 89(3):337-353.

[157] WANG J, MA J W, HAN B, et al. Split Bregman iterative algorithm for sparse reconstruction of electrical impedance tomography[J]. Signal Processing, 2012, 92:2 952-2 961.

[158] GARDE H, KNUDSEN K. Sparsity prior for electrical impedance tomography with partial data[J]. Inverse Problems in Science and Engineering, 2016, 24(3):524-541.

[159] GEHRE B, KLUTH T, SEBU C. Sparse 3D reconstructions in electrical impedance tomography using real data[J]. Inverse Problems in Science and Engineering, 2014, 22:31-44.

[160] HUANG J, ZHANG T. The benefit of group sparsity[J]. Annals of Statistics, 2010, 38(4):1 978-2 004.

[161] YANG Y, JIA J. An image reconstruction algorithm for electrical impedance tomography using adaptive group sparsity constraint[J]. IEEE Transactions on Instrumentation and Measurement, 2017, 66(9): 2 295-2 305.

[162] YE J, WANG H, YANG W. Image recovery for electrical capacitance tomography based on low-rank decomposition[J]. IEEE Transactions on Instrumentation & Measurement, 2017, 66(7):1 751-1 759.

[163] 黄嵩, 何为. 电阻抗成像中混合罚函数正则化算法的仿真研究[J]. 计算机仿真, 2006, 4:94-97.

[164] 黄嵩, 张占龙, 姚骏. 基于混合正则化算法的颅内异物电阻抗成像仿真研究[J]. 中国生物医学工程学报, 2007, 26(5):695-699.

[165] 韩波, 窦以鑫, 丁亮. 电阻抗成像的混合正则化反演算法[J]. 地球物理学报, 2012, 55(3):970-980.

[166] LIU J, LIN L, ZHANG W. A novel combined regularization algorithm of total variation and Tikhonov regularization for open electrical impedance tomography[J]. Physiological Measurement, 2013, 34(7):823-838.

[167] SONG X, XU Y, DONG F. A hybrid regularization method combining Tikhonov with total variation for electrical resistance tomography[J]. Flow Measurement and Instrumentation, 2015, 46:268-275.

[168] WANG J, HAN B, WANG W. Elastic-net regularization for nonlinear electrical impedance tomography with a splitting approach[J]. Applicable Analysis, 2019，98(12):2 201-2 217.

[169] WANG J. Non-convex ℓ_p regularization for sparse reconstruction of electrical impedance tomography[J]. Inverse Problems in Science and Engineering, 2021, 29(7):1 032-1 053.

[170] YANG W Q, SPINK D M, YORK T A. An image reconstruction algorithm based on Landweber's iteration method for electrical capacitance

tomography[J]. Measurement Science and Technology, 1999, 10(11): 1 065.

[171] LI Y, YANG W. Image reconstruction by nonlinear Landweber iteration for complicated distributions[J]. Measurement Science and Technology, 2008, 19:094014.

[172] WANG H, WANG C, YIN W. A pre-iteration method for the inverse problem in electrical impedance tomography[J]. Instrumentation and Measurement, 2004, 53(4):1 093-1 096.

[173] JANG J D, LEE S H, KIM K Y. Modified iterative Landweber method in electrical capacitance Tomography[J]. Measurement Science and Technology, 2006, 17(7):1 909.

[174] LU G, PENG L, ZHANG B. Preconditioned Landweber iteration algorithm for electrical capacitance tomography[J]. Flow Measurement and Instrumentation, 2005, 16(2):163 - 167.

[175] WANG J, HAN B. Image reconstruction based on homotopy perturbation inversion method for electrical impedance tomography[J]. Journal of Applied Mathematics, 2013, 2013(11):135-148.

[176] WANG J, HAN B. Application of a class of iterative algorithms and their accelerations to Jacobian-based linearized EIT image reconstruction[J]. Inverse Problems in Science and Engineering, 2021, 29(8):1 108 -1 126.

[177] WANG J. A two-step accelerated Landweber-type iteration regularization algorithm for sparse reconstruction of electrical impedance tomography[J]. Mathematical Methods in the Applied Sciences, 2024, 47(5): 3 261-3 272.

[178] WANG J. An efficient one-step proximal method for EIT sparse reconstruction based on nonstationary iterated Tikhonov regularization[J]. Applied Mathematics in Science and Engineering, 2023, 31(1):2157413.

[179] VAUHKONEN M, LIONHEART W R, HEIKKINEN L M. A MATLAB package for the EIDORS project to reconstruct two-dimensional EIT images[J]. Physiological Measurement, 2001, 22(1):107-111.

[180] 黄嵩. 电阻抗静态成像中正则化算法研究[D]. 重庆：重庆大学, 2005.

[181] WIRGIN A. The inverse crime, 2004[J]. URL http://hal.archives-ouvertes.fr/hal-00001084/en/. Research report.

[182] O'LEARY D P, HANSEN P C. The use of the L-curve in the regularization of discrete ill-posed problems[J]. SIAM Journal on Scientific Computing, 1993, 14(6):1 487-1 503.

[183] GOLUB G H, HEATH M, WAHBA G. Generalized Cross-Validation as a method for choosing a good ridge parameter[J]. Technometrics, 1979, 21(2):215 - 223.

[184] BORSIC A. Regularization methods for imaging from electrical measurements[D]. Oxford: Oxford Brookes University, 2002.

[185] OSHER S, BURGER M, GOLDFARB D. An iterative regularization method for total variation-based image restoration[J]. Multiscale Modeling and Simulation, 2005, 4(2):460 - 489.

[186] YIN W, OSHER S, GOLDFARM D. Bregman iterative algorithms for L1-minimization with applications to compressed sensing[J]. SIAM Journal on Imaging Sciences, 2008, 1(1):143 - 168.

[187] CAI J, OSHER S, SHEN Z. Split Bregman methods and frame based image restoration[J]. Multiscale modeling and simulation, 2009, 8(2):337 - 369.

[188] PLONKA G, MA J W. Curvelet-wavelet regularized Split Bregman iteration for compressed sensing[J]. International Journal of Wavelets, Multiresolution and Information Processing, 2011, 9(01): 79 - 110.

[189] YIN W, OSHER S. Error forgetting of Bregman iteration[J]. Journal of Scientific Computing, 2013, 54(2-3):684 - 695.

[190] YOUZWISHEN C F, SACCHI M D. Edge preserving imaging[J]. Journal of Seismic Exploration, 2006, 15(1):45.

[191] ZOU H, HASTIE T. Regularization and variable selection via the elastic net[J]. Journal of the Royal Statistical Society: Series B(Statistical Methodology), 2005, 67(2):301 - 320.

[192] JIN B, LORENZ D, SCHIFFLER S. Elastic-net regularization: error estimates and active set methods[J]. Inverse Problems, 2009, 25(11): 1 595-1 610.

[193] GE D, JIANG X, YE Y. A note on the complexity of ℓ_p minimization[J]. Mathematical Programming, 2011, 129(2):285-299.

[194] XU Z B, ZHANG H, WANG Y. $L_{1/2}$ regularization[J]. Science in China Series F(Information Science), 2010, 53(6):1 159-1 169.

[195] XU Z, CHANG X, XU F. $L_{1/2}$ regularization: a thresholding representation theory and a fast solver[J]. IEEE Transactions on Neural Networks and Learning Systems, 2012, 23(7):1 013-1 027.

[196] LAI M J, WANG J. An unconstrained ℓ_q minimization with $0 < q \leqslant 1$ for sparse solution of under-determined linear systems[J]. SIAM Journal on Optimization, 2009, 21(1):82-101.

[197] LU Z. Iterative reweighted minimization methods for ℓ_p regularized unconstrained nonlinear programming[J]. Mathematical Programming, 2014, 147(1-2):277-307.

[198] CHEN X, XU F, YE Y. Lower bound theory of nonzero entries in solutions of ℓ_2-ℓ_p minimization[J]. SIAM Journal on Scientific Computing, 2010, 32(5):2 832-2 852.

[199] CHEN X, ZHOU W. Smoothing nonlinear conjugate gradient method for image restoration using nonsmooth nonconvex minimization[J]. SIAM Journal on Imaging Sciences, 2010, 3(4):765-790.

[200] CHEN X. Smoothing methods for nonsmooth, nonconvex minimization[J]. Mathematical programming, 2012, 134(1):71-99.

[201] CHEN X. Non-Lipschitz ℓ_p-regularization and box constrained model for image restoration.[J].IEEE Transactions on Image Processing, 2012, 21(12):4 709-4 721.

[202] CHEN X, ZHOU W. Convergence of the reweighted ℓ_1 minimization algorithm for ℓ_2-ℓ_p minimization[J]. Computational Optimization and Applications, 2014, 59(1-2):47-61.

[203] CUI A, PENG J, LI H. Iterative thresholding algorithm based on non-convex method for modified ℓ_p-norm regularization minimization[J]. Journal of Computational and Applied Mathematics, 2019, 347:173-180.

[204] CHEN X, GE D, WANG Z. Complexity of unconstrained ℓ_2-ℓ_p minimization[J]. Mathematical Programming, 2014, 143(1-2):371-383.

[205] HUBER P J. Robust statistics[M]. New York: John Wiley and Sons, 1981.

[206] BLACK M J, RANGARAJAN A. On the unification of line processes, outlier rejection, and robust statistics with applications in early vision[J]. International Journal of Computer Vision, 1996, 19(1):57-91.

[207] HE J H. Homotopy perturbation technique[J]. Computer Methods in Applied Mechanics and Engineering, 1999, 178(3-4):257-262.

[208] HE J H. Homotopy perturbation method for bifurcation of nonlinear problems[J]. International Journal of Nonlinear Sciences & Numerical Simulation, 2005, 6(2):207-208.

[209] JAFARI H, MOMANI S. Solving fractional diffusion and wave equations by modified homotopy perturbation method[J]. Physics Letters A, 2007, 370(5-6):388-396.

[210] FU H S, CAO L, HAN B. A homotopy perturbation method for well log constrained seismic waveform inversion[J]. Chinese Journal of Geophysics-Chinese Edition. 2012, 55(9):3 173-3 179.

[211] WANG J, WANG W, HAN B. An iteration regularizaion method with general convex penalty for nonlinear inverse problems in Banach spaces[J]. Journal of Computational and Applied Mathematics, 2019, 361:472-486.

[212] LONG H, HAN B, TONG S. A new Kaczmarz type method and its acceleration for nonlinear ill-posed problems[J]. Inverse Problems, 2019, 35:055004.

[213] TONG S, HAN B, LONG H. An accelerated sequential subspace optimization method based on homotopy perturbation iteration for nonlinear ill-posed problems[J]. Inverse Problems, 2019, 35(12):125005.

[214] XIA Y, HAN B, GU R. An accelerated Homotopy-Perturbation-Kaczmarz method for solving nonlinear inverse problems[J]. Journal of Computational and Applied Mathematics, 2022,404(1):113897.

[215] RIEDER A. On the regularization of nonlinear ill-posed problems via inexact Newton iterations[J]. Inverse Problems, 1999, 15(1):309-327.

[216] JIN Q N. Inexact Newton-Landweber iteration for solving nonlinear inverse problems in Banach spaces[J]. Inverse Problems, 2012, 28(6):065002.

[217] JIN Q N. Inexact Newton-Landweber iteration in Banach spaces with nonsmooth convex penalty terms[J]. SIAM Journal on Numerical Analysis, 2015, 53(5):2 389-2 413.

[218] GU R, HAN B. Inexact Newton regularization in Banach spaces based on two-point gradient method with uniformly convex penalty terms[J]. Applied Numerical Mathematics, 2021, 160:122-145.

[219] FAN B, XU C. Inexact Newton regularization combined with two-point gradient methods for nonlinear ill-posed problems[J]. Inverse Problems, 2021, 37(4):045007.

[220] JIN Q, WANG W. Landweber iteration of Kaczmarz type with general non-smooth convex penalty functionals[J]. Inverse Problems, 2013, 29(8):085011.

[221] RADU I B, TORSTEN H. Iterative regularization with general penalty term-theory and application to $\ell_1$and TV regularization[J]. Inverse Problems, 2012, 28(10):104010.

[222] YIN W T. Analysis and generalizations of the linearized Bregman method[J]. SIAM Journal on Imaging Sciences, 2010, 3(4):856-877.

[223] HUANG B, MA S, GOLDFARB D. Accelerated linearized bregman method[J]. Journal of Scientific Computing, 2012, 54(2-3):428-453.

[224] SCHRÖTER T, TAUTENHAHN U. On the optimality regularization methods for solving linear ill-posed problems[J]. Zeitschrift für Analysis und ihre Anwendungen = Journal of Analysis and its Applications, 1994, 13(4):297-710.

[225] HANKE M, GROETSCH C W. Nonstationary iterated Tikhonov regularization[J]. Journal of Optimization Theory and Applications, 1998, 98(1):37-53.

[226] YE J, WANG H, YANG W. A sparsity reconstruction algorithm for electrical capacitance tomography based on modified Landweber iteration[J]. Measurement Science and Technology, 2014, 25(11):115402.

彩 图

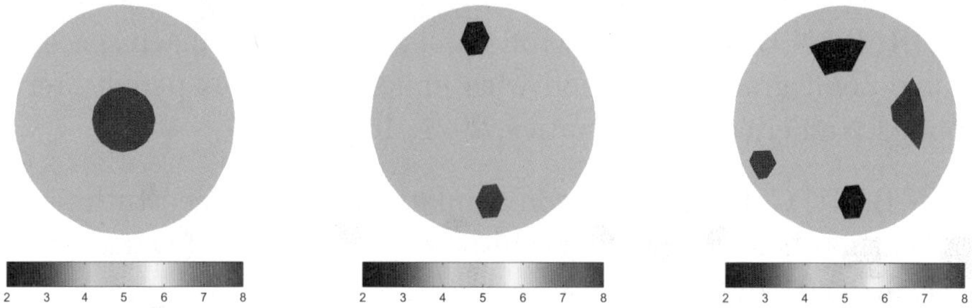

图 4.1 三种测试模型：模型A(左)；模型B(中)；模型C(右)

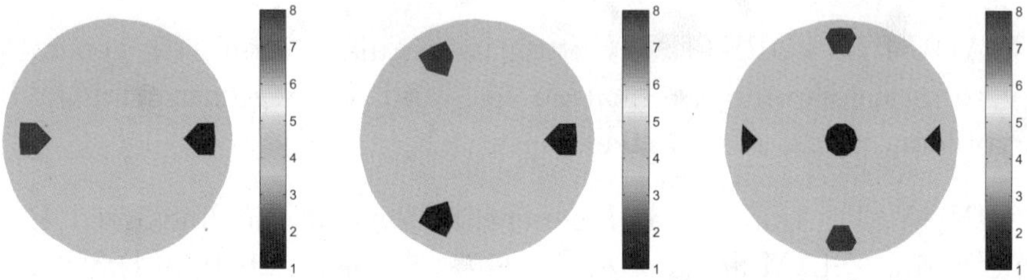

图 5.1 三种测试模型：模型A(左)；模型B(中)；模型C(右)

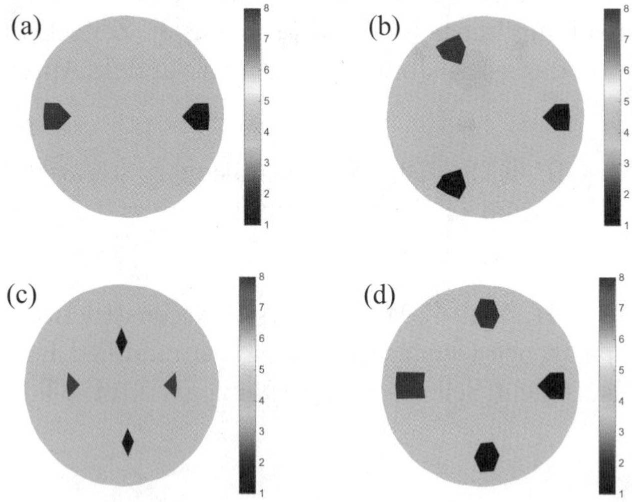

图 6.2 四种测试模型：(a) 模型A；(b) 模型B；(c) 模型C；(d) 模型D

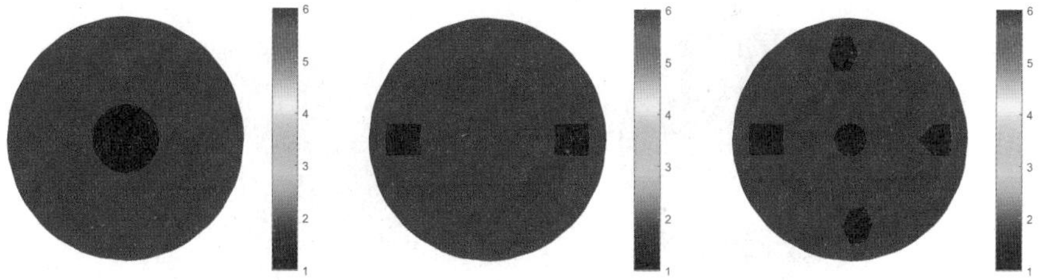

图 7.1 三种测试模型：模型A(左)；模型B(中)；模型C(右)

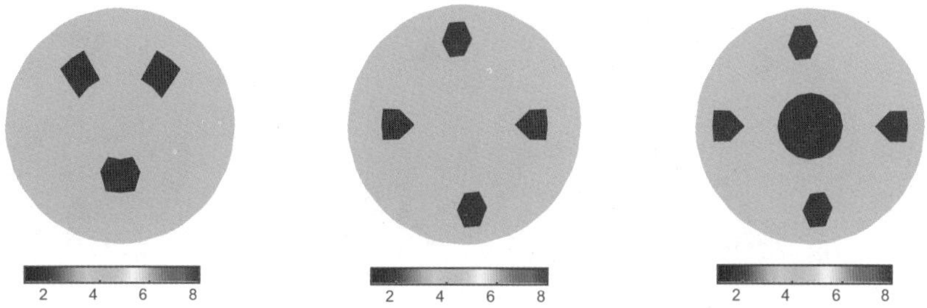

图 8.1 三种测试模型：模型A(左)；模型B(中)；模型C(右)

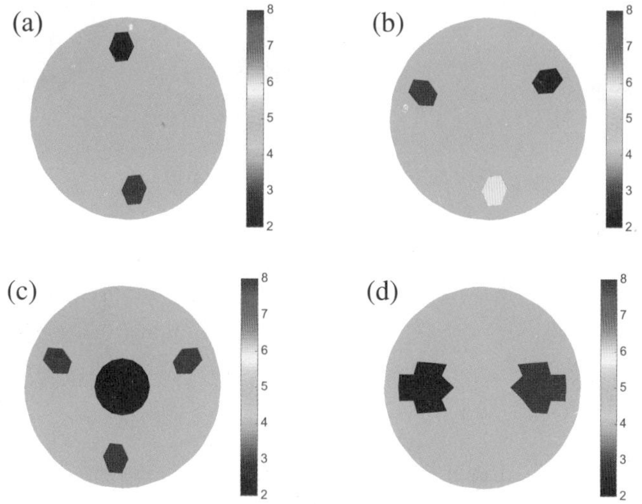

图 8.7 四种测试模型：(a) 模型A；(b) 模型B；(c) 模型C；(d) 模型D

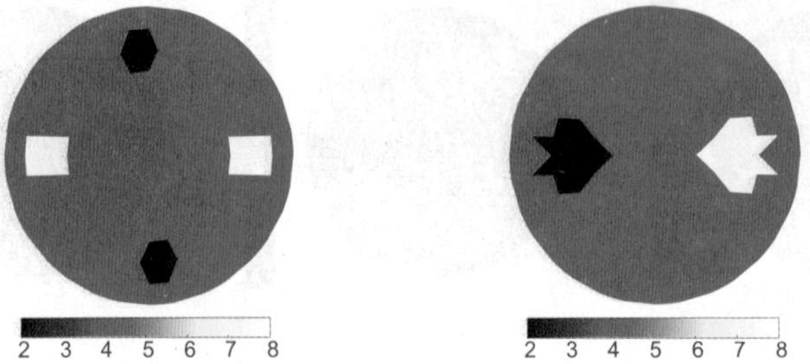

图 8.13 两种测试模型：模型A(左)；模型B(右)

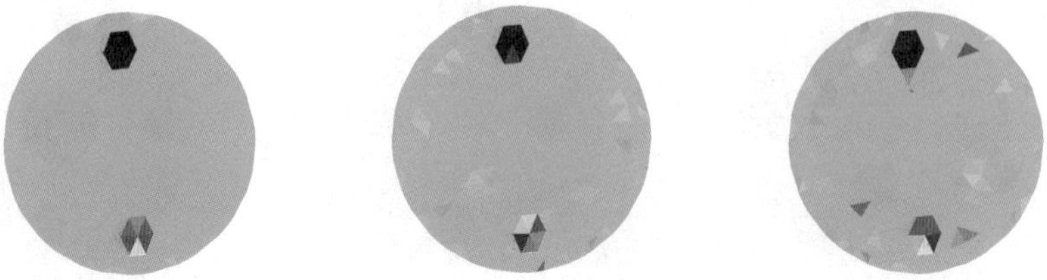

(a) ℓ_1-范数正则化采用分裂Bregman迭代算法求解的重构图像

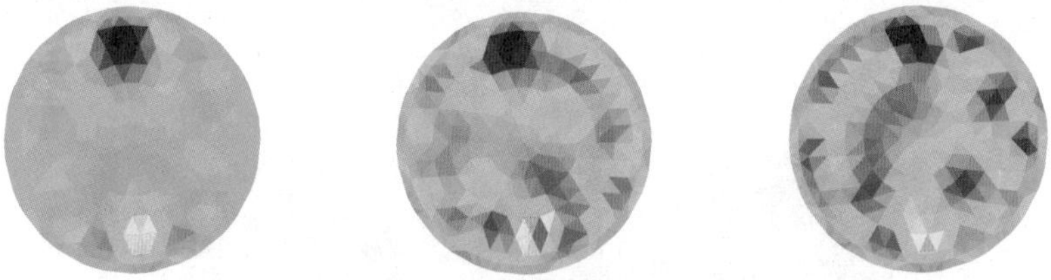

(b) ℓ_2-范数正则化的重构图像

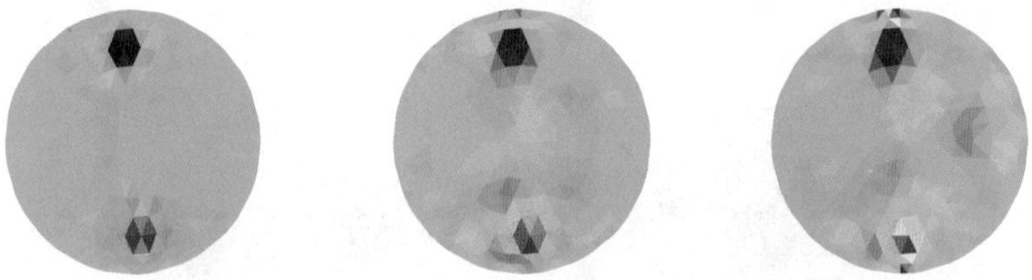

(c) TV正则化采用PDIPM算法求解的重构图像

图 4.6 针对模型B，不同噪声水平下三种正则化模型的重构图像比较：无噪声(左列)；0.3 %的噪声水平(中间列)；0.5 %的噪声水平(右列)

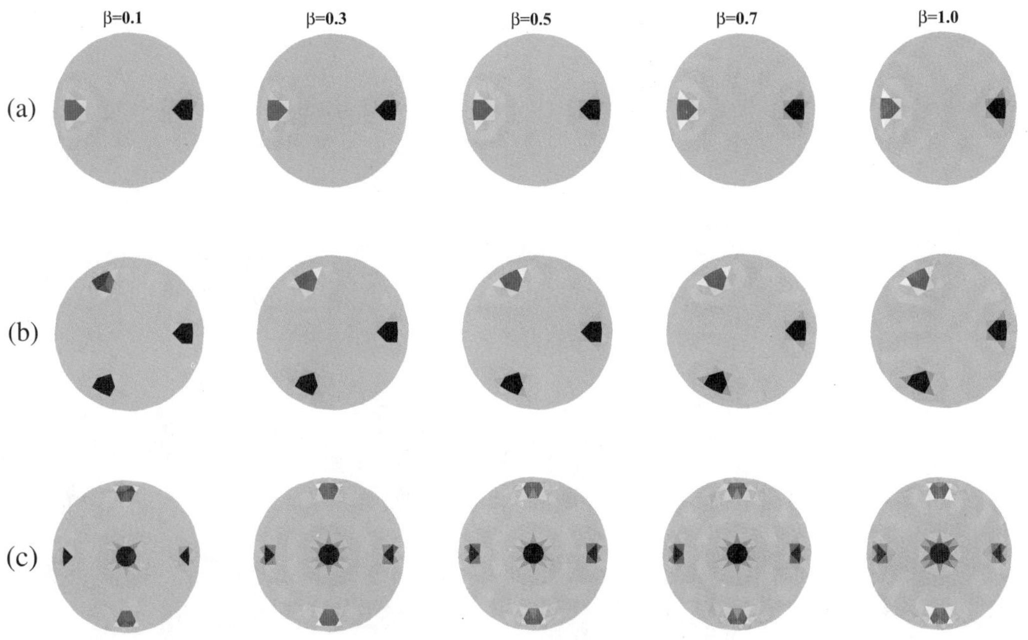

图 5.6 针对三种模型，无噪情况下，算法5.1取不同参数β(从左到右依次为$\beta = 0.1,\ 0.3,\ 0.5,\ 0.7,\ 1.0$) 时对应的重构图像比较

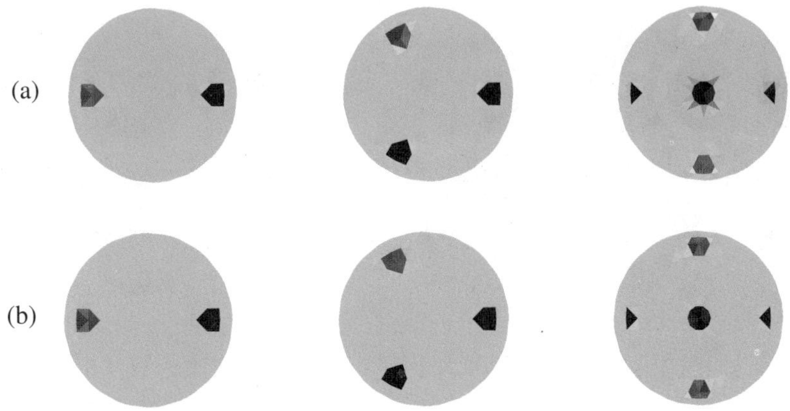

图 5.7 针对三种模型，无噪情况下，$\beta = 0.1$时两种算法的重构图像比较：(a) 算法5.1；(b) 算法5.2

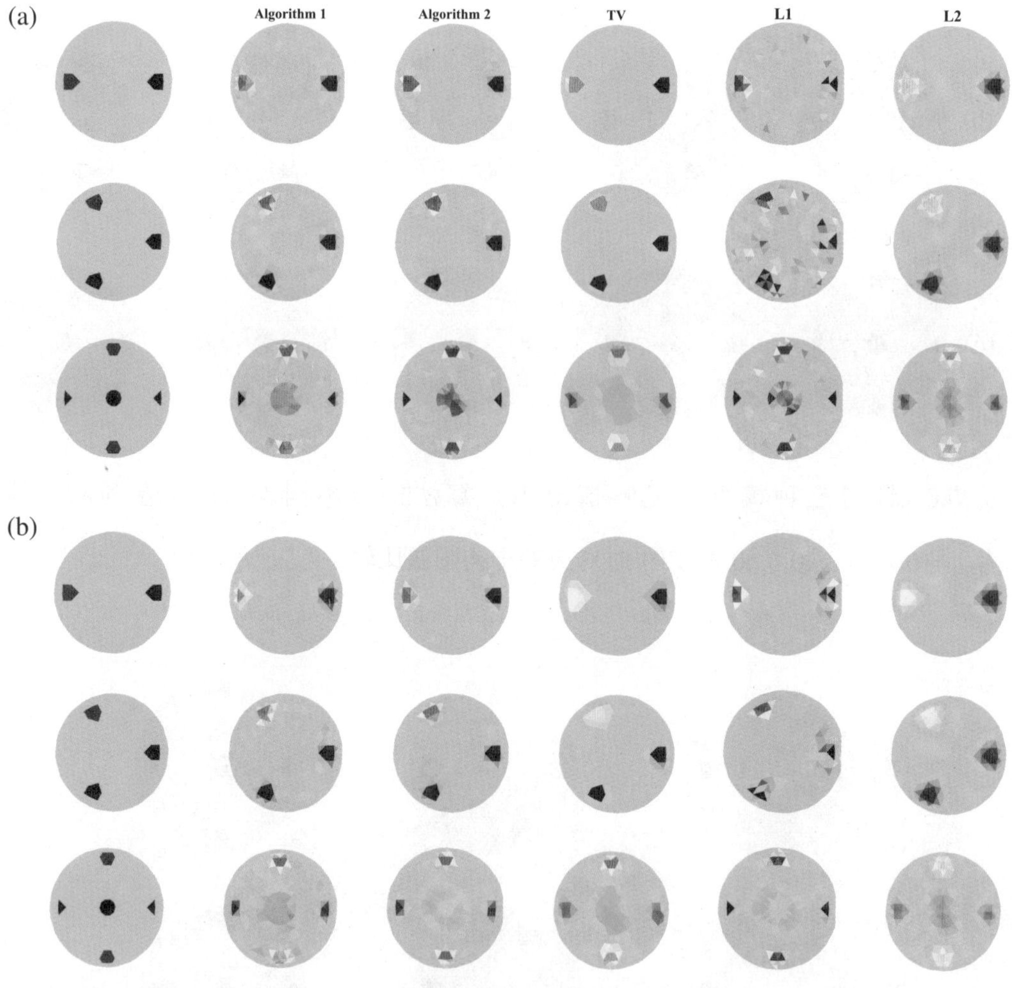

图 5.10 针对三种测试模型，不同噪声水平下，从左到右依次为算法5.1(Algorithm 1)、算法5.2(Algorithm 2)、TV正则化、ℓ_1-正则化和ℓ_2-正则化的重构图像结果比较：(a) 噪声水平$\delta = 0.1\%$；(b) 噪声水平$\delta = 0.3\%$

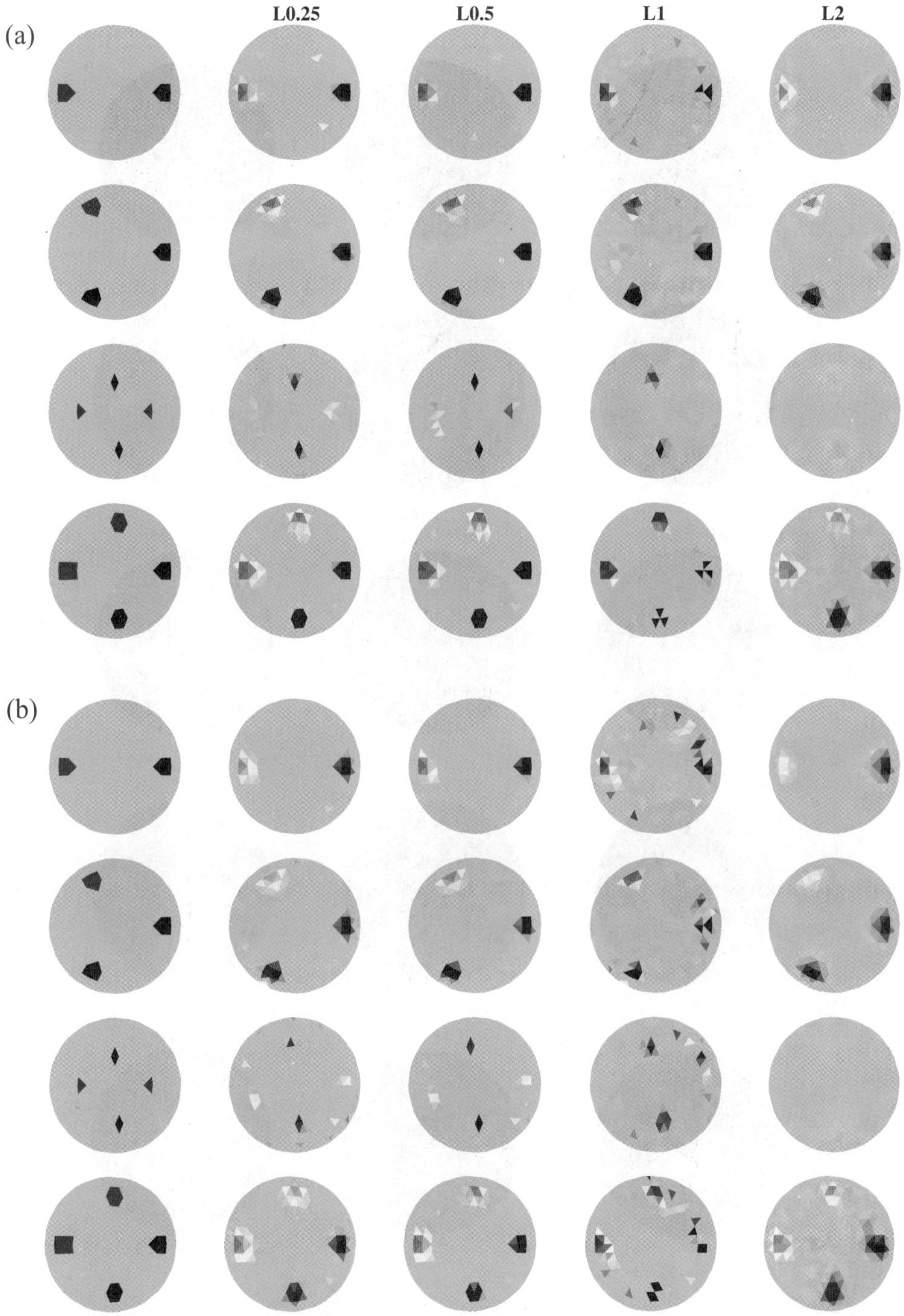

图 6.4 针对四种测试模型，在两种噪声水平下取不同p值时，HPI方法的重构图像比较：(a) 噪声水平$\delta = 0.1\%$；(b) 噪声水平$\delta = 0.5\%$

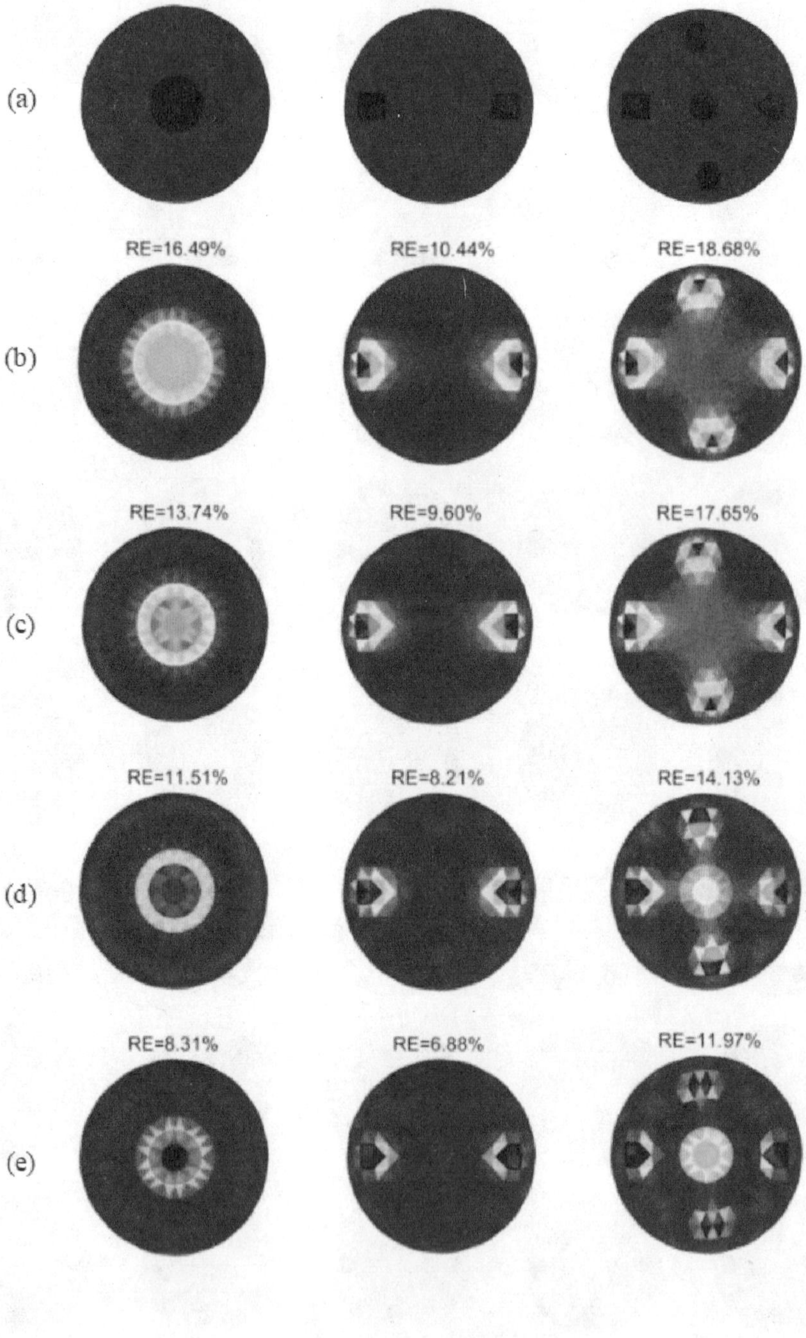

图 7.4 不同噪声水平下，INHPI方法的重构图像比较. (a) 真实模型；(b) $\delta = 5\%$；(c) $\delta = 2\%$；(d) $\delta = 0.5\%$；(e) $\delta = 0.05\%$

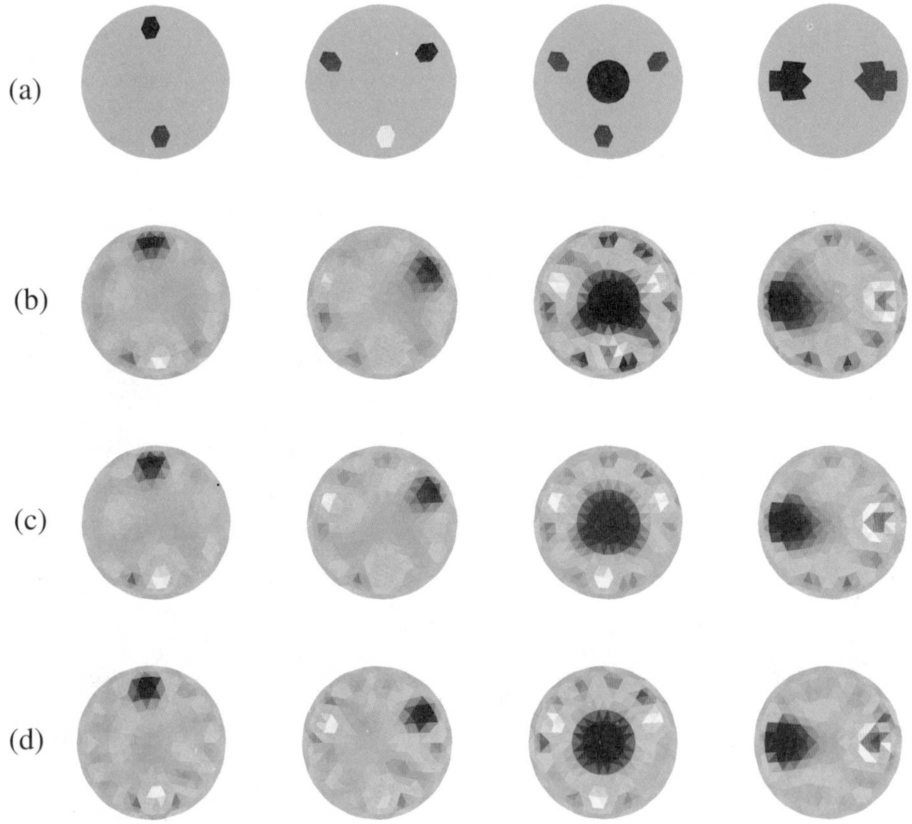

图 8.10 针对四种模型，AHPIN(N = 1)方法在三种不同噪声下的重构图像比较. (a) 真实模型；(b) 噪声水平$\delta = 1\%$下的重构图像；(c) 噪声水平$\delta = 0.3\%$ 下的重构图像；(d) 噪声水平$\delta = 0.03\%$下的重构图像

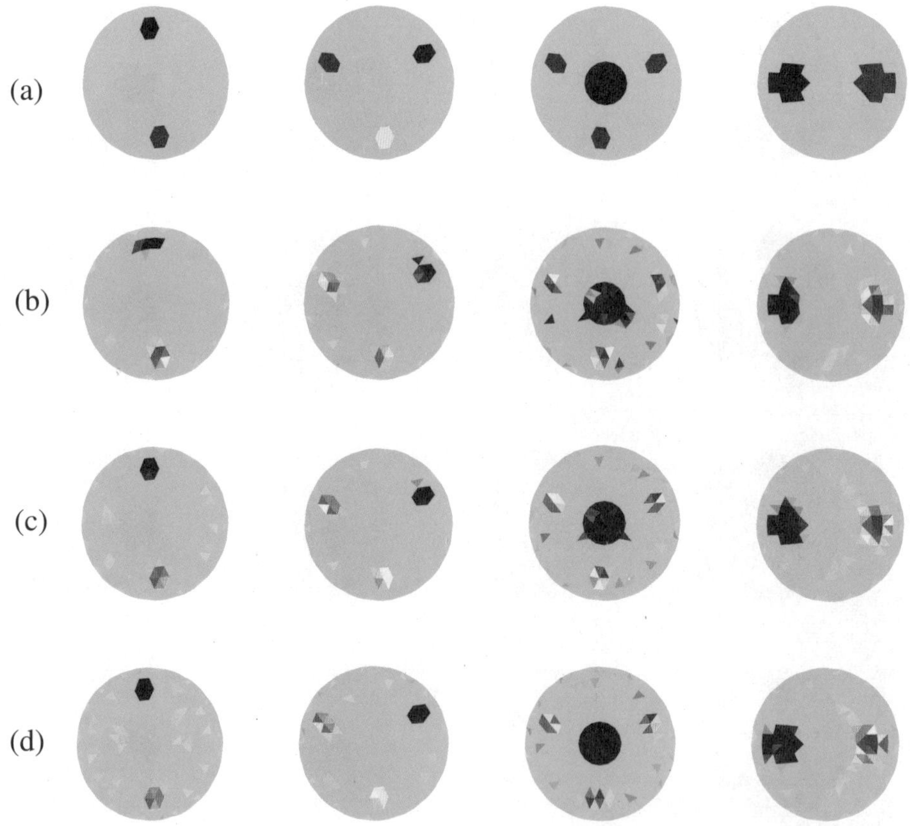

图 8.11 针对四种模型，AHPIN-ℓ_1(N = 1)方法在三种不同噪声下的重构图像比较. (a) 真实模型；(b) 噪声水平$\delta = 1\%$下的重构图像；(c) 噪声水平$\delta = 0.3\%$下的重构图像；(d) 噪声水平$\delta = 0.03\%$下的重构图像

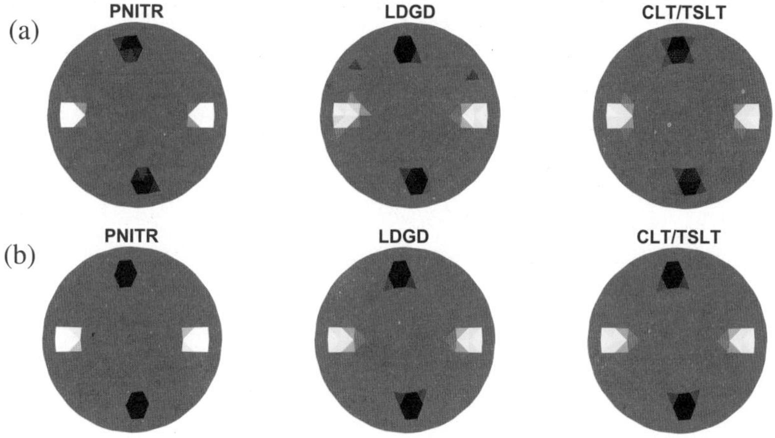

图 8.18 针对模型A，不同噪声水平下，$\beta = 5$时，一步PNITR方法、LDGD方法和CLT/TSLT方法的重构图像比较：(a) 噪声水平$\delta = 3\%$；(b) 噪声水平$\delta = 0.3\%$

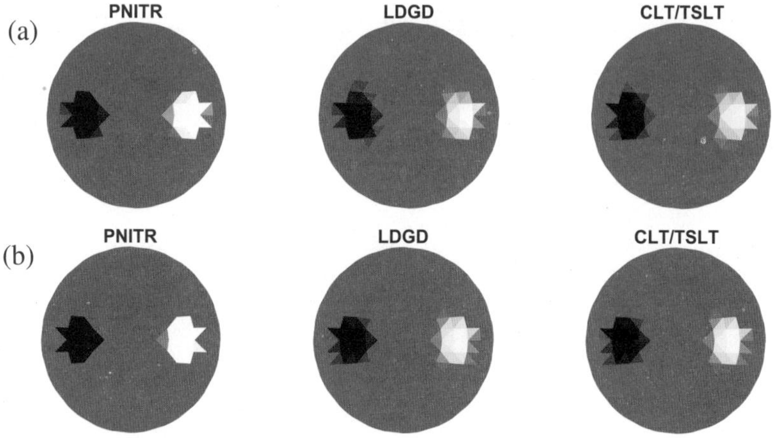

图 8.19 针对模型B，不同噪声水平下，$\beta = 5$时，一步PNITR方法、LDGD方法和CLT/TSLT方法的重构图像比较：(a) 噪声水平$\delta = 3\%$；(b) 噪声水平$\delta = 0.3\%$